新課程　中高一貫教育をサポートする

体系数学3

論理・確率編 [高校1，2年生用]

論理，確率と統計，整数の性質

JN096416

数研出版

はじめに

本書は，中学，高校で学ぶ数学の内容を体系的に編成したシリーズの中の一冊で，通常，高校 1 年で学ぶ内容の一部と高校 2 年で学ぶ内容の一部を中心に構成されています。
本書は普通の教科書と同じように，基本的な事柄の説明から始まり，段階を追ってより深い内容まで学習できるようになっています。
ただ，普通の教科書と少し違うのは，効率的な学習ができるように共通の内容はなるべくまとめていること，そしていろいろな問題が解けるように，やや発展的なものも含めて例題やその反復練習問題を網羅している点です。

数学の勉強では，公式などを覚えて計算するのはもちろん大切なことですが，それだけで数学の考え方がすべて自分のものになるわけではありません。もっと大切なのは，そのようにして身につけた知識をもとにいろいろと考えてみることで，結果として正しい答にたどり着かなかったとしても，考えたこと自身は，必ずみなさんの力となるはずです。

目次

数I 数A 数II 数B はそれぞれ，高等学校の数学 I，数学A，数学 II，数学Bの内容です。

第2章　場合の数と確率

第3章　データの分析

第4章　式と証明

第5章　整数の性質

この本の使い方

例 1	本文の内容を理解するための具体例です。
例題 1	その項目の代表的な問題です。 解 答，証 明 では模範解答の一例を示しました。
応用例題 1	代表的でやや発展的な問題です。 解 答，証 明 では模範解答の一例を示しました。
練習 1	学んだ内容を確実に身につけるための練習問題です。
確認問題	各章の終わりにあり，本文の内容を確認するための問題です。
演習問題	各章の終わりにあり，その章の応用的な問題です。 原則AとBの２段階に分かれています。
総 合 問 題	巻末にあり，思考力・判断力・表現力の育成に役立つ問題です。
コ ラ ム 探 究	数学のおもしろい話題や主体的・対話的で深い学びにつながる内容を取り上げました。
発 展	やや程度の高い内容や興味深い内容を取り上げました。
	内容に関連するデジタルコンテンツを見ることができます。 以下の URL からも見ることができます。 https://www.chart.co.jp/dl/su/u2rn3/idx.html

ギリシャ文字

大文字	小文字	読み方	大文字	小文字	読み方	大文字	小文字	読み方
A	α	アルファ	I	ι	イオタ	P	ρ	ロー
B	β	ベータ	K	κ	カッパ	Σ	σ	シグマ
Γ	γ	ガンマ	Λ	λ	ラムダ	T	τ	タウ
Δ	δ	デルタ	M	μ	ミュー	Υ	υ	ユプシロン
E	ε	エプシロン	N	ν	ニュー	Φ	φ, ϕ	ファイ
Z	ζ	ゼータ	Ξ	ξ	クシー	X	χ	カイ
H	η	エータ	O	o	オミクロン	Ψ	ψ	プサイ
Θ	θ, ϑ	シータ	Π	π	パイ	Ω	ω	オメガ

第1章　集合と命題

数Ⅰ　1. 集合
数Ⅰ　2. 命題と条件
数Ⅰ　3. 命題と証明
数A　4. 集合の要素の個数

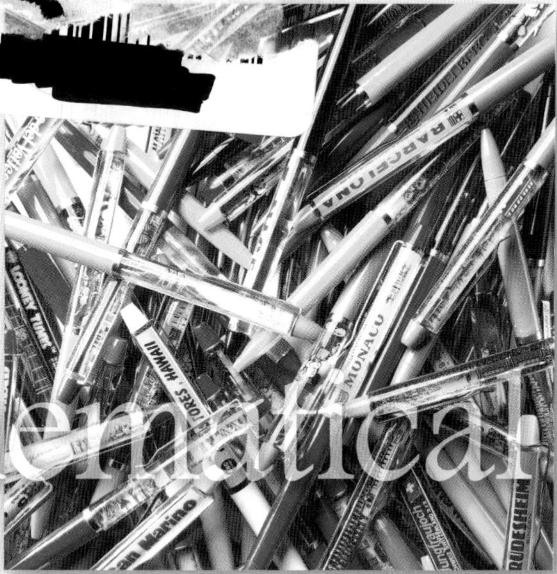

Mathematical logic

Imagine a desk that is covered with dozens of ballpoint pens, felt pens, and mechanical pencils. How can we quickly find out how many there are?

One way would be to put the pens and pencils into three separate boxes and count them according to type. Another way would be to classify them by different methods before counting them.

In this chapter, we will learn about mathematical methods of classification. Logical expressions such as “implies” will be used. In this chapter, we will study ‘mathematical logic’ based on expressions like this.

1. 集合

集合とその表し方

「1から10までの自然数の集まり」のように，範囲がはっきりしたものの集まりを **集合** といい，集合を構成している1つ1つのものを，その集合の **要素** という。

例えば，1から10までの自然数のうち，奇数全体の集合をPとすると，Pは

$$1,\ 3,\ 5,\ 7,\ 9$$

を要素とする集合である。

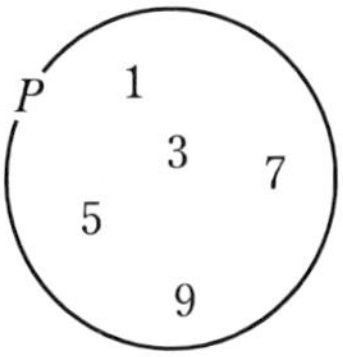

aが集合Aの要素であるとき，aは集合Aに **属する** といい，記号で

$$\boldsymbol{a \in A}$$

と表す。

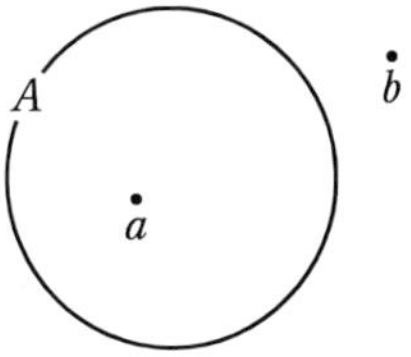

また，bが集合Aの要素でないとき，bは集合Aに属さないといい，

$$\boldsymbol{b \notin A}$$

と表す。

例えば，上の集合Pについて，次のようになる。

$$5 \in P, \quad 6 \notin P$$

注意　$a \in A$，$b \notin B$ は，それぞれ $A \ni a$，$B \not\ni b$ と書くこともある。

練習 1 ▶ 有理数全体の集合をQとする。次の □ の中に，$\in$ または $\notin$ のいずれか適するものを書き入れよ。

(1) $2 \square Q$　　(2) $\sqrt{3} \square Q$　　(3) $-\dfrac{2}{3} \square Q$

集合の表し方には，{ } の中にその要素をすべて書き並べる方法がある。

例 1 **要素を書き並べる方法**

18 の正の約数全体の集合 A は

$$A=\{1,\ 2,\ 3,\ 6,\ 9,\ 18\}$$

1 から 100 までの奇数全体の集合 B は

$$B=\{1,\ 3,\ 5,\ \cdots\cdots,\ 99\}$$

自然数全体の集合 C は

$$C=\{1,\ 2,\ 3,\ \cdots\cdots\}$$

補足　例 1 の集合 B，C のように，規則性が明らかならば，要素の個数が多い場合，無限にある場合には，省略記号 …… を用いて表すことがある。

集合の表し方には，要素の代表を例えば x で表し，{ } の中の縦線の右に，x の満たす条件を書く方法もある。

例 2 **要素の満たす条件を書く方法**

18 の正の約数全体の集合 D は　　← 例 1 の A と同じ集合

$$D=\{x\,|\,x \text{ は 18 の正の約数}\}$$

正の偶数全体の集合 E は

$$E=\{2n\,|\,n=1,\ 2,\ 3,\ \cdots\cdots\}$$

補足　E の要素は，$2n$ の n に 1，2，3，…… を代入して得られる各値である。

練習 2 次の集合を，要素を書き並べて表せ。

(1) 24 の正の約数全体の集合

(2) $\{2n+1\,|\,n=0,\ 1,\ 2,\ \cdots\cdots\}$

(3) $\{x\,|\,-1<x<8,\ x \text{ は整数}\}$

部分集合

2つの集合A，Bにおいて，Aのどの要素もBの要素であるとき，すなわち

$$x \in A \quad \text{ならば} \quad x \in B$$

が成り立つとき，AはBの **部分集合** であるといい，記号で $\boldsymbol{A \subset B}$（または $B \supset A$）と表す。

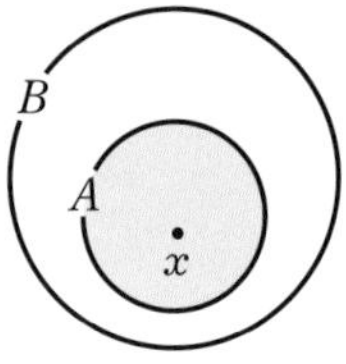

このとき，AはBに **含まれる**，またはBはAを **含む** という。

集合A自身もAの部分集合である。すなわち，$A \subset A$ である。

2つの集合A，Bの要素が完全に一致しているとき，AとBは **等しい** といい，$\boldsymbol{A = B}$ と表す。

注意　$A=B$ が成り立つことは，「$A \subset B$ かつ $B \subset A$」が成り立つことと同じ。

例 3　$A=\{1,\ 2,\ 4\}$，$B=\{1,\ 2,\ 4,\ 8\}$，
$C=\{x \mid x\text{は}4\text{の正の約数}\}$ について

$$A \subset B$$

また，$C=\{1,\ 2,\ 4\}$ であるから

$$C \subset B, \quad A = C$$

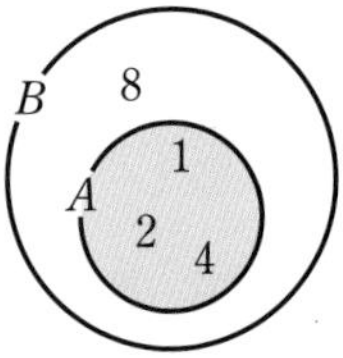

練習 3 ▶ 次の3つの集合A，B，Cの間に成り立つ関係を，記号 $\subset$，$=$ を用いて表せ。

$A=\{1,\ 2,\ 4,\ 5,\ 10,\ 20\}$，　$B=\{2n \mid n=1,\ 2\}$，
$C=\{x \mid x\text{は}20\text{の正の約数}\}$

記号 $\subset$，$=$ で表される集合の間の関係を **包含関係**（ほうがん）という。

集合の包含関係については，次のことが成り立つ。

$$A \subset B,\ B \subset C \quad \text{ならば} \quad A \subset C$$

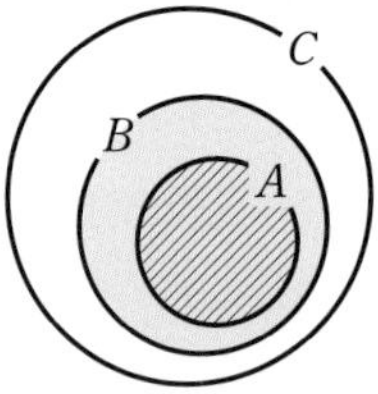

共通部分と和集合

2つの集合 A, B について，A と B のどちらにも属する要素全体の集合を，A と B の **共通部分**（または 交わり）といい，$\boldsymbol{A \cap B}$ で表す。

また，A と B の少なくとも一方に属する要素全体の集合を，A と B の **和集合**（または 結び）といい，$\boldsymbol{A \cup B}$ で表す。

すなわち　$A \cap B = \{x \mid x \in A \text{　かつ　} x \in B\}$

$A \cup B = \{x \mid x \in A \text{ または } x \in B\}$　と表される。

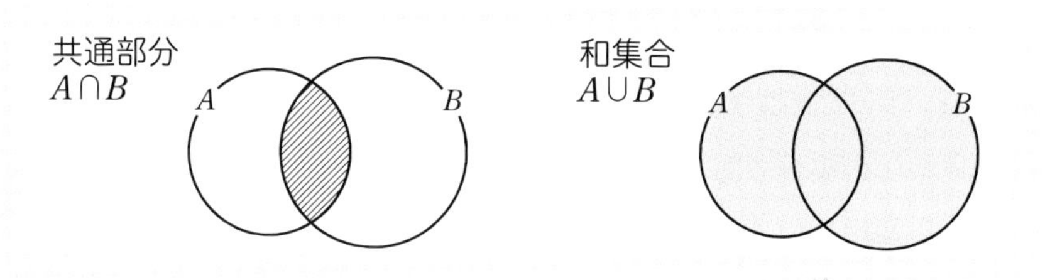

注　意　「$x \in A$ または $x \in B$」は，$x \in A$ と $x \in B$ の少なくとも一方が成り立つ，すなわち x が A, B の少なくとも一方に属するという意味であり，A, B のどちらにも属する場合も含まれている。

例 4

$\boldsymbol{A = \{4,\ 8,\ 12\}}$,

$\boldsymbol{B = \{1,\ 2,\ 3,\ 4,\ 6,\ 12\}}$

の共通部分と和集合

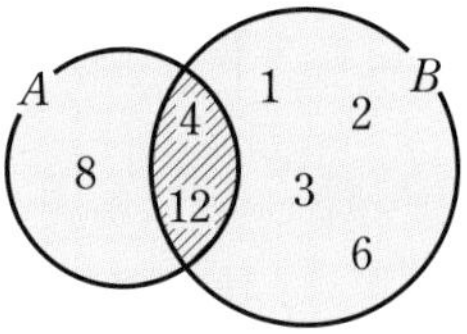

$A \cap B = \{4,\ 12\}$

$A \cup B = \{1,\ 2,\ 3,\ 4,\ 6,\ 8,\ 12\}$

練習 4 次の各場合について，$A \cap B$ と $A \cup B$ を求めよ。

(1) $A = \{1,\ 3,\ 5,\ 7,\ 9,\ 11,\ 13,\ 15\}$, $B = \{2,\ 3,\ 5,\ 7,\ 11,\ 13\}$

(2) $A = \{0,\ 3,\ 6,\ 9,\ 12,\ 15\}$, $B = \{2n \mid 0 \leqq n \leqq 6,\ n \text{ は整数}\}$

(3) $A = \{x \mid -3 \leqq x \leqq 1\}$, $B = \{x \mid -2 < x < 3\}$

2 つの集合 A, B に共通な要素が 1 つもないとき，$A \cap B$ には要素がまったくないが，これも 1 つの集合と考える。

要素が 1 つもない集合を **空集合** といい，記号 $\varnothing$ で表す。

例えば，自然数のうち，偶数全体の集合を A，奇数全体の集合を B とすると，A と B に共通な要素は 1 つもないから，$A \cap B=\varnothing$ である。

空集合 $\varnothing$ は，どのような集合に対しても，その部分集合であると約束する。すなわち，任意の集合 A に対して，$\varnothing \subset A$ とする。

3 つの集合 A, B, C について，$(A \cap B) \cap C$ と $A \cap (B \cap C)$ は，いずれも A, B, C のどれにも共通に属する要素全体の集合である。

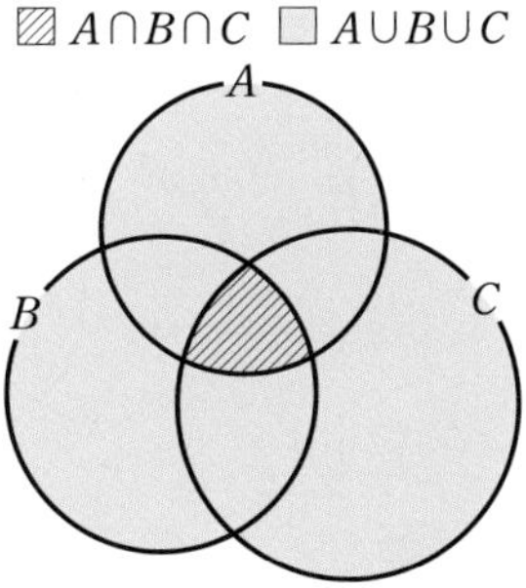

これを簡単に，$\boldsymbol{A \cap B \cap C}$ と書き，A, B, C の **共通部分** という。

また，$(A \cup B) \cup C$ と $A \cup (B \cup C)$ は，いずれも A, B, C の少なくとも 1 つに属する要素全体の集合である。

これを簡単に，$\boldsymbol{A \cup B \cup C}$ と書き，A, B, C の **和集合** という。

例 5 $\boldsymbol{A=\{4,\ 8,\ 12,\ 16\}}$，$\boldsymbol{B=\{4,\ 7,\ 10,\ 13,\ 16\}}$，$\boldsymbol{C=\{8,\ 16\}}$ **の共通部分と和集合**

$A \cap B \cap C=\{16\}$

$A \cup B \cup C=\{4,\ 7,\ 8,\ 10,\ 12,\ 13,\ 16\}$

練習 5 次の各場合について，$A \cap B \cap C$ と $A \cup B \cup C$ を求めよ。

(1) $A=\{1,\ 4,\ 9\}$，$B=\{1,\ 3,\ 5,\ 7,\ 9\}$，$C=\{3,\ 6,\ 9\}$

(2) $A=\{x \mid -1 \leqq x \leqq 3\}$，$B=\{x \mid -2 \leqq x \leqq 2\}$，$C=\{x \mid 0 \leqq x \leqq 3\}$

補集合

集合を考えるとき，1つの集合Uを最初に決めて，その要素や部分集合について考えることが多い。このとき，集合Uを **全体集合** という。

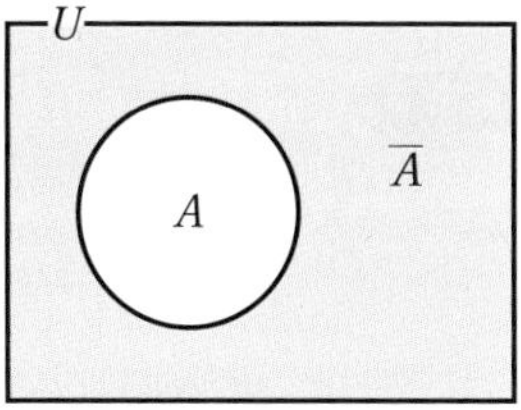

全体集合Uの部分集合Aに対して，Uの要素で，Aに属さない要素全体の集合を，Uに関するAの **補集合** といい，$\overline{A}$ で表す。

すなわち，次のように表される。

$\overline{A}=\{x \mid x\in U$　かつ　$x\notin A\}$

空集合の補集合は全体集合，全体集合の補集合は空集合である。

すなわち　　　$\overline{\varnothing}=U$，　$\overline{U}=\varnothing$

補集合の定義から，次のことが成り立つ。

補集合の性質

Uを全体集合とし，A，Bをその部分集合とするとき

$$\boldsymbol{A\cap\overline{A}=\varnothing,\quad A\cup\overline{A}=U,\quad \overline{\overline{A}}=A}$$

$$\boldsymbol{A\subset B}\ \textbf{ならば}\ \boldsymbol{\overline{A}\supset\overline{B}}$$

注意　$\overline{\overline{A}}$ は $\overline{A}$ の補集合である。

例 6　$U=\{1, 2, 3, 4, 5, 6, 7, 8, 9, 10\}$ を全体集合とする。Uの部分集合

$A=\{2, 4, 6, 8, 10\}$，

$B=\{1, 4, 7, 10\}$ について

$\overline{A}=\{1, 3, 5, 7, 9\}$，

$\overline{B}=\{2, 3, 5, 6, 8, 9\}$

である。また

$\overline{A}\cap B=\{1, 7\}$，$A\cup\overline{B}=\{2, 3, 4, 5, 6, 8, 9, 10\}$

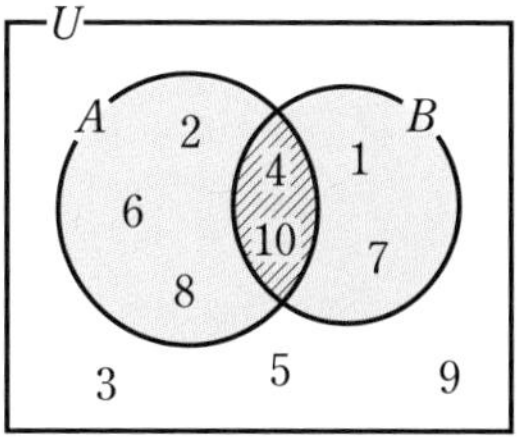

第1章

練習 6 $U=\{1, 2, 3, 4, 5, 6, 7, 8, 9\}$ を全体集合とする。Uの部分集合 $A=\{2, 3, 5, 7, 9\}$, $B=\{3, 6, 9\}$ について，次の集合を求めよ。

(1) $\overline{A}$　　(2) $\overline{B}$　　(3) $\overline{A}\cap\overline{B}$　　(4) $\overline{A}\cup\overline{B}$

(5) $\overline{A}\cap B$　　(6) $A\cap\overline{B}$　　(7) $\overline{A}\cup B$　　(8) $A\cup\overline{B}$

練習 7 $U=\{1, 2, 3, 4, 5, 6, 7, 8\}$ を全体集合とする。Uの部分集合 $A=\{4, 8\}$, $B=\{2, 4, 6, 8\}$ について，次の問いに答えよ。

(1) $\overline{A}$, $\overline{B}$ をそれぞれ求めよ。

(2) AとBの間の包含関係，$\overline{A}$ と $\overline{B}$ の間の包含関係をそれぞれ調べよ。

$A\cup B$, $A\cap B$ の補集合について，次の **ド・モルガンの法則** が成り立つ。

ド・モルガンの法則

$$\overline{A\cup B}=\overline{A}\cap\overline{B}, \quad \overline{A\cap B}=\overline{A}\cup\overline{B}$$

練習 8 練習 6 の集合において，次の関係が成り立つことを確かめよ。

(1) $\overline{A\cup B}=\overline{A}\cap\overline{B}$　　(2) $\overline{A\cap B}=\overline{A}\cup\overline{B}$

練習 9 下の図を用いて，$\overline{A\cup B}=\overline{A}\cap\overline{B}$ が成り立つことを確かめよ。

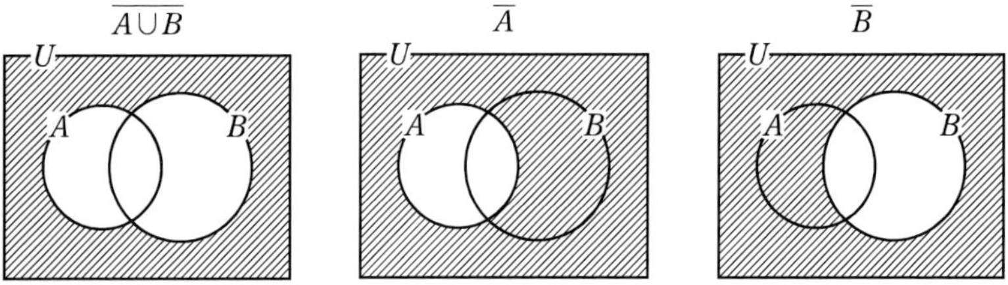

練習 10 $\overline{A\cap B}=\overline{A}\cup\overline{B}$ が成り立つことを，図を用いて確かめよ。

2. 命題と条件

命題

次の 4 つの事柄について考えよう。

(A)　1 次方程式 $4x+1=9$ の解は $x=2$ である。

(B)　2 つの奇数の和は偶数である。

(C)　$\sqrt{2}+\sqrt{8}=\sqrt{10}$ である。

(D)　0.01 は小さい数である。

(A), (B), (C) のように，式や文で表された事柄で，正しいか正しくないかが明確に決まるものを **命題** という。

命題が正しいとき，その命題は **真** であるといい，正しくないとき，その命題は **偽** であるという。上の命題 (A), (B) はともに真であり，命題 (C) は偽である。

また，上の (D) は，「小さい」の意味が不明確で，正しいか正しくないかが定まらないから，命題ではない。

練習 11 次の (ア) ~ (エ) の中から命題を選び，その真偽を述べよ。

(ア)　$\sqrt{5}$ は 2 より小さい数である。

(イ)　0.25 は有理数である。

(ウ)　五角形の内角の和は 540° である。

(エ)　3.14 は円周率 π のよい近似値である。

条件と集合

文字 x を含んだ次の文(E)は，x の値によって正しかったり正しくなかったりする。

(E)　x は素数である。

例えば，$x=4$ のとき(E)は偽であるが，$x=5$ のとき(E)は真である。

このように文字を含んだ文や式であって，文字の値によって真偽が決まるものを，その文字に関する **条件** という。

前ページの命題(B)は，次のようにも表すことができる。

(B)　m，n がともに奇数　ならば　$m+n$ は偶数である。

このように，命題は，2つの条件 p，q を用いて

p　ならば　q

の形に表されるものが多い。命題「p ならば q」を $\boldsymbol{p} \Longrightarrow \boldsymbol{q}$ とも書く。

このとき，p をこの命題の **仮定**，q をこの命題の **結論** という。

また，命題「p ならば q　かつ　q ならば p」を $\boldsymbol{p} \Longleftrightarrow \boldsymbol{q}$ と書く。

練習 12 上にならって，次の命題を「p ならば q」の形で述べよ。

奇数と偶数の和は奇数である。

2次方程式 $x^2=4$ の解は $x=\pm 2$ である。よって，

自然数 x についての命題　$x^2=4 \Longrightarrow x=2$　は真であるが，

実数 x についての命題　$x^2=4 \Longrightarrow x=2$　は偽である。

このように，条件を考える場合には，その対象が明確でなければならない。この対象にしている要素すべてからなる集合を **全体集合** という。

また，U を全体集合とし，そのうち条件 p を満たす要素全体の集合を P とするとき，P を条件 p の **真理集合** という。

例えば，全体集合を $U=\{1,\ 2,\ 3,\ 4,\ 5,\ 6,\ 7,\ 8,\ 9\}$ とし，条件 p を「x は偶数である」とすると，条件 p の真理集合 P は次のようになる。

$$P=\{2,\ 4,\ 6,\ 8\}$$

実数の集合を全体集合とすると，命題

$$2<x<4 \implies 1<x$$

は真である。このとき，真理集合

$$P=\{x \mid 2<x<4\},\ Q=\{x \mid 1<x\}$$

を考えると，$P \subset Q$ が成り立つ。

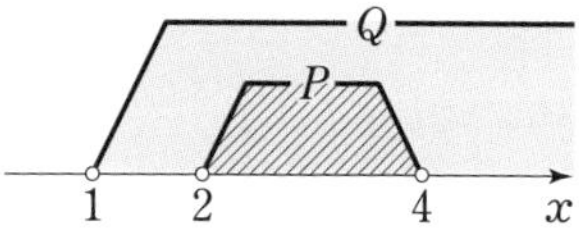

命題 $p \implies q$ において，全体集合を U とし，条件 p，q の真理集合を，それぞれ P，Q とする。

このとき，上で考えた例と同じように，命題 $p \implies q$ が真であることは，P に含まれる要素がすべて Q に含まれることを意味している。よって，次のことがいえる。

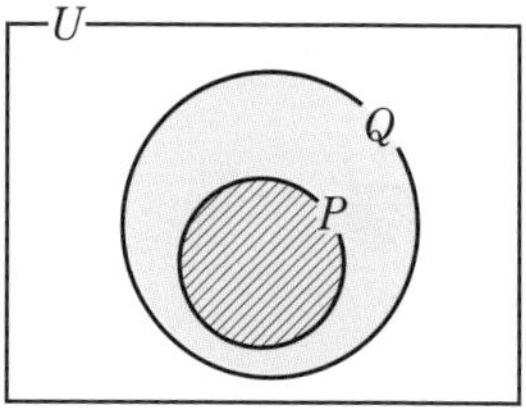

$p \implies q$ が真であることと $P \subset Q$ が成り立つことは同じである。

ここで，$P=Q$　すなわち　$P \subset Q$ かつ $Q \subset P$ の場合を考えると，次のこともいえる。

$p \iff q$ が真であることと $P=Q$ が成り立つことは同じである。

練習 13 x は実数とする。集合を用いて，次の命題の真偽を調べよ。

(1) $1<x \implies 0<x$　　(2) $-1<x<1 \implies x \geqq -1$

● 反例 ●

命題が偽であることを示すには，その命題が成り立たないような例を1つあげればよい。このような例を **反例** という。

命題 $p \Longrightarrow q$ が偽であることは，$P \subset Q$ が成り立たないことである。いいかえれば，Pには属するが，Qには属さない要素が少なくとも1つ存在することであり，この要素が反例である。

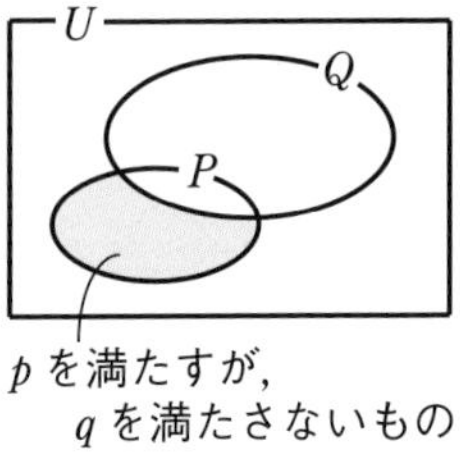

例 7　nは自然数とする。命題

「nは4の倍数である $\Longrightarrow$ nは8の倍数である」

において，$n=12$ は反例であるから，この命題は偽である。

練習 14　nは自然数，a，b，cは実数とする。次の命題が偽であることを示せ。

(1)　nは素数である $\Longrightarrow$ nは奇数である

(2)　$ac=bc \Longrightarrow a=b$

必要条件と十分条件

2つの条件 p，q について，命題 $p \Longrightarrow q$ が真であるとき，

pはqであるための **十分条件** である，

qはpであるための **必要条件** である

という。

$p \quad \Longrightarrow \quad q$ が真
十分条件　　必要条件

例 8　xは実数とする。命題「$x=2 \Longrightarrow x^2=4$」は真であるから

$x=2$ は $x^2=4$ であるための十分条件であり，

$x^2=4$ は $x=2$ であるための必要条件である。

2つの命題 $p \Longrightarrow q$ と $q \Longrightarrow p$ がともに真であるとき，すなわち命題 $p \Longleftrightarrow q$ が成り立つとき，

p は q であるための **必要十分条件** である

という。このとき，q は p であるための必要十分条件であるともいう。

また，$p \Longleftrightarrow q$ が成り立つとき，

p と q は互いに **同値**（どうち） である

という。

例 9 x は実数とする。
命題「$x=0 \Longleftrightarrow x^2=0$」は真であるから，$x=0$ は $x^2=0$ であるための必要十分条件である。

練習 15 n は整数，x，y，z は実数とする。次の □ の中は，「必要条件であるが十分条件ではない」，「十分条件であるが必要条件ではない」，「必要十分条件である」のうち，それぞれどれが適するか。

(1) n が3の倍数であることは，n が6の倍数であるための □。

(2) $x=y$ は，$x+z=y+z$ であるための □。

(3) 三角形について，$\triangle ABC \equiv \triangle DEF$ は，$\triangle ABC = \triangle DEF$ であるための □。

条件の否定

条件 p に対して，条件「p でない」を p の **否定** といい，$\boldsymbol{\overline{p}}$ で表す。
否定の意味より，$\overline{\overline{p}}=p$ が成り立つから，条件 $\overline{p}$ の否定は p である。

例 10 x は実数とする。
条件「x は有理数である」の否定は，

「x は有理数でない」　すなわち　「x は無理数である」

練習 16 n は整数，x は実数とする。次の条件の否定を述べよ。

(1) n は偶数である　　(2) $x>1$　　(3) $x=2$

●「かつ」「または」と否定●

全体集合を U とし，2 つの条件 p，q の真理集合を，それぞれ P，Q とする。このとき

条件　$\overline{p}$　　p かつ q　　p または q

の真理集合は，それぞれ次のようになる。

補集合 $\overline{P}$　　共通部分 $P\cap Q$　　和集合 $P\cup Q$

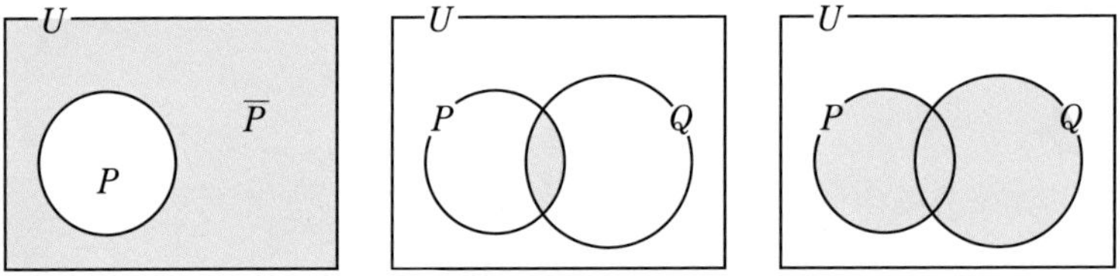

例 11 x を実数とし，2 つの条件 p，q を

$p：-1\leqq x\leqq 2$　　$q：1<x$

とする。

このとき，条件

p かつ q は $1<x\leqq 2$ であり，

p または q は $-1\leqq x$ である。

p,q の真理集合をそれぞれ P,Q とする

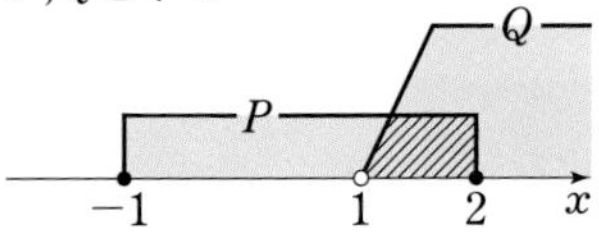

練習 17 x は実数とする。次の 2 つの条件 p，q について，条件「p かつ q」と「p または q」を，それぞれ x の不等式で表せ。

$p：-2<x<2$　　$q：2x+3\leqq 5$

12ページで学んだように，補集合について，ド・モルガンの法則

$$\overline{P\cap Q}=\overline{P}\cup\overline{Q} \qquad \overline{P\cup Q}=\overline{P}\cap\overline{Q}$$

が成り立つ。

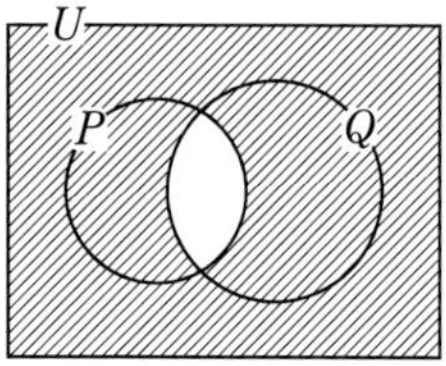

$\overline{P\cap Q}=\overline{P}\cup\overline{Q}$

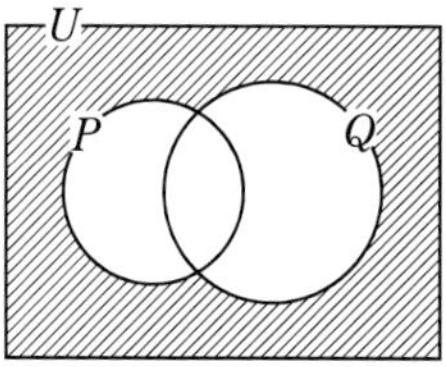

$\overline{P\cup Q}=\overline{P}\cap\overline{Q}$

したがって，2つの条件 p，q についても，次のことが成り立つ。

「かつ」の否定，「または」の否定

$\overline{p \text{ かつ } q} \iff \overline{p} \text{ または } \overline{q}$

$\overline{p \text{ または } q} \iff \overline{p} \text{ かつ } \overline{q}$

例 12 x，y は実数とする。

(1) 「$x=0$ かつ $y\neq 1$」の否定は「$x\neq 0$ または $y=1$」

(2) 「$x\leqq -1$ または $2<x$」の否定は

「$x>-1$ かつ $2\geqq x$」すなわち「$-1<x\leqq 2$」

練習 18 x，y は実数とする。次の条件の否定を述べよ。

(1) $x>0$ または $y\leqq 0$　　(2) $-3\leqq x<5$

練習 19 x，y は実数とする。次の条件(A)を「かつ」，「または」のどちらかを用いて述べよ。また，条件(A)の否定を「かつ」，「または」のどちらかを用いて述べよ。

$$(x-1)(y+2)=0 \qquad \cdots\cdots \text{(A)}$$

「すべて」と「ある」の否定

「すべての実数xについて $x^2 \geqq 0$」，「ある実数xについて $x>0$」のように，数学では，次の形の命題がよく用いられる。

「すべての ～ について …… である」

「ある ～ について …… である」

そこで，このような形の命題の否定について考えてみよう。

全体集合Uを，整数全体の集合とし，xについての条件「xは偶数である」をpで表す。このとき，命題

「すべてのxについて p」

は，「この集合の要素はすべて偶数である」ことを意味している。

この命題の否定は，「この集合には奇数が含まれている」ことであり，次のように表すことができる。

「あるxについて $\overline{p}$」

一般に，次のことが成り立つ。

pはxに関する条件とする。

命題「すべてのxについてp」 の否定は 「あるxについて $\overline{p}$」

命題「あるxについてp」 の否定は 「すべてのxについて $\overline{p}$」

例 13

(1) 「すべての実数xについて　$x^3>0$」の否定は

「ある実数xについて　$x^3 \leqq 0$」

(2) 「ある実数xについて　$x+1=0$」の否定は

「すべての実数xについて　$x+1 \neq 0$」

練習 20 例 13 の (1)，(2) について，もとの命題とその否定の真偽を調べよ。

探究

必要条件と十分条件

たいちさん

必要条件と十分条件の勉強をしましたが，考えれば考えるほど，頭の中が混乱してしまいました。

先生

まずは，必要条件と十分条件をまとめてみましょう。

2 つの条件 p，q について，
命題 $p \Longrightarrow q$ が真であるとき，
p は q であるための十分条件である
q は p であるための必要条件である

具体例を考えるとわかりやすいですよ。

けいこさん

p ：大阪に住む，q ：日本に住む
としてはどうでしょうか？
大阪に住んでいれば当然日本に住んでいることになるから，命題 $p \Longrightarrow q$ は真です。
でも，日本に住んでいるからといって大阪に住んでいるとは限らないので，命題 $q \Longrightarrow p$ は偽です。
だから，p は q であるための十分条件で，q は p であるための必要条件なのですね。

真偽を判断する上で，集合で考えることも重要ですよ。包含関係の図をかいて，必要条件と十分条件を考えてみましょう。

第1章

3. 命題と証明

命題の逆，対偶，裏

命題 $p \Longrightarrow q$ に対して，

$q \Longrightarrow p$ を $p \Longrightarrow q$ の **逆**

$\overline{q} \Longrightarrow \overline{p}$ を $p \Longrightarrow q$ の **対偶**

$\overline{p} \Longrightarrow \overline{q}$ を $p \Longrightarrow q$ の **裏**

という。

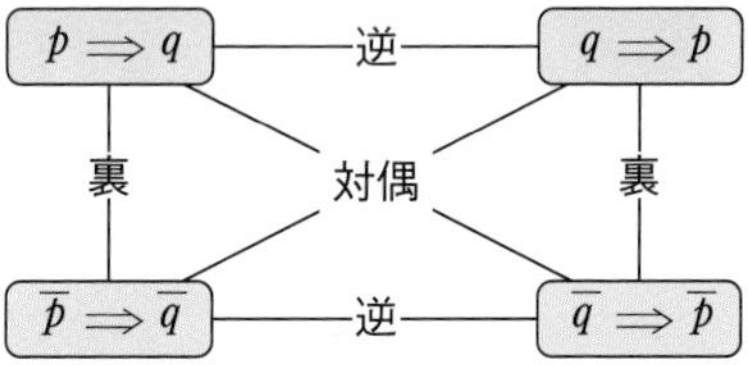

命題 $p \Longrightarrow q$ とその逆，対偶，裏は，互いに上の図のような関係にある。

例 14　**a を実数とするとき，命題「$a=2 \Longrightarrow a^2=4$」の逆，対偶，裏**

逆は　　$a^2=4 \Longrightarrow a=2$

対偶は　$a^2 \neq 4 \Longrightarrow a \neq 2$

裏は　　$a \neq 2 \Longrightarrow a^2 \neq 4$

例 14 において，命題「$a=2 \Longrightarrow a^2=4$」は真であるが，この逆の命題「$a^2=4 \Longrightarrow a=2$」は偽である。このことからわかるように

命題が真であっても，その逆は真であるとは限らない。

真である命題の逆は，真であったり偽であったりすることと同じように，偽である命題の逆も，真であったり偽であったりする。

練習 21　a，b は実数とする。次の命題の逆，対偶，裏を述べ，それらの真偽を調べよ。

(1)　$a^2 \neq b^2 \Longrightarrow a \neq b$　　(2)　$ab>0 \Longrightarrow$「$a>0$ かつ $b>0$」

全体集合をUとし，2つの条件p，qの真理集合を，それぞれP，Qとする。このとき，命題 $p \Longrightarrow q$ と その対偶 $\overline{q} \Longrightarrow \overline{p}$ のおのおのが真であることは，それぞれ

$$P \subset Q \qquad \overline{Q} \subset \overline{P}$$

が成り立つことと同じである。

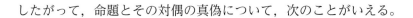

また，右の図からわかるように

$$P \subset Q \iff \overline{Q} \subset \overline{P}$$

したがって，命題とその対偶の真偽について，次のことがいえる。

命題とその対偶の真偽

[1] **命題 $p \Longrightarrow q$ とその対偶 $\overline{q} \Longrightarrow \overline{p}$ の真偽は一致する。**

[2] 命題 $p \Longrightarrow q$ を証明するには，
その対偶 $\overline{q} \Longrightarrow \overline{p}$ を証明してもよい。

例題 1

nは整数とする。次の命題を証明せよ。

n^2 が偶数ならば，nは偶数である。

証明 対偶「nが奇数ならば，n^2 は奇数である」を証明する。
nが奇数のとき，nはある整数kを用いて $n=2k+1$ と表される。このとき

$$n^2=(2k+1)^2=4k^2+4k+1=2(2k^2+2k)+1$$

$2k^2+2k$ は整数であるから，n^2 は奇数である。
よって，対偶は真であり，もとの命題も真である。 終

練習 22 nは整数，x，yは実数とする。次の命題を証明せよ。

(1) n^2 が奇数ならば，nは奇数である。

(2) $x+y>4 \Longrightarrow$「$x>2$ または $y>2$」

背理法

次の応用例題のように，ある命題を証明するのに，その命題が成り立たないと仮定して矛盾を導き，それによって命題が成り立つと結論する証明法がある。このような証明法を **背理法**（はいりほう） という。

応用例題 1 $\sqrt{2}$ は無理数であることを証明せよ。

考え方　前ページの例題 1 で証明した次のことを用いる。

n を整数とするとき，n^2 が偶数ならば，n は偶数である。

証明 $\sqrt{2}$ が無理数でないと仮定すると，$\sqrt{2}$ は有理数である。

よって，2 つの自然数 m，n を用いて

$$\sqrt{2}=\frac{m}{n}$$

と表される。ただし，m，n は 1 以外に正の公約数をもたない。

このとき，$m=\sqrt{2}\,n$ から　　$m^2=2n^2$　　…… ①

したがって，m^2 は偶数であり，m も偶数である。

そこで，k を自然数として，$m=2k$ とおくと，① より

$$(2k)^2=2n^2 \qquad \text{すなわち} \qquad 2k^2=n^2$$

よって，n^2 は偶数であり，n も偶数である。

m と n がともに偶数であることは，m，n が 1 以外に正の公約数をもたないことに矛盾する。

したがって，$\sqrt{2}$ は無理数である。　終

練習 23 $\sqrt{2}$ が無理数であることを用いて，次の問いに答えよ。

(1) $1+\sqrt{2}$ は無理数であることを証明せよ。

(2) a，b が有理数であるとき，$a+b\sqrt{2}=0$ ならば $a=b=0$ であることを，$b=0$，$a=0$ の順に証明せよ。

4. 集合の要素の個数

集合の要素の個数

1 から 10 までの自然数全体の集合

$$P=\{1,\ 2,\ 3,\ 4,\ 5,\ 6,\ 7,\ 8,\ 9,\ 10\}$$

のように，有限個の要素からなる集合を **有限集合** といい，正の奇数全体の集合

$$Q=\{1,\ 3,\ 5,\ 7,\ \cdots\cdots\}$$

のように，無限に多くの要素からなる集合を **無限集合** という。

集合 A が有限集合のとき，その要素の個数を $\boldsymbol{n(A)}$ で表す。上の集合 P については，$n(P)=10$ である。また，特に，$n(\varnothing)=0$ である。

練習 24 次の有限集合 A，B について，$n(A)$，$n(B)$ をそれぞれ求めよ。
$A=\{2n \mid 1 \leqq n \leqq 9,\ n$ は自然数$\}$，$B=\{x \mid x$ は 20 以下の素数$\}$

和集合の要素の個数

全体集合 U の 2 つの部分集合 A，B が有限集合のとき，その和集合 $A \cup B$ の要素の個数について調べよう。

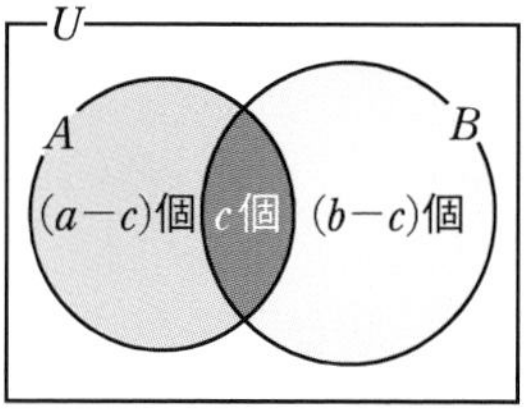

$$n(A)=a,\ n(B)=b,\ n(A\cap B)=c$$

とする。右の図からわかるように

$$n(A\cup B)=(a-c)+c+(b-c)$$
$$=a+b-c$$
$$=n(A)+n(B)-n(A\cap B)$$

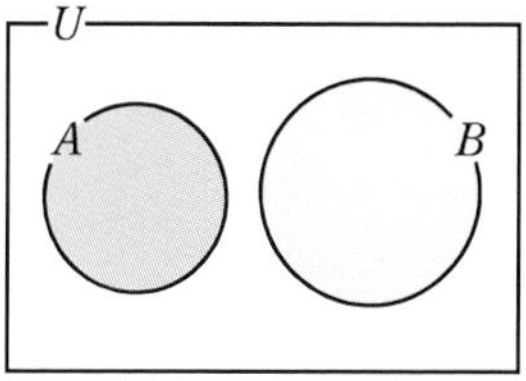

特に，$A\cap B=\varnothing$ のときは，$n(A\cap B)=0$ であるから

$$n(A\cup B)=n(A)+n(B)$$

和集合の要素の個数

[1] $\boldsymbol{n(A\cup B)=n(A)+n(B)-n(A\cap B)}$

[2] $A\cap B=\varnothing$ のとき　$\boldsymbol{n(A\cup B)=n(A)+n(B)}$

例題 2　1から100までの整数のうち，3と4の少なくとも一方で割り切れる数は何個あるか。

解答　1から100までの整数のうち，3の倍数全体の集合を A，4の倍数全体の集合を B とすると，3と4の少なくとも一方で割り切れる数全体の集合は $A\cup B$ である。

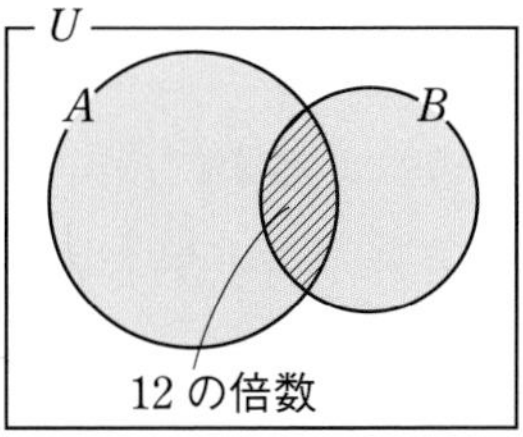

$A=\{3\cdot1,\ 3\cdot2,\ 3\cdot3,\ \cdots\cdots,\ 3\cdot33\}$ から　$n(A)=33$

$B=\{4\cdot1,\ 4\cdot2,\ 4\cdot3,\ \cdots\cdots,\ 4\cdot25\}$ から　$n(B)=25$

また，$A\cap B$ は，3と4の最小公倍数12の倍数全体の集合であるから

$$A\cap B=\{12\cdot1,\ 12\cdot2,\ 12\cdot3,\ \cdots\cdots,\ 12\cdot8\}$$

よって　$n(A\cap B)=8$

したがって　$n(A\cup B)=n(A)+n(B)-n(A\cap B)$

$=33+25-8=50$　　答　50個

注意　3·1，3·2などにおける・は，積を表す記号であり，×と同じ意味である。

練習 25　1から100までの整数のうち，次のような数は何個あるか。

(1)　2の倍数　　(2)　5の倍数

(3)　2の倍数かつ5の倍数　　(4)　2の倍数または5の倍数

● 3 つの集合の和集合の要素の個数 ●

全体集合 U の 3 つの部分集合 A, B, C について，次の公式が成り立つ。

和集合の要素の個数

$$\boldsymbol{n(A\cup B\cup C)=n(A)+n(B)+n(C)}$$
$$\boldsymbol{-n(A\cap B)-n(B\cap C)-n(C\cap A)+n(A\cap B\cap C)}$$

練習 26 ▶ 右の図において，a, b, c, d, e, f, g は，各部分の集合の要素の個数を表す。この図を用いて，上の公式が成り立つことを確かめよ。

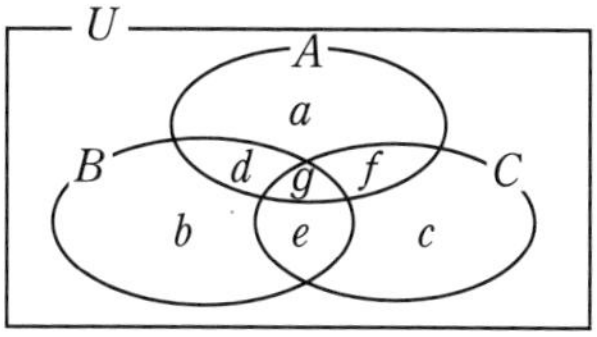

応用例題 2 1 から 100 までの整数のうち，3, 4, 5 の少なくとも 1 つで割り切れる数は何個あるか。

解答 1 から 100 までの整数のうち，3 の倍数，4 の倍数，5 の倍数全体の集合をそれぞれ A, B, C とすると

$$n(A)=33,\ n(B)=25,\ n(C)=20$$

$A\cap B$, $B\cap C$, $C\cap A$, $A\cap B\cap C$ は，それぞれ 12 の倍数，20 の倍数，15 の倍数，60 の倍数全体の集合であるから

$$n(A\cap B)=8,\ n(B\cap C)=5,\ n(C\cap A)=6,$$
$$n(A\cap B\cap C)=1$$

3, 4, 5 の少なくとも 1 つで割り切れる数全体の集合は $A\cup B\cup C$ であるから

$$n(A\cup B\cup C)=33+25+20-8-5-6+1=60$$

答 60 個

練習 27 ▶ 1 から 100 までの整数のうち，2, 3, 5 の少なくとも 1 つで割り切れる数は何個あるか。

第1章

補集合の要素の個数

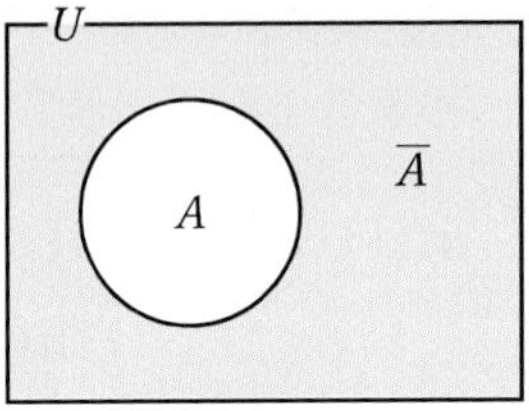

全体集合Uが有限集合のとき，Uの部分集合Aとその補集合 $\overline{A}$ を考えると

$$A\cup\overline{A}=U,\ A\cap\overline{A}=\varnothing$$

である。よって，26 ページの [2] により

$$n(U)=n(A)+n(\overline{A})$$

となるから，次の等式が成り立つ。

補集合の要素の個数

$$\boldsymbol{n(\overline{A})=n(U)-n(A)}$$

例題 3　1 から 100 までの整数のうち，6 の倍数でない数は何個あるか。

解答　1 から 100 までの整数全体の集合を全体集合Uとすると

$$n(U)=100$$

また，そのうち 6 の倍数全体の集合をAとすると

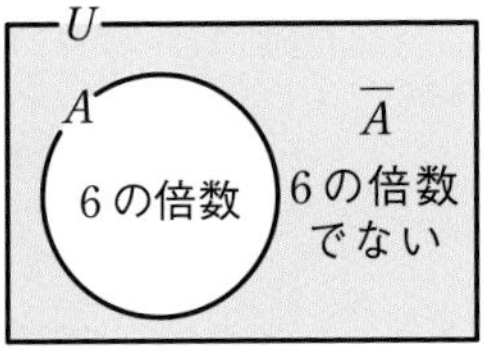

$$n(A)=16$$

6 の倍数でない数全体の集合は $\overline{A}$ であるから

$$n(\overline{A})=100-16=84$$

答　84 個

練習 28　100 から 200 までの整数のうち，7 で割り切れない数は何個あるか。

練習 29　1 から 100 までの整数のうち，次のような数は何個あるか。

(1)　5 の倍数でない数　　(2)　3 の倍数であるが，5 の倍数でない数

例題 4 あるクラスの生徒 40 人に，数学と英語の試験を行ったところ，数学が 70 点以上の生徒は 25 人，英語が 70 点以上の生徒は 29 人，数学と英語がともに 70 点以上の生徒は 18 人であった。

(1) 数学と英語の少なくとも一方が 70 点以上である生徒は何人いるか。

(2) 数学と英語がともに 70 点未満である生徒は何人いるか。

解答 クラス全員の集合を全体集合 U，数学が 70 点以上の生徒の集合を A，英語が 70 点以上の生徒の集合を B とする。

このとき　　$n(U)=40$，$n(A)=25$，$n(B)=29$

(1) 数学と英語がともに 70 点以上である生徒の集合は $A\cap B$ で表され

$$n(A\cap B)=18$$

数学と英語の少なくとも一方が 70 点以上である生徒の集合は $A\cup B$ で表される。

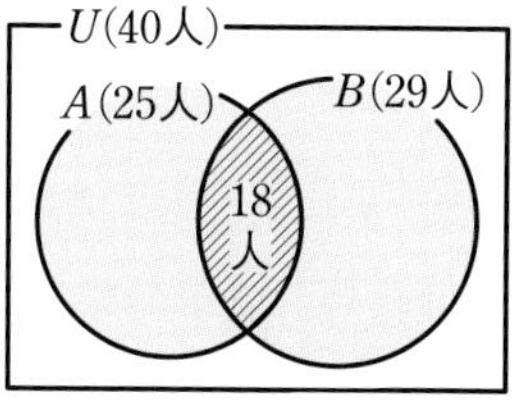

$$n(A\cup B)=n(A)+n(B)-n(A\cap B)$$
$$=25+29-18=36$$

答　36 人

(2) 数学と英語がともに 70 点未満である生徒の集合は $\overline{A}\cap\overline{B}$，すなわち $\overline{A\cup B}$ で表される。← ド・モルガンの法則

$$n(\overline{A\cup B})=n(U)-n(A\cup B)$$
$$=40-36=4$$

答　4 人

練習 30 60 人の生徒の通学方法は，自転車を利用する生徒が 28 人，電車を利用する生徒が 22 人，自転車も電車も利用する生徒が 8 人である。

(1) 自転車も電車も利用しない生徒は何人いるか。

(2) 自転車を利用するが，電車は利用しない生徒は何人いるか。

確認問題

1 次の集合を，要素を書き並べて表せ。

(1) 1以上30以下の4の倍数全体の集合

(2) $\{x \mid -4<x \leqq 1,\ x \text{は整数}\}$

(3) $\{3n-2 \mid n=1,\ 2,\ 3,\ \cdots\cdots\}$

2 次の各場合の集合 A，B の間に成り立つ関係を，記号 $\subset$，$=$ を用いて表せ。

(1) $A=\{5,\ 10\}$，$B=\{5n \mid n=1,\ 2,\ 3\}$

(2) $A=\{1,\ 3,\ 5,\ 7,\ 9\}$，$B=\{x \mid x \text{は} 9 \text{の正の約数}\}$

(3) $A=\{x \mid 3 \leqq x \leqq 9,\ x \text{は素数}\}$，$B=\{2n+1 \mid n=1,\ 2,\ 3\}$

3 x，y は実数とする。次の □ の中は，「必要条件であるが十分条件ではない」，「十分条件であるが必要条件ではない」，「必要十分条件である」のうち，それぞれどれが適するか。

(1) $x=1$ は，$x^2+2x-3=0$ であるための □。

(2) $x=y=-2$ は，$2x-y=2y-x=-2$ であるための □。

(3) △ABC において，∠A$=60°$ は，△ABC が正三角形であるための □。

4 x は実数，n は整数とする。次の条件の否定を述べよ。

(1) $x>9$ または $x \leqq 3$　　(2) n は10以上の偶数である

5 全体集合 U と，その部分集合 A，B について，

$$n(U)=100,\ n(A)=34,\ n(B)=58,\ n(A \cap B)=21$$

であるとき，次の集合の要素の個数を求めよ。

(1) $\overline{A}$　　(2) $A \cup B$　　(3) $\overline{A} \cap \overline{B}$

演習問題A

1 集合 $\{1, 2, 3, 4\}$ の部分集合をすべて求めよ。

2 x, y は実数とする。次の条件 p, q について，p は q であるための「必要条件であるが十分条件ではない」,「十分条件であるが必要条件ではない」,「必要十分条件である」,「必要条件でも十分条件でもない」のうち，それぞれどれが適するか。

(1) $p: x>0$　　　$q: x^2>0$

(2) $p: x+y>2$　　　$q: x>1$ かつ $y>1$

(3) $p: y=0$　　　$q: (x^2+1)y=0$

3 a, b は実数とする。2つの条件 p, q を

$p: a>0$ かつ $b>0$　　　$q: a+b>0$ かつ $ab>0$

とするとき，p, q は同値であることを証明せよ。

ただし，p, q が同値であることを証明するには，$p \Longrightarrow q$, $q \Longrightarrow p$ がともに真であることを証明すればよい。

4 x, y, z は実数とする。次の条件の否定を述べよ。

(1) $x=y=z=1$　　　(2) x, y の少なくとも一方は 2 である

5 $\sqrt{5}$ は無理数であることを証明せよ。ただし，次の命題が成り立つことを用いてよいものとする。

n を整数とするとき，n^2 が 5 の倍数ならば，n は 5 の倍数である。

6 200 から 300 までの整数のうち，3 と 5 の少なくとも一方で割り切れる数は何個あるか。

演習問題B

7 $U=\{1, 2, 3, 4, 5, 6, 7, 8, 9\}$ を全体集合とする。Uの部分集合
$A=\{3, 7, x^2+2x+2\}$，$B=\{2, x+4, x^2+3x+3, x^3+3x^2-2x+2\}$
について，$A\cap B=\{5, 7\}$ であるとき，xの値と $\overline{A}\cap\overline{B}$ を求めよ。

8 a，b は自然数とする。次の □ の中は，「必要条件であるが十分条件ではない」，「十分条件であるが必要条件ではない」，「必要十分条件である」，「必要条件でも十分条件でもない」のうち，それぞれどれが適するか。

(1) $a+b<3$ は，$a^2+b^2<6$ であるための □。

(2) $ab-(a+b)+1>0$ は，$a\geqq2$ かつ $b\geqq2$ であるための □。

(3) $ab-(a+b)<0$ は，$a+b<4$ であるための □。

9 m，n は整数とする。$m>n>0$ であるとき，次の命題を証明せよ。

$m+n$ と $m-n$ が 1 以外に正の公約数をもたないならば，
m，n は 1 以外に正の公約数をもたない。

10 $\sqrt{2}$ が無理数であることを用いて，$\sqrt{2}+\sqrt{3}$ は無理数であることを証明せよ。

11 全体集合Uと，その部分集合 A，B について，

$$n(U)=100,\ n(A)=70,\ n(B)=39$$

であるとき，次の問いに答えよ。

(1) $n(A\cap B)$ の最大値と最小値を求めよ。

(2) $n(A\cap\overline{B})$ の最大値と最小値を求めよ。

第2章　場合の数と確率

⬆さいころの出る目は偶然に左右され，
その起こりやすさは確率で表される。

Two useful concepts for understanding the many ways an event can happen are ‘permutation’ and ‘combination’. With them, we can determine “the expected ratio” (or probability) of an event taking place.

In addition to probability, this chapter investigates the number of possible outcomes of an event. We will also learn how to quantify the beneficial results that any particular decision can have. We do this by focusing on the number of elements in a set, as discussed in Chapter 1.

1. 場合の数

樹形図

ある事柄の起こる場合の数を知るには，起こりうるすべての場合を，もれなく重複なく数え上げる必要がある。このようなときには，**樹形図**をかいて考えると便利なことが多い。

例 1 3 個のさいころ A，B，C を同時に投げるとき，目の積が 6 になる場合は，右の樹形図により 9 通りである。

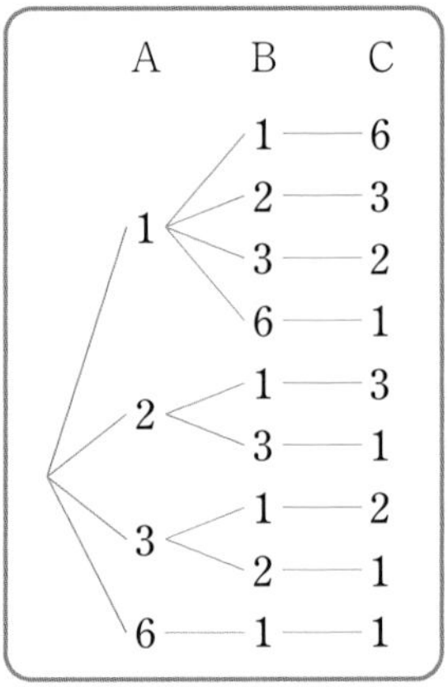

樹形図は，「小さいものからの順」，

「アルファベットの順」

というように，わかりやすいルールを設け，それに従ってかくとよい。

例 1 では，A，B，C の目が，それぞれ 1，1，6 であることを 3 桁の数 116 で表すことにしたとき

116，123，132，161，213，231，312，321，611

のように，しだいに大きな数になるような順序に従って，樹形図をかいている。

練習 1 次の問いに答えよ。

(1) 大中小 3 個のさいころを同時に投げるとき，目の積が 8 になる場合は何通りあるか。

(2) 4 個の文字 a，a，b，c から 3 個を選んで 1 列に並べる方法は何通りあるか。

和の法則

大小2個のさいころを同時に投げるとき，目の和が4または5になる場合は，何通りあるか考えてみよう。

目の和が4になるという事柄をA，目の和が5になるという事柄をBとする。右のような表を作って調べると

事柄Aが起こるのは　3 通り

事柄Bが起こるのは　4 通り

である。A，B は同時には起こらない。

A

大	1	2	3
小	3	2	1

B

大	1	2	3	4
小	4	3	2	1

よって，目の和が4または5になる場合の数は，次のようになる。

3 ＋ 4 ＝ 7　すなわち　7通り

Aの場合　Bの場合

一般に，次の **和の法則** が成り立つ。

和の法則

2つの事柄A，Bは同時には起こらないとする。
Aの起こり方が a 通り，Bの起こり方が b 通りあるとすると，
AまたはBが起こる場合は $\boldsymbol{a+b}$ **通り** ある。

事柄A，Bの起こる場合の全体を，それぞれ集合 A，B で表すと，和の法則は，$A\cap B=\varnothing$ のとき，次の等式が成り立つことと同じである。

$$n(A\cup B)=n(A)+n(B)$$

和の法則は，3つ以上の事柄についても，同じように成り立つ。

練習2 次のような事柄の起こる場合は何通りあるか。

(1) 大小2個のさいころを同時に投げるとき，目の和が10以上になる。

(2) 大中小3個のさいころを同時に投げるとき，目の和が5以下になる。

積の法則

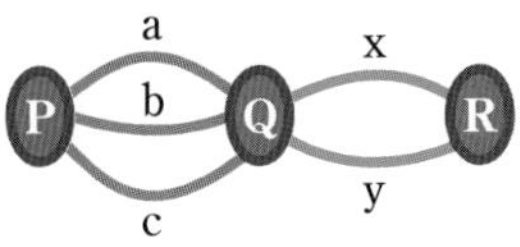

P市とQ市の間には3本，Q市とR町の間には2本の道路があるとする。このとき，P市からQ市を経由してR町へ行く方法は何通りあるか考えてみよう。

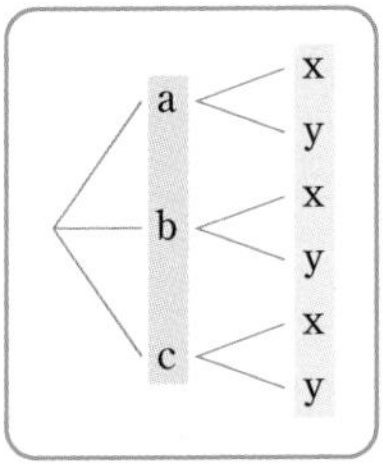

右上の図で，PからQへ行く方法はa，b，cの 3 通りあり，そのおのおのについて，QからRへ行く方法がx，yの 2 通りある。このとき，P市からQ市を経由してR町へ行く方法の数は

$$\underset{\text{PからQ}}{3} \times \underset{\text{QからR}}{2} = 6$$ すなわち　6通り

一般に，次の **積の法則** が成り立つ。

積の法則

事柄Aの起こり方が a 通りあり，そのおのおのの場合について，事柄Bの起こり方が b 通りあるとすると，AとBがともに起こる場合は $\boldsymbol{ab}$ **通り** ある。

例 2　3種類の食べ物と4種類の飲み物の中から，それぞれ1種類ずつ選んでセットを作るとき，できるセットの場合の数は，積の法則により　$3\times4=12$　すなわち　12通り

練習 3　2個のさいころA，Bを同時に投げるとき，さいころAの目が3以上で，さいころBの目が奇数となる目の出方は何通りあるか。

積の法則は，3つ以上の事柄についても，同じように成り立つ。

練習 4　次のものを求めよ。

(1)　大中小3個のさいころを同時に投げるときの，目の出方の総数

(2)　$(a+b)(p+q)(x+y+z)$ を展開したときにできる項の個数

2. 順列

順列

4 個の文字 a, b, c, d から，異なる 3 個を取って，1 列に並べる配列をすべて作ると，右の樹形図のようになる。

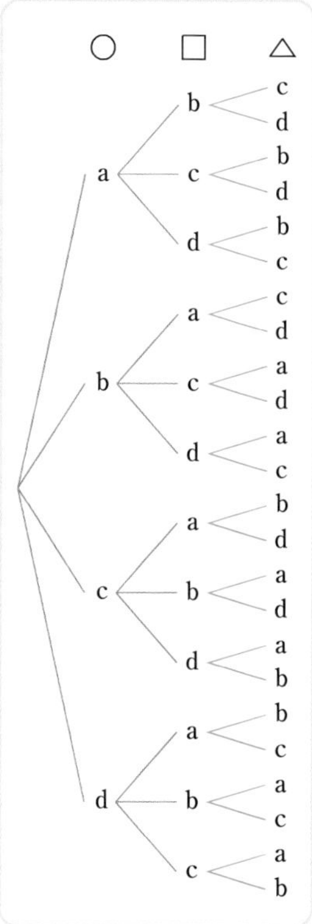

樹形図から，このような配列の総数は 24 であることがわかるが，これを計算によって求める方法を考えてみよう。

[1]　1 番目の文字を ○ とする。
　○ の取り方は，a, b, c, d の　4 通り

[2]　2 番目の文字を □ とする。
　□ の取り方は，○ の文字以外の 3 文字から 1 つ取ればよいから　3 通り

[3]　3 番目の文字を △ とする。
　△ の取り方は，○ と □ の文字以外の 2 文字から 1 つ取ればよいから　2 通り

したがって，求める配列の総数は，積の法則により　　$4 \times 3 \times 2 = 24$

いくつかのものを，順序をつけて 1 列に並べる配列を **順列** という。

一般に，異なる n 個のものから異なる r 個を取り出して並べる順列を **n 個から r 個取る順列** といい，その総数を ${}_n\mathrm{P}_r$ で表す。ただし，$r \leqq n$ である。

例えば，4 個から 3 個取る順列の総数は ${}_4\mathrm{P}_3$ と表される。上の例から，${}_4\mathrm{P}_3 = 4 \times 3 \times 2 = 24$ である。

前ページと同様に考えて，n 個から r 個取る順列の総数 ${}_n\mathrm{P}_r$ を求めてみよう。1 番目，2 番目，3 番目，…… と順に取っていくとき，

1 番目のものの取り方は　n 通り

2 番目のものの取り方は　$(n-1)$ 通り

3 番目のものの取り方は　$(n-2)$ 通り

⋮

r 番目のものの取り方は $\{n-(r-1)\}$ 通り　すなわち $(n-r+1)$ 通り

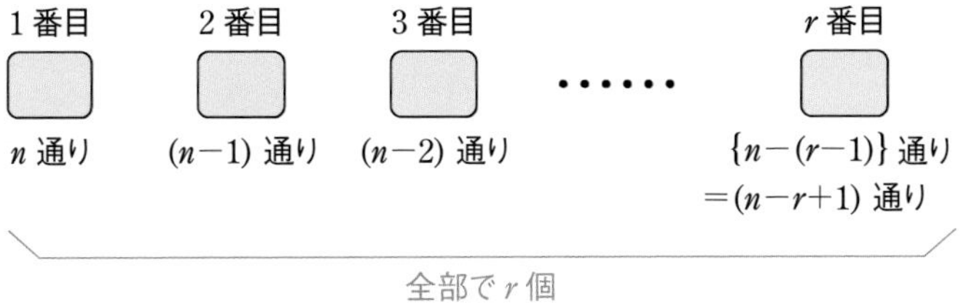

したがって，積の法則により，次のことが成り立つ。

順列の総数 ${}_n\mathrm{P}_r$

$$ {}_n\mathrm{P}_r = \underbrace{n(n-1)(n-2)\cdots\cdots(n-r+1)}_{r\text{ 個の数の積}} $$

例 3　**6 人から 4 人を選んで 1 列に並べるときの並べ方の総数**

$$ {}_6\mathrm{P}_4 = \underbrace{6\cdot5\cdot4\cdot3}_{4\text{ 個の数の積}} = 360 $$

練習 5　次の値を求めよ。

(1)　${}_5\mathrm{P}_2$　　(2)　${}_6\mathrm{P}_3$　　(3)　${}_8\mathrm{P}_1$　　(4)　${}_7\mathrm{P}_4$

練習 6　次のものの総数を求めよ。

(1)　8 人から 4 人を選んで 1 列に並べるときの並べ方

(2)　3，4，5，6，7 から異なる 3 個の数字を選んで作る 3 桁の自然数

● 階乗 ●

順列の総数 ${}_n\mathrm{P}_r$ の式で，特に $r=n$ のときは

$$ {}_n\mathrm{P}_n=n(n-1)(n-2)\cdots\cdots3\cdot2\cdot1 \qquad \cdots\cdots ① $$

となる。これは，異なる n 個のものをすべて並べる順列の総数である。

① の右辺は，1 から n までのすべての自然数の積となっている。

これを n の **階乗**（かいじょう）といい，記号 $\boldsymbol{n!}$ で表す。

$$ \boldsymbol{{}_n\mathrm{P}_n=n!=n(n-1)(n-2)\cdots\cdots3\cdot2\cdot1} $$

例 4　**5 個の文字 a，b，c，d，e 全部を 1 列に並べる順列の総数**

$$ 5!=5\cdot4\cdot3\cdot2\cdot1=120 $$

練習 7　次のものの総数を求めよ。

(1)　victory という単語の 7 文字全部を使ってできる文字列

(2)　6 個の数字 1，2，3，4，5，6 の全部を使ってできる 6 桁の自然数

${}_n\mathrm{P}_r$ を階乗の記号を用いて表してみよう。

$r<n$ のとき，${}_n\mathrm{P}_r$ を求める式は，次のように変形される。

$$ {}_n\mathrm{P}_r=n(n-1)(n-2)\cdots\cdots(n-r+1) $$

$$ =\frac{n(n-1)\cdots\cdots(n-r+1)(n-r)\cdots\cdots3\cdot2\cdot1}{(n-r)\cdots\cdots3\cdot2\cdot1} $$

$$ =\frac{n!}{(n-r)!} $$

すなわち　$\boldsymbol{{}_n\mathrm{P}_r=\dfrac{n!}{(n-r)!}}$　　$\cdots\cdots$ ②

等式 ② において $r=n$ とすると ${}_n\mathrm{P}_n=\dfrac{n!}{0!}$ となる。

そこで，$r=n$ のときにも ② が成り立つように，$\boldsymbol{0!=1}$ と定める。

更に，$r=0$ のときにも ② が成り立つように，$\boldsymbol{{}_n\mathrm{P}_0=1}$ と定める。

順列の考え方の利用

順列の考え方を利用して，いろいろな場合の数を求めてみよう。

応用例題 1 男子 3 人，女子 2 人が 1 列に並ぶとき，次のような並び方は何通りあるか。

(1) 両端が男子である。　　(2) 女子 2 人が隣り合う。

考え方　(1) 両端に並ぶ男子 2 人を先に並べる。
(2) 女子 2 人を 1 組にして，全体の並び方を考える。

解答 (1) 両端の男子 2 人の並び方は，$_3P_2$ 通りある。

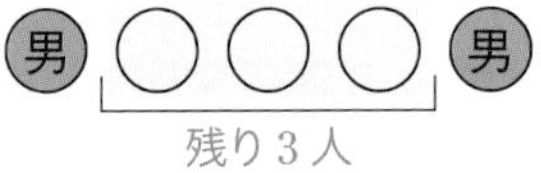

そのおのおのの並び方に対して，間に並ぶ残り 3 人の並び方は 3! 通りある。

よって，求める並び方の総数は，積の法則により

$_3P_2\times3!=3\cdot2\times3\cdot2\cdot1=36$　　答　36 通り

(2) 女子 2 人をまとめて 1 組にする。

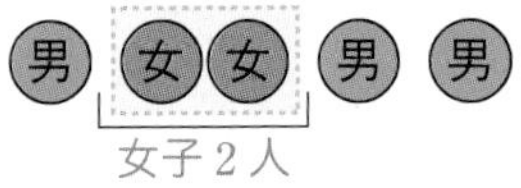

この 1 組と男子 3 人の並び方は 4! 通りある。

そのおのおのの並び方に対して，1 組にした女子 2 人の並び方は 2! 通りある。

よって，求める並び方の総数は，積の法則により

$4!\times2!=4\cdot3\cdot2\cdot1\times2\cdot1=48$　　答　48 通り

練習 8 男子 3 人，女子 4 人が 1 列に並ぶとき，次のような並び方は何通りあるか。

(1) 両端が女子である。　　(2) 男子 3 人が隣り合う。

応用例題 2 5個の数字 0, 1, 2, 3, 4 の中の異なる数字を使ってできる, 4桁の偶数は何個あるか。

考え方 一の位から考える。偶数であるから, 一の位には, 0, 2, 4 のどれかを使う。千の位には 0 を使うことができないことに注意。

解答 一の位は数字 0, 2, 4 のどれかである。

千の位	百の位	十の位	一の位
↑			↑
0 と一の位の数字以外			0, 2, 4 のどれか

[1] 一の位の数字が 0 のとき
千, 百, 十の位には, 残り 4 個の数字から 3 個取って並べるから, その並べ方は ${}_4P_3$ 通りある。

[2] 一の位の数字が 2 のとき
千の位は, 0 と 2 以外の 3 個の数字のどれかであるから, その選び方は 3 通りある。
百, 十の位には, 0 を含めた残り 3 個の数字から 2 個取って並べるから, その並べ方は ${}_3P_2$ 通りある。
よって, 一の位が 2 となる偶数の個数は

$$3\times{}_3P_2 \text{ 個}$$

[3] 一の位の数字が 4 のとき
[2] と同様で $3\times{}_3P_2$ 個ある。

したがって, 求める偶数の個数は

$${}_4P_3+3\times{}_3P_2+3\times{}_3P_2=60$$

答 60個

練習 9 6個の数字 0, 1, 2, 3, 4, 5 の中の異なる数字を使ってできる, 次のような整数は何個あるか。

(1) 4桁の整数　　(2) 4桁の奇数　　(3) 4桁の偶数

円順列

いくつかのものを円形に並べる配列を **円順列** という。円順列では，回転すると一致する並び方は，同じ並び方であると考える。例えば，下の図の 4 つは，適当に回転することにより，互いに同じものとみなすことができる。

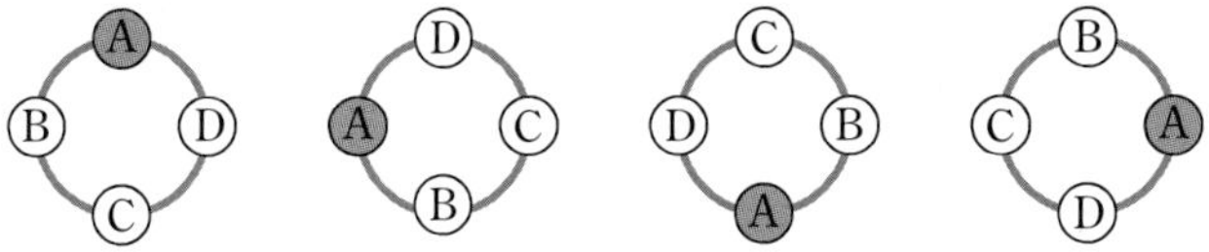

例 5　**A，B，C，D の 4 人が輪の形に並ぶときの並び方の総数**

方法 1　① まず，4 人を 1 列に並べる。
並び方の総数は　${}_4\mathrm{P}_4$ 通り　である。

② ① のすべての順列について，両端の 2 人が手をつないで輪を作ると 4 通りずつが同じ並びの輪になるから，4 人が輪の形に並ぶときの並び方の総数は

$$\frac{{}_4\mathrm{P}_4}{4}=3!=6$$　← 同じ並び方になる個数で割る

方法 2　① 例えばAを基準と考える。

② 残りの 3 つの場所にA以外の人が並ぶ順列を考えればよいから，
並び方の総数は　$(4-1)!=3!=6$

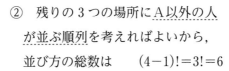

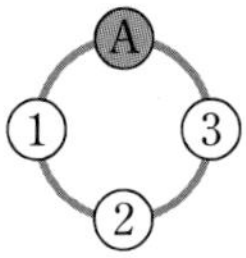

一般に，円順列の総数について，次のことが成り立つ。

円順列の総数

異なる n 個のものの円順列の総数は　$\dfrac{{}_n\mathrm{P}_n}{n}=(n-1)!$

練習 10 次のものの総数を求めよ。

(1) 6人が円形のテーブルを囲んで座る方法

(2) 異なる色の7個の玉を机の上に円形に並べるときの並べ方

応用例題 3 A, B, C, D, E, F の6人が輪の形に並ぶとき，AとBが向かい合うような並び方は何通りあるか。

解答 右の図のように，まずAの位置を固定して考える。このとき，Bの位置は1通りに定まることがわかる。

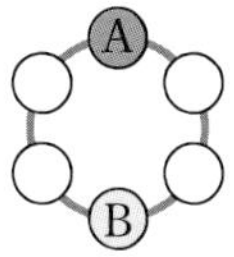

Aの位置を固定
↓
Bの位置は決定

残りの4人は，A，B以外の4つの場所に入ると考えられる。

よって，求める並び方の総数は　$4!=24$　答 24通り

練習 11 A, B, C, D, E, F, G, H の8人が輪の形に並ぶとき，次のような並び方は何通りあるか。

(1) AとBが向かい合う。　(2) AとBが隣り合う。

応用例題 4 男子3人，女子3人が輪の形に並ぶとき，男女が交互に並ぶような並び方は何通りあるか。

解答 男子3人の円順列の総数は $(3-1)!$ 通りある。

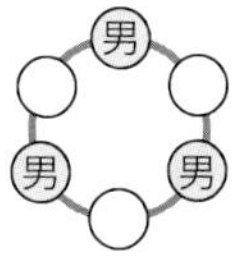

そのおのおのに対して，女子3人が男子の間に1人ずつ並ぶ方法は $3!$ 通りある。

よって，求める並び方の総数は，積の法則により

$$(3-1)!\times 3!=2\cdot 1\times 3\cdot 2\cdot 1=12$$

答 12通り

練習 12 男子5人，女子5人が輪の形に並ぶとき，男女が交互に並ぶような並び方は何通りあるか。

重複順列

これまでは異なるものを並べる順列について考えてきたが，ここでは同じものを繰り返し使ってもよいとした場合の順列について考えてみよう。

例 6　**3 種類の記号 ○，□，△ を，重複を許して 4 個並べる方法の総数**

←「重複を許す」とは，同じものを繰り返し使ってもよいこと。

右の図のように，4 個のどの場所にも，○，□，△ の 3 種類の記号を並べることができる。

したがって，このような並べ方の総数は，積の法則により

$$3\times3\times3\times3=3^4=81$$

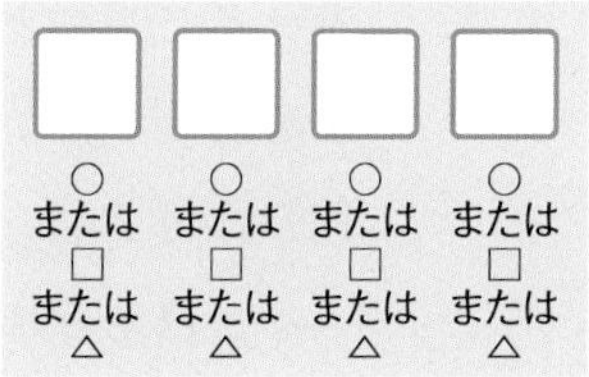

一般に，異なる n 通りのものから重複を許して r 個を取り出して並べる順列を，**n 個から r 個取る重複順列** という。このとき，$r\leqq n$ とは限らず，$r>n$ であってもよい。

重複順列の総数について，次のことが成り立つ。

重複順列の総数

n 個から r 個取る重複順列の総数は　　$\boldsymbol{n^r}$

例 7　5 個の数字 1，2，3，4，5 を重複を許して並べてできる 4 桁の自然数の個数は，5 個から 4 個取る重複順列の総数に等しいから

$$5^4=625\quad すなわち\quad 625 個$$

練習 13　次のような順列の総数を求めよ。

(1)　5 個の文字 a，b，c，d，e から，重複を許して 3 個を取り出して並べる順列

(2)　2 種類の記号 ○，× を，重複を許して 10 個並べる順列

応用例題 5 次の問いに答えよ。

(1)　6人を2つの部屋P，Qに入れる方法は何通りあるか。
ただし，6人全員が同じ部屋に入ってもよいものとする。

(2)　6人を2つの部屋P，Qに入れる方法は何通りあるか。
ただし，各部屋には少なくとも1人は入るものとする。

(3)　6人を2つのグループに分ける方法は何通りあるか。

考え方　(3)　6人をa，b，c，d，e，fとする。(2)では，例えば
　Pの部屋にaとe，Qの部屋にbとcとdとf　が入る
　Pの部屋にbとcとdとf，Qの部屋にaとe　が入る
ことを区別して考えているが，グループに分ける場合には，これらを同じものと考えればよい。

解答　(1)　6人それぞれについて，入る部屋はP，Qのどちらかであるから，その選び方は2通りある。
よって，求める総数は，2個から6個取る重複順列の総数に等しいから　$2^6=64$　答　64通り

(2)　(1)の64通りのうち，全員がPの部屋に入る場合，全員がQの部屋に入る場合の2通りを除けばよいから

$$64-2=62$$　答　62通り

(3)　(2)の部屋の区別をなくせばよいから

$$\frac{62}{2!}=31$$　答　31通り

練習 14　7人を次のように分ける方法は何通りあるか。

(1)　2つの組P，Qに分ける。ただし，各組には少なくとも1人は入るものとする。

(2)　2つの組に分ける。

練習 15　集合 $U=\{1, 3, 5, 7\}$ の部分集合の個数を求めよ。

3. 組合せ

組合せ

4個の文字 a，b，c，d から，異なる3個を取り出して，文字の順序は考えないで文字の組を作るとき，次のような組ができる。

5　　　　　　{a, b, c}，{a, b, d}，{a, c, d}，{b, c, d}　　……①

このように，ものを取り出す順序は考えずに組を作るとき，これらの組の1つ1つを **組合せ** という。

一般に，異なる n 個のものの中から異なる r 個を取り出し，順序は考慮しないで1組にしたものを **n 個から r 個取る組合せ** といい，その総

10　数を $_nC_r$ で表す。ただし，$r \leqq n$ である。

上の①は4個から3個取る組合せで，その総数は4通り，すなわち $_4C_3 = 4$ である。この総数 $_4C_3$ を，順列の総数から求めてみよう。

①の組の1つ {a, b, c} について，3文字の順列は 3! 通りできる。

これは，他のどの組についても同

15　じであるから，全体では $_4C_3 \times 3!$ 通りの順列が得られる。

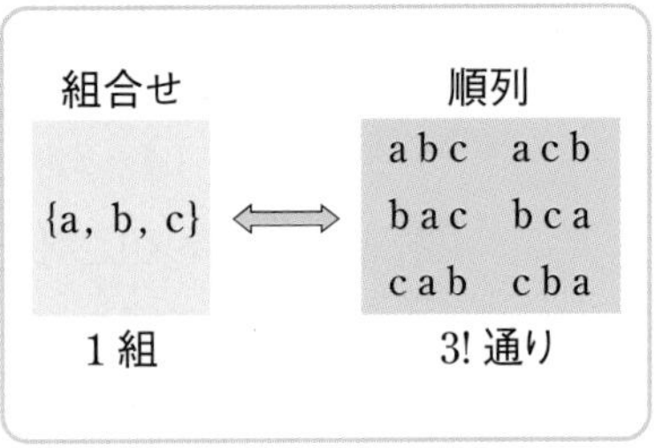

この総数は，4個から3個取る順列の総数と一致するから

$$_4C_3 \times 3! = {_4P_3}$$

組合せ		順列
{a, b, c}	$\Longleftrightarrow$	a b c　a c b b a c　b c a c a b　c b a
1組		3! 通り

20　　　　したがって　　　　$_4C_3 = \dfrac{_4P_3}{3!} = \dfrac{4 \cdot 3 \cdot 2}{3 \cdot 2 \cdot 1} = 4$

n 個から r 個取る組合せの総数 $_nC_r$ についても同様に考えて，$_nC_r \times r! = {_nP_r}$ から，次ページの [1] が導かれる。また，39ページの等式②から，$_nC_r$ は次ページの [2] の式で表すこともできる。

組合せの総数 $_n\mathrm{C}_r$

[1] $\quad {}_n\mathrm{C}_r=\dfrac{{}_n\mathrm{P}_r}{r!}=\dfrac{n(n-1)(n-2)\cdots\cdots(n-r+1)}{r(r-1)(r-2)\cdots\cdots3\cdot2\cdot1}$ 　特に　${}_n\mathrm{C}_n=1$

[2] $\quad {}_n\mathrm{C}_r=\dfrac{n!}{r!(n-r)!}$

上の公式 [2] が $r=0$ のときにも成り立つように，${}_n\mathrm{C}_0=1$ と定める。

例 8　**6 人から 3 人を選ぶときの選び方の総数**

$${}_6\mathrm{C}_3=\frac{6\cdot5\cdot4}{3\cdot2\cdot1}=20$$

練習 16　次の値を求めよ。

(1) ${}_7\mathrm{C}_3$　(2) ${}_6\mathrm{C}_4$　(3) ${}_5\mathrm{C}_1$　(4) ${}_4\mathrm{C}_4$

練習 17　次のような選び方の総数を求めよ。

(1) 9 人から 2 人を選ぶ。

(2) アルファベット 26 文字の中から 3 文字を選ぶ。

${}_n\mathrm{C}_r$ には，次のような性質がある。

$_n\mathrm{C}_r$ の性質

[3] $\quad {}_n\mathrm{C}_r={}_n\mathrm{C}_{n-r}$ 　ただし　$0\leqq r\leqq n$

[4] $\quad {}_n\mathrm{C}_r={}_{n-1}\mathrm{C}_{r-1}+{}_{n-1}\mathrm{C}_r$ 　ただし　$1\leqq r\leqq n-1,\ n\geqq 2$

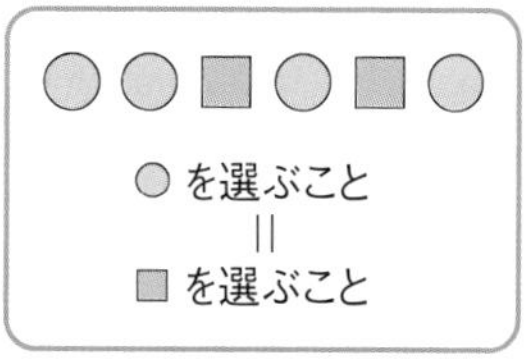

【**[3] が成り立つ理由**】　異なる n 個のものの中から異なる r 個を取り出すとき，取り出す r 個を選ぶことは，後に残す $(n-r)$ 個を選ぶことでもある。

よって，${}_n\mathrm{C}_r$ と ${}_n\mathrm{C}_{n-r}$ は等しい。

練習 18 前ページの [3] が成り立つことは，計算によっても示すことができる。前ページの [2] の式を利用して，[3] が成り立つことを示せ。

例 9 ${}_n\mathrm{C}_r={}_n\mathrm{C}_{n-r}$ を使って ${}_{13}\mathrm{C}_{10}$ を求めると

$$ {}_{13}\mathrm{C}_{10}={}_{13}\mathrm{C}_{13-10}={}_{13}\mathrm{C}_3=\frac{13\cdot12\cdot11}{3\cdot2\cdot1}=286 $$

練習 19 次の値を求めよ。

(1) ${}_7\mathrm{C}_6$　　(2) ${}_8\mathrm{C}_6$　　(3) ${}_{10}\mathrm{C}_7$　　(4) ${}_{30}\mathrm{C}_{28}$

練習 20 次のような選び方の総数を，${}_n\mathrm{C}_r={}_n\mathrm{C}_{n-r}$ を使って求めよ。

(1) 異なる 15 枚のカードから 12 枚のカードを選ぶ。

(2) 12 色の色鉛筆から 8 色を選ぶ。

前ページの [4] ${}_n\mathrm{C}_r={}_{n-1}\mathrm{C}_{r-1}+{}_{n-1}\mathrm{C}_r$ について考えてみよう。

[[4] が成り立つ理由] 異なる n 個のものの中から異なる r 個を取り出すとき，特定の 1 個 a を決めて，r 個取り出した組が a を含む場合と含まない場合に分けて考える。

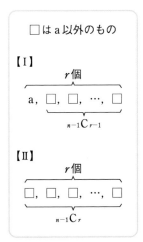

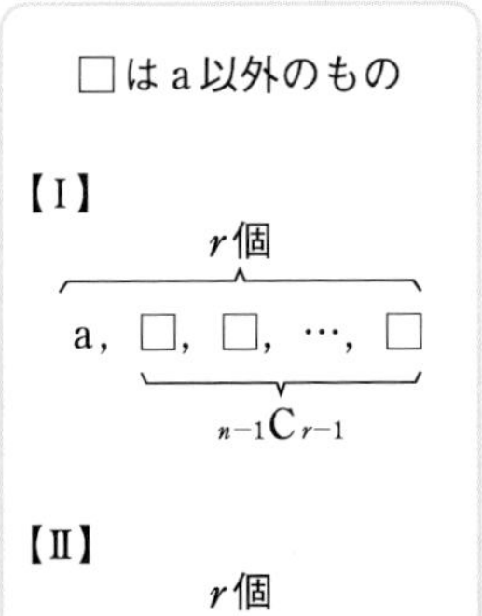

【I】 a を含む場合　a 以外の $(n-1)$ 個から $(r-1)$ 個を選べばよいから，選び方の総数は ${}_{n-1}\mathrm{C}_{r-1}$ となる。

【II】 a を含まない場合　a 以外の $(n-1)$ 個から r 個を選べばよいから，選び方の総数は ${}_{n-1}\mathrm{C}_r$ となる。

【I】と【II】は同時には起こらないから，和の法則により

${}_n\mathrm{C}_r={}_{n-1}\mathrm{C}_{r-1}+{}_{n-1}\mathrm{C}_r$　が成り立つ。

練習 21 [4] が成り立つことは，計算によっても示すことができる。前ページの [2] の式を利用して，[4] の右辺を計算し，[4] が成り立つことを示せ。

組合せの考え方の利用

例題 1 4 本の平行線と，それらに交わる 5 本の平行線とによってできる平行四辺形は何個あるか。

解答 右の図のような平行線を考える。水平な平行線から 2 本，斜めの平行線から 2 本選ぶことにより，平行四辺形が 1 つ決まる。

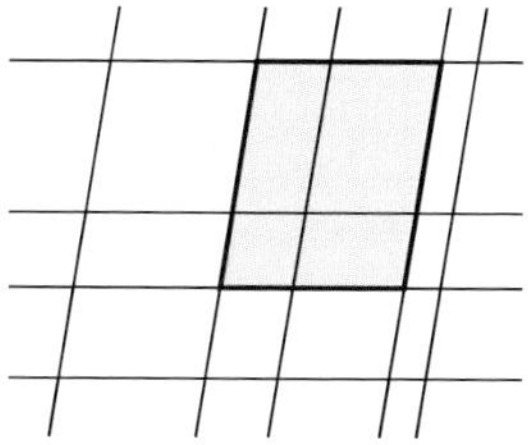

水平な線の選び方は　${}_4C_2$ 通り

斜めの線の選び方は　${}_5C_2$ 通り

よって，平行四辺形の個数は，積の法則により

$${}_4C_2 \times {}_5C_2 = \frac{4\cdot3}{2\cdot1} \times \frac{5\cdot4}{2\cdot1} = 60$$

答　60 個

練習 22 6 本の平行線と，それらに交わる 7 本の平行線とによってできる平行四辺形は何個あるか。

例題 2 27 人の生徒から 5 人の委員を選ぶとき，2 人の生徒 A，B がともに選ばれるような選び方は何通りあるか。

解答 A，B を除く 25 人から，A，B 以外の 3 人の委員を選べばよいから，求める選び方の総数は

$${}_{25}C_3 = \frac{25\cdot24\cdot23}{3\cdot2\cdot1} = 2300$$

答　2300 通り

練習 23 20 人の生徒から 4 人を選ぶ。次のような選び方の総数を求めよ。

(1)　2 人の生徒 A，B がともに選ばれる。

(2)　2 人の生徒 A，B がともに選ばれない。

(3)　A は選ばれるが，B は選ばれない。

応用例題 6 男子 10 人，女子 6 人の中から 5 人を選ぶ。次のような選び方は，それぞれ何通りあるか。

(1) 男子 3 人と女子 2 人を選ぶ。

(2) 男子が少なくとも 1 人含まれるように選ぶ。

考え方 (2)「少なくとも 1 人」は「1 人以上」ということである。28 ページの補集合の要素の個数の考え方で求められる。

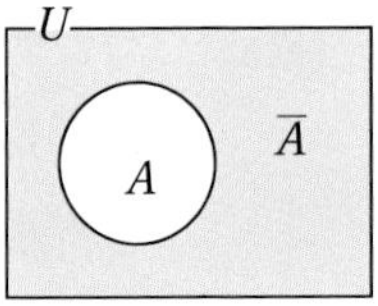

解答 (1) 男子 10 人から 3 人を選ぶ方法は ${}_{10}C_3$ 通りある。

そのおのおのに対して，女子 6 人から 2 人を選ぶ方法は ${}_6C_2$ 通りある。

よって，求める選び方の総数は，積の法則により

$${}_{10}C_3\times{}_6C_2=\frac{10\cdot9\cdot8}{3\cdot2\cdot1}\times\frac{6\cdot5}{2\cdot1}=1800$$

答 1800 通り

(2) 男女 16 人から 5 人を選ぶ方法は ${}_{16}C_5$ 通りある。

このうち，5 人とも女子となる選び方は ${}_6C_5$ 通りある。

よって，求める選び方の総数は

$${}_{16}C_5-{}_6C_5={}_{16}C_5-{}_6C_1=\frac{16\cdot15\cdot14\cdot13\cdot12}{5\cdot4\cdot3\cdot2\cdot1}-6=4362$$

答 4362 通り

「少なくとも～」という選び方の総数を求めるときには，上のような考え方を利用すると簡単になる場合が多い。

練習 24 男子 6 人，女子 8 人の中から 5 人を選ぶ。次のような選び方は，それぞれ何通りあるか。

(1) 男子 3 人と女子 2 人を選ぶ。

(2) 女子が少なくとも 1 人含まれるように選ぶ。

● 組分け ●

応用例題 7 6 人を次のようにする方法は何通りあるか。

(1) 2 人ずつ 3 つの部屋 A，B，C に入れる。

(2) 2 人ずつ 3 つの組に分ける。

考え方 (2) 6 人を a，b，c，d，e，f としたとき，例えば 1 つの組分け

{a, b}，{c, d}，{e, f}

において，3 つの組に A，B，C の名前を付ける方法は，3! 通りある。

(2) は，(1) で A，B，C の区別をなくした場合であるから，(1) の方法の総数を 3! で割ればよい。

{a, b},	{c, d},	{e, f}
↓	↓	↓
A	B	C
A	C	B
B	A	C
B	C	A
C	A	B
C	B	A

解答 (1) A に入れる 2 人を選ぶ方法は $_6C_2$ 通り

B に入れる 2 人を，残りの 4 人から選ぶ方法は $_4C_2$ 通り

A，B の人が決まれば，C に入れる 2 人は自動的に決まる。

よって，求める方法の総数は，積の法則により

$$_6C_2\times{}_4C_2=\frac{6\cdot5}{2\cdot1}\times\frac{4\cdot3}{2\cdot1}=90$$

答 90 通り

(2) (1) で A，B，C の区別をなくすと，同じ組分けが 3! 通りずつできるから，求める方法の総数は

$$\frac{90}{3!}=15$$

答 15 通り

練習 25 異なる 9 冊の本を，次のようにする方法は何通りあるか。

(1) 3 冊ずつ A，B，C の 3 人に分ける。

(2) 3 冊ずつ 3 つの組に分ける。

練習 26 10 人を 3 人，3 人，3 人，1 人の 4 つの組に分ける方法は何通りあるか。

同じものを含む順列

例 10 **○，○，○，○，×，×，△ の 7 個の記号全部を 1 列に並べる順列の総数**

○ × ○ △ ○ ○ ×

4 個の同じ記号 ○ の位置の決め方は，7 個の場所から 4 個の場所を選ぶ方法の総数で，${}_7\mathrm{C}_4$ 通りある。

2 個の同じ記号 × の位置の決め方は，残りの 3 個の場所から 2 個の場所を選ぶ方法の総数で，${}_3\mathrm{C}_2$ 通りある。

残りの 1 個の場所には，記号 △ をおく。

よって，求める順列の総数は，積の法則により

$$ {}_7\mathrm{C}_4\times{}_3\mathrm{C}_2\times1=\frac{7\cdot6\cdot5\cdot4}{4\cdot3\cdot2\cdot1}\times\frac{3\cdot2}{2\cdot1}\times1=105 $$

例 10 の順列の総数は，次のようにも表される。

$$ {}_7\mathrm{C}_4\times{}_3\mathrm{C}_2\times{}_1\mathrm{C}_1=\frac{7!}{4!3!}\times\frac{3!}{2!1!}\times\frac{1!}{1!0!}=\frac{7!}{4!2!1!} $$

一般に，n 個のもののうち，p 個は同じもの，q 個は別の同じもの，r 個はまた別の同じもの，…… であるとき，これら n 個のもの全部を 1 列に並べる順列の総数は，次の式で与えられる。

$$ {}_n\mathrm{C}_p\times{}_{n-p}\mathrm{C}_q\times{}_{n-p-q}\mathrm{C}_r\times\cdots\cdots $$

この式は，47 ページの公式 [2] を用いて，次のように変形される。

$$ \frac{n!}{p!q!r!\cdots\cdots} \quad \text{ただし} \quad p+q+r+\cdots\cdots=n $$

練習 27 a，a，a，b，b，b，c，c の 8 個の文字全部を 1 列に並べる順列の総数を求めよ。

応用例題 8 右の図のように，ある街には東西に5本，南北に7本の道がある。PからQまで最短距離で行く道順は何通りあるか。

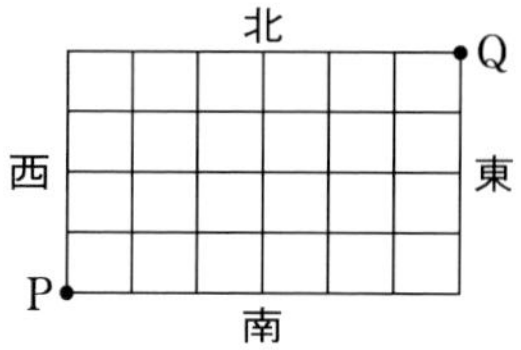

考え方　北に1区画進むことを↑，東に1区画進むことを→で表すと，図の矢印で示した道順は

↑→→↑↑→→→↑→

で表される。最短の道順はすべて，4個の↑と6個の→を1列に並べる順列で表される。

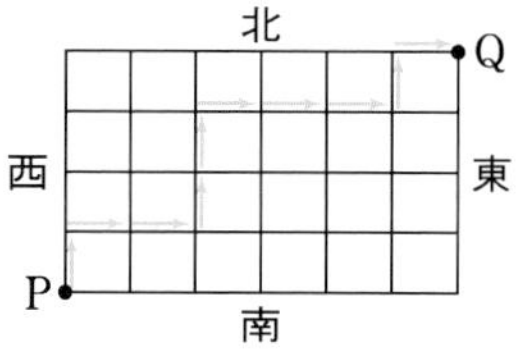

解答　北に1区画進むことを↑，東に1区画進むことを→で表す。
このとき，PからQまで最短距離で行く道順の総数は，
4個の↑と6個の→を1列に並べる順列の総数に等しい。
したがって，求める道順の総数は

$$\frac{10!}{4!6!}=\frac{10\cdot9\cdot8\cdot7}{4\cdot3\cdot2\cdot1}=210$$

答　210通り

補　足　4個の↑と6個の→をおく10個の場所から，↑をおく4個を選ぶ方法を考えて　${}_{10}C_4=\frac{10\cdot9\cdot8\cdot7}{4\cdot3\cdot2\cdot1}=210$　として求めてもよい。

練習 28　右の図のように，ある街には東西に6本，南北に8本の道がある。次の場合，最短距離で行く道順は何通りあるか。

(1)　PからQまで行く。
(2)　PからRまで行く。
(3)　PからRを通ってQまで行く。
(4)　PからRを通らずにQまで行く。

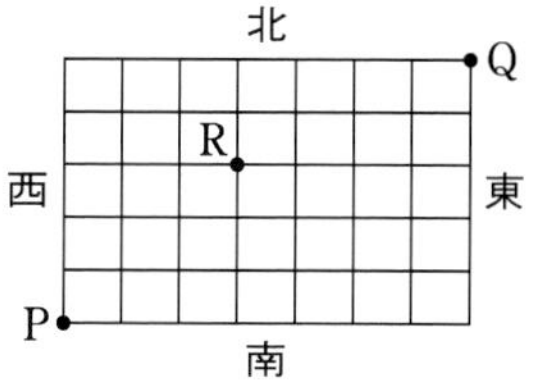

発 展

重複組合せ

3個の文字 a，b，c から，重複を許して5個取る組合せは，全部で何通りあるか考えてみよう。

例えば，a を2個，b を2個，c を1個取った組合せを aabbc と書くことにする。ここで，5個の ○ と2個の仕切り｜の順列を考え，問題にしている組合せとの間に，次のような対応をつける。

aabbc ⟷ ○○｜○○｜○
abbbc ⟷ ○｜○○○｜○
aaacc ⟷ ○○○｜｜○○
bbbbb ⟷ ｜○○○○○｜
………

5個の ○ を2個の｜で3つに分け，a，b，c と対応させる。
○○｜○○｜○
a　b　c

このようにすると，a，b，c から重複を許して5個取る組合せと，5個の ○ と2個の｜の順列が，1つずつ対応する。
よって，求める組合せの総数は，7個の場所から ○ をおく5個を選ぶ方法の総数に等しいから，次のようになる。

$$ {}_7C_5 = {}_7C_2 = \frac{7\cdot6}{2\cdot1} = 21 \qquad \text{すなわち　21 通り} $$

補 足　この総数は，同じものを含む順列の総数を考えて，次のように計算することもできる。

$$ \frac{7!}{5!2!} = \frac{7\cdot6}{2\cdot1} = 21 \qquad \text{すなわち　21 通り} $$

異なる n 個のものから重複を許して r 個取る組合せを **重複組合せ** といい，その総数を ${}_n\mathrm{H}_r$ で表す。この総数は，r 個の ○ と $(n-1)$ 個の｜を1列に並べた順列の総数に等しく，${}_{n+r-1}C_r$ である。

したがって，次のことが成り立つ。

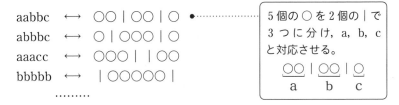

異なる n 個のものから重複を許して r 個取る組合せの総数は，r 個の○と $(n-1)$ 個の｜の順列の総数に等しく

$$ {}_n\mathrm{H}_r = {}_{n+r-1}\mathrm{C}_r $$

練習 1 4 個の文字 a，b，c，d から重複を許して 7 個取る組合せの総数を求めよ。

練習 2 10 個の玉を 4 つの箱 A，B，C，D に分けて入れるとき，次のような入れ方は何通りあるか。ただし，10 個の玉は区別できないものとする。

(1) 玉を 1 個も入れない箱があってもよい。

(2) それぞれの箱に少なくとも 1 個は玉を入れる。

次に，等式 $x+y+z=8$ を満たす負でない整数 x，y，z の組の個数を求めてみよう。

解答 3 個の文字 a，b，c から重複を許して，a を x 個，b を y 個，c を z 個取って合計 8 個にする方法の総数と同じである。

○｜○○○○｜○○○
x 個　y 個　z 個

よって，求める組の個数は，異なる 3 個のものから重複を許して 8 個取る組合せの総数と等しいから

$$ {}_3\mathrm{H}_8 = {}_{3+8-1}\mathrm{C}_8 = {}_{10}\mathrm{C}_8 = {}_{10}\mathrm{C}_2 = \frac{10\cdot 9}{2\cdot 1} = 45 $$

答 45 個

練習 3 (1) 等式 $x+y+z=10$ を満たす負でない整数 x，y，z の組は，全部で何個あるか。

(2) 等式 $x+y+z=10$ を満たす正の整数 x，y，z の組は，全部で何個あるか。

第2章

4. 二項定理

二項定理

組合せの考えを用いて，$(a+b)^n$ の展開式を求めてみよう。

例えば，$(a+b)^5$ は，5 個の $a+b$ の積

$$(a+b)(a+b)(a+b)(a+b)(a+b)$$

である。その展開式は，この 5 個の因数のおのおのから，a か b のどちらかを取って，それらを掛け合わせた積の和である。

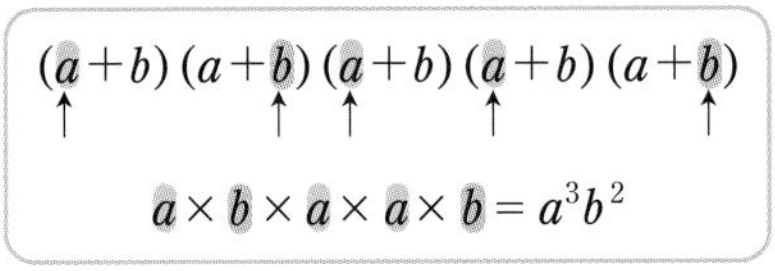

例えば，5 個の因数のうち，3 個から a，残りの 2 個から b を取って掛け合わせると，その積は a^3b^2 となる。積 a^3b^2 が得られる

$$(a+b)(a+b)(a+b)(a+b)(a+b)$$
$$a \times b \times a \times a \times b = a^3b^2$$

場合の数は，5 個の因数から b を取り出す 2 個を選ぶ方法の総数 $_5\mathrm{C}_2$ に等しい。したがって，$(a+b)^5$ の展開式における a^3b^2 の項の係数は $_5\mathrm{C}_2$ である。

同様に考えると，$(a+b)^5$ の展開式における各項の係数は，それぞれ次のようになる。

a^5 の係数は $_5\mathrm{C}_0$，　a^4b の係数は $_5\mathrm{C}_1$，　a^3b^2 の係数は $_5\mathrm{C}_2$

a^2b^3 の係数は $_5\mathrm{C}_3$，　ab^4 の係数は $_5\mathrm{C}_4$，　b^5 の係数は $_5\mathrm{C}_5$

よって，$(a+b)^5$ の展開式は，次のようになる。

$$(a+b)^5 = {_5\mathrm{C}_0}a^5 + {_5\mathrm{C}_1}a^4b + {_5\mathrm{C}_2}a^3b^2 + {_5\mathrm{C}_3}a^2b^3 + {_5\mathrm{C}_4}ab^4 + {_5\mathrm{C}_5}b^5$$

一般に，$(a+b)^n$ の展開式における $a^{n-r}b^r$ の係数は，n 個の因数 $a+b$ のうち，b を取り出す r 個を選ぶ方法の総数 $_n\mathrm{C}_r$ に等しい。

したがって，次の **二項定理** が成り立つ。

二項定理

$$(a+b)^n={}_n\mathrm{C}_0a^n+{}_n\mathrm{C}_1a^{n-1}b+{}_n\mathrm{C}_2a^{n-2}b^2+\cdots\cdots$$
$$+{}_n\mathrm{C}_ra^{n-r}b^r+\cdots\cdots+{}_n\mathrm{C}_{n-1}ab^{n-1}+{}_n\mathrm{C}_nb^n$$

注　意　$a^0=1$, $b^0=1$ と定めると，上の展開式の各項は ${}_n\mathrm{C}_ra^{n-r}b^r$ の形である。

$(a+b)^n$ の展開式における $a^{n-r}b^r$ を含む項 ${}_n\mathrm{C}_ra^{n-r}b^r$ を，$(a+b)^n$ の展開式の **一般項** といい，係数 ${}_n\mathrm{C}_r$ を **二項係数** という。

第2章

例 11

(1) $(a+b)^6={}_6\mathrm{C}_0a^6+{}_6\mathrm{C}_1a^5b+{}_6\mathrm{C}_2a^4b^2+{}_6\mathrm{C}_3a^3b^3+{}_6\mathrm{C}_4a^2b^4+{}_6\mathrm{C}_5ab^5+{}_6\mathrm{C}_6b^6$

$=a^6+6a^5b+15a^4b^2+20a^3b^3+15a^2b^4+6ab^5+b^6$

(2) $(a-3)^5={}_5\mathrm{C}_0a^5+{}_5\mathrm{C}_1a^4(-3)+{}_5\mathrm{C}_2a^3(-3)^2+{}_5\mathrm{C}_3a^2(-3)^3+{}_5\mathrm{C}_4a(-3)^4+{}_5\mathrm{C}_5(-3)^5$

$=a^5-15a^4+90a^3-270a^2+405a-243$

練習 29 二項定理を用いて，次の式の展開式を求めよ。

(1) $(a-b)^6$　　(2) $(x+2y)^5$

例題 3　$(x-2y)^8$ の展開式における x^3y^5 の項の係数を求めよ。

解答　$(x-2y)^8$ の展開式の一般項は

$${}_8\mathrm{C}_rx^{8-r}(-2y)^r={}_8\mathrm{C}_r(-2)^rx^{8-r}y^r$$

$x^{8-r}y^r=x^3y^5$ となるのは，$r=5$ のときである。

したがって，x^3y^5 の項の係数は

$${}_8\mathrm{C}_5(-2)^5=56\times(-32)=-1792$$　答

練習 30 次の式の展開式における，[　] 内に指定された項の係数を求めよ。

(1) $(3x+2)^6$　$[x^2]$　　(2) $(2x-5y)^5$　$[x^3y^2]$

パスカルの三角形

$(a+b)^n$ の展開式の二項係数 ${}_n\mathrm{C}_0$, ${}_n\mathrm{C}_1$, ${}_n\mathrm{C}_2$, ……, ${}_n\mathrm{C}_n$ の値を，上から順に $n=1$, 2, 3, 4, 5, …… の場合について，三角形状に並べると，次のようになる。

$(a+b)^1$　　1　1

$(a+b)^2$　　1　2　1

$(a+b)^3$　　1　3　3　1

$(a+b)^4$　　1　4　6　4　1

$(a+b)^5$　　1　5　10　10　5　1

⋮

これを **パスカルの三角形** という。

${}_n\mathrm{C}_0=1$，${}_n\mathrm{C}_n=1$ と，47 ページで学んだ ${}_n\mathrm{C}_r$ の性質

$$ {}_n\mathrm{C}_r={}_n\mathrm{C}_{n-r}, \qquad {}_n\mathrm{C}_r={}_{n-1}\mathrm{C}_{r-1}+{}_{n-1}\mathrm{C}_r $$

から，パスカルの三角形には，次のような性質があることがわかる。

[1]　数の配列は左右対称で，各行の左右の両端の数は 1 である。

[2]　両端以外の各数は，その左上の数と右上の数の和に等しい。

パスカルの三角形の n 行目の各数は，二項係数

$$ {}_n\mathrm{C}_0,\ {}_n\mathrm{C}_1,\ {}_n\mathrm{C}_2,\ \cdots\cdots,\ {}_n\mathrm{C}_n $$

であることを利用して，$(a+b)^n$ の展開式を求めることができる。

例 12　パスカルの三角形の 4 行目の数は　1, 4, 6, 4, 1　である。
よって　　$(a+b)^4=a^4+4a^3b+6a^2b^2+4ab^3+b^4$

練習 31　パスカルの三角形を利用して，次の式の展開式を求めよ。

(1)　$(a+b)^5$　　　　(2)　$(a-b)^7$

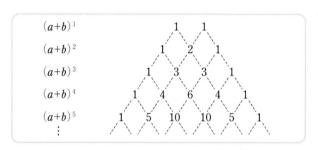

二項定理の応用

二項定理を利用して，二項係数に関する等式を導いてみよう。

二項定理の等式

$$(a+b)^n={}_n\mathrm{C}_0a^n+{}_n\mathrm{C}_1a^{n-1}b+{}_n\mathrm{C}_2a^{n-2}b^2+\cdots\cdots+{}_n\mathrm{C}_nb^n$$

において，$a=1$，$b=x$ とすると，次の等式が得られる。

$$\boldsymbol{(1+x)^n={}_n\mathrm{C}_0+{}_n\mathrm{C}_1x+{}_n\mathrm{C}_2x^2+\cdots\cdots+{}_n\mathrm{C}_nx^n} \quad \cdots\cdots ①$$

等式 ① に $x=1$ を代入すると，次の等式が得られる。

$$2^n={}_n\mathrm{C}_0+{}_n\mathrm{C}_1+{}_n\mathrm{C}_2+\cdots\cdots+{}_n\mathrm{C}_n$$

練習 32 上の等式 ① を利用して，次の等式を導け。

(1) ${}_n\mathrm{C}_0-{}_n\mathrm{C}_1+{}_n\mathrm{C}_2-\cdots\cdots+(-1)^r{}_n\mathrm{C}_r+\cdots\cdots+(-1)^n{}_n\mathrm{C}_n=0$

(2) ${}_n\mathrm{C}_0-2{}_n\mathrm{C}_1+2^2{}_n\mathrm{C}_2-\cdots\cdots+(-2)^r{}_n\mathrm{C}_r+\cdots\cdots+(-2)^n{}_n\mathrm{C}_n=(-1)^n$

次に，二項定理を繰り返し用いることによって，$(a+b+c)^n$ の展開式における各項の係数を求めてみよう。

応用例題 9 $(a+b+c)^8$ の展開式における a^4bc^3 の項の係数を求めよ。

考え方　$(a+b+c)^8=\{(a+b)+c\}^8$ と考えて，二項定理を適用する。

解答 $\{(a+b)+c\}^8$ の展開式において，c^3 を含む項は

$${}_8\mathrm{C}_3(a+b)^5c^3$$

また，$(a+b)^5$ の展開式において，a^4b の項の係数は ${}_5\mathrm{C}_1$

よって，$(a+b+c)^8$ の展開式における a^4bc^3 の項の係数は

$${}_8\mathrm{C}_3\times{}_5\mathrm{C}_1=\frac{8\cdot7\cdot6}{3\cdot2\cdot1}\times\frac{5}{1}=280$$ 答

練習 33 $(a+b+c)^9$ の展開式における次の項の係数を求めよ。

(1) $a^3b^4c^2$　　(2) ab^4c^4　　(3) a^5c^4

第2章

発展

$(a+b+c)^n$ の展開式

自然数 n に対して

$$(a+b+c)^n=\underbrace{(a+b+c)(a+b+c)\cdots\cdots(a+b+c)}_{n\text{ 個の積}}$$

の展開式を考えてみよう。

$(a+b)^n$ のときと同様に考えると，$(a+b+c)^n$ の展開式は，n 個の因数 $a+b+c$ のおのおのから，a，b，c のいずれかを取り出し，それらを掛け合わせた積の和である。

例えば，第 1 の因数から a，第 2 の因数から c，第 3 の因数から b，……，第 n の因数から c を取り出して掛け合わせた積を

$$acb\cdots\cdots c \qquad \cdots\cdots ①$$

と書くことにする。これが $a^pb^qc^r$ に等しいならば，① は

p 個の a，q 個の b，r 個の c

の全部を 1 列に並べる順列となる。

したがって，$(a+b+c)^n$ の展開式における $a^pb^qc^r$ の項の係数は，このような同じものを含む順列の総数に等しい。

52 ページで学んだように，この総数は $\dfrac{n!}{p!q!r!}$ である。

よって，$(a+b+c)^n$ の展開式における一般項は，次のようになる。

$$\boldsymbol{\frac{n!}{p!q!r!}a^pb^qc^r} \qquad \text{ただし}\quad \boldsymbol{p+q+r=n}$$

例えば，$(a+b+c)^8$ の展開式における a^4bc^3 の項の係数は

$$\frac{8!}{4!1!3!}=280$$

となり，前ページの応用例題 9 の答えと一致する。

練習 $(a+b+c)^{12}$ の展開式における $a^7b^3c^2$ の項の係数を求めよ。

5. 試行と事象

試行と事象

1個のさいころを投げるとき，1の目が出るか出ないか，あるいは，奇数の目が出るか偶数の目が出るか，などは偶然に支配され，それをあらかじめ知ることはできない。

しかし，1の目が出ることよりは，奇数の目が出ることの方がより期待できると考えられる。

同じ状態のもとで繰り返すことができ，その結果が偶然によって決まる実験や観測などを **試行**（しこう） という。

また，試行の結果として起こる事柄を **事象**（じしょう） といい，A, B, C, …… などの文字を用いて表す。

例 13 **1個のさいころを投げる試行における事象**

例えば，1の目が出ることを数字1で表すことにすると，この試行の結果起こりうる場合の全体は，次の集合Uで表される。

$$U=\{1,\ 2,\ 3,\ 4,\ 5,\ 6\}$$

この試行において

A：1の目が出る，B：奇数の目が出る，C：5の目が出ない

などの事象が考えられる。これらの事象はそれぞれ

$$A=\{1\}$$
$$B=\{1,\ 3,\ 5\}$$
$$C=\{1,\ 2,\ 3,\ 4,\ 6\}$$

のように，集合Uの部分集合で表される。

一般に，ある試行において，起こりうる場合全体の集合を全体集合Uとするとき，この試行におけるどの事象も，Uの部分集合で表すことができる。特に，全体集合Uで表される事象を **全事象**，空集合$\varnothing$で表される事象を **空事象**（くう） という。全事象は必ず起こる事象であり，空事象は決して起こらない事象である。

また，Uの1個の要素からなる集合で表される事象を **根元事象**（こんげん） という。前ページの例13における根元事象は，次の6個である。

$$\{1\},\ \{2\},\ \{3\},\ \{4\},\ \{5\},\ \{6\}$$

注意　今後，事象Aを表すUの部分集合と事象Aを区別せず，Uの部分集合のことも事象という。

例 14　2枚の硬貨を同時に投げる試行における全事象と根元事象

2枚の硬貨 a，b を同時に投げる試行において，例えば硬貨 a は表，硬貨 b は裏が出ることを（表，裏）のように表す。

b＼a	表	裏
表	（表，表）	（裏，表）
裏	（表，裏）	（裏，裏）

この試行における全事象をUとすると

$$U=\{(表,\ 表),\ (表,\ 裏),\ (裏,\ 表),\ (裏,\ 裏)\}$$

また，根元事象は4個あり，次の集合で表される。

$$\{(表,\ 表)\},\ \{(表,\ 裏)\},\ \{(裏,\ 表)\},\ \{(裏,\ 裏)\}$$

練習 34 例14の試行において，次の事象をUの部分集合で表せ。

(1)　A：表が1枚も出ない

(2)　B：少なくとも1枚は表が出る

積事象と和事象

2つの事象 A，B について，「事象 A と事象 B がともに起こる」という事象を，A と B の **積事象** といい，$\boldsymbol{A \cap B}$ で表す。

また，「事象 A または事象 B が起こる」という事象を，A と B の **和事象** といい，$\boldsymbol{A \cup B}$ で表す。

積事象 $A \cap B$，和事象 $A \cup B$ は，それぞれ集合としての共通部分 $A \cap B$，和集合 $A \cup B$ で表される。

例 15　**2つの事象 A，B の積事象 $A \cap B$ と和事象 $A \cup B$**

1個のさいころを投げる試行において，2つの事象 A，B を

A：奇数の目が出る

B：3以下の目が出る　とする。

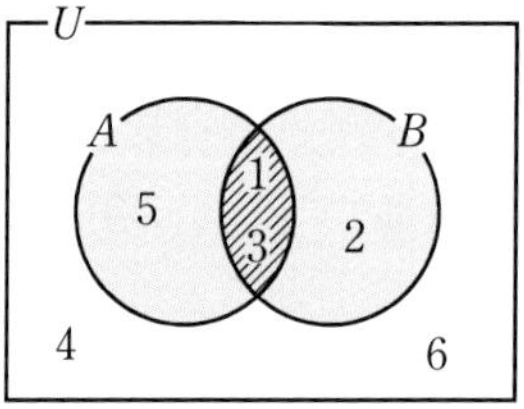

A と B の積事象 $A \cap B$ は

「奇数の目 かつ 3以下の目が出る」事象

で，集合で表すと　$A \cap B = \{1, 3\}$　となる。

A と B の和事象 $A \cup B$ は

「奇数の目 または 3以下の目が出る」事象

で，集合で表すと　$A \cup B = \{1, 2, 3, 5\}$　となる。

練習 35　ジョーカーを除く1組52枚のトランプカードから1枚取り出す試行において，ハートの札が出るという事象を A，絵札が出るという事象を B とする。2つの事象 $A \cap B$，$A \cup B$ は，それぞれどのような事象であるか答えよ。

3つ以上の事象 A，B，C，…… についても，2つの事象の場合と同様に，その積事象，和事象が考えられる。

排反事象と余事象

ある試行において，2つの事象 A，B が同時には決して起こらないとき，事象 A と事象 B は互いに **排反**（はいはん） である，または，互いに **排反事象** であるという。

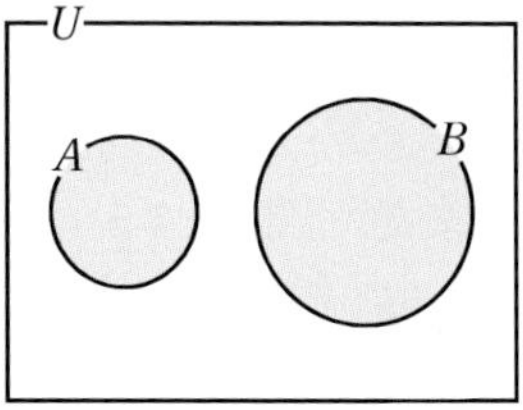

このとき，$A\cap B=\varnothing$ が成り立つ。

3つ以上の事象 A，B，C，…… についても，どの2つの事象も互いに排反であるとき，事象 A，B，C，…… は互いに排反であるという。

全事象を U とする。事象 A に対して，「事象 A が起こらない」という事象を，事象 A の **余事象**（よじしょう） といい，$\overline{A}$ で表す。

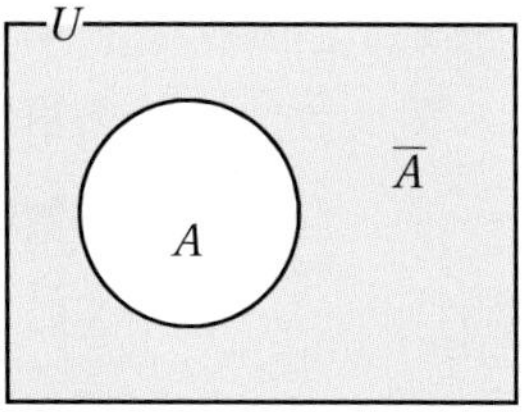

余事象 $\overline{A}$ は，U の部分集合 A の補集合 $\overline{A}$ で表される。

事象 A とその余事象 $\overline{A}$ は，互いに排反である。

練習 36 右の図のような集合で表される3つの事象 A，B，C がある。次にあげる事象の組が互いに排反であるかどうかを答えよ。

(1) A と B　　(2) B と C　　(3) C と A

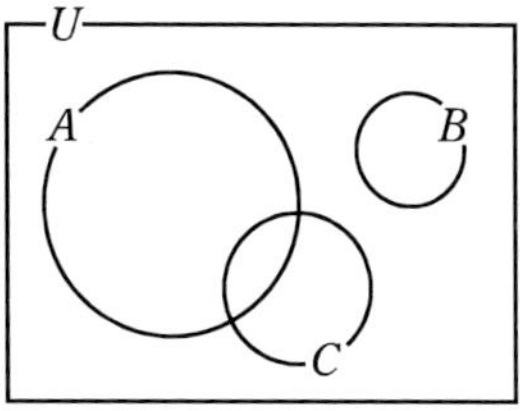

練習 37 ジョーカーを除く1組52枚のトランプカードから1枚取り出す試行を考える。次の4つの事象のうち，互いに排反であるものはどれとどれであるか答えよ。

A：エースの札が出る　　B：キングの札が出る

C：ハートの札が出る　　D：ダイヤの札が出る

6. 確率の基本性質

事象と確率

一般に，1つの試行において，どの根元事象が起こることも同じ程度に期待できるとき，これらの根元事象は **同様に確からしい** という。

ここでは，ある試行において，各根元事象が同様に確からしいときについて，1つの事象が起こる確率を考えてみよう。

全事象Uの要素の個数を $n(U)$，事象Aを表す集合の要素の個数を $n(A)$ とする。全事象Uのどの根元事象も同様に確からしいとき，**事象Aの確率 $P(A)$** を，次の式で定める。

根元事象が同様に確からしいときの事象Aの確率

$$P(A)=\frac{n(A)}{n(U)}=\frac{\text{事象}A\text{の起こる場合の数}}{\text{起こりうるすべての場合の数}}$$

例 16　**1個のさいころを投げるとき，偶数の目が出る確率**

全事象をU，偶数の目が出るという事象をAとすると

$$U=\{1,\ 2,\ 3,\ 4,\ 5,\ 6\},\quad A=\{2,\ 4,\ 6\}$$

よって　　$n(U)=6,\ n(A)=3$

したがって　　$P(A)=\dfrac{n(A)}{n(U)}=\dfrac{3}{6}=\dfrac{1}{2}$

注意　今後，特に断らない限り，さいころなどは正しく作られたものと考える。

練習 38　1個のさいころを投げるとき，次の場合の確率を求めよ。

(1)　3の倍数の目が出る。　　(2)　素数の目が出る。

練習 39　1から50までの数字が書かれたカード50枚から1枚取り出すとき，4の倍数のカードが出る確率を求めよ。

2 個のさいころ a，b を同時に投げる試行について考えてみよう。

a は 3 の目，b は 5 の目が出ることを

$(3,\ 5)$

で表すと，全事象 U は，右の 36 個の要素からなる集合となる。

(1, 1)，	(1, 2)，	(1, 3)，	(1, 4)，	(1, 5)，	(1, 6)
(2, 1)，	(2, 2)，	(2, 3)，	(2, 4)，	(2, 5)，	(2, 6)
(3, 1)，	(3, 2)，	(3, 3)，	(3, 4)，	(3, 5)，	(3, 6)
(4, 1)，	(4, 2)，	(4, 3)，	(4, 4)，	(4, 5)，	(4, 6)
(5, 1)，	(5, 2)，	(5, 3)，	(5, 4)，	(5, 5)，	(5, 6)
(6, 1)，	(6, 2)，	(6, 3)，	(6, 4)，	(6, 5)，	(6, 6)

注　意　各根元事象が同様に確からしいとするためには，2 個のさいころを区別して，例えば $(1,\ 2)$ と $(2,\ 1)$ で表される 2 つの場合を，異なる根元事象と考える必要がある。

例題 4　2 個のさいころを同時に投げるとき，出る目の和が 6 になる確率を求めよ。

解答　2 個のさいころの目の出方は，全部で　　$6\times6=36$（通り）

このうち，目の和が 6 になる場合は，次の 5 通りある。

$$(1,\ 5),\ (2,\ 4),\ (3,\ 3),\ (4,\ 2),\ (5,\ 1)$$

よって，求める確率は　　$\dfrac{5}{36}$　　答

練習 40　2 枚の硬貨を同時に投げるとき，表と裏が 1 枚ずつ出る確率を求めよ。

練習 41　2 個のさいころを同時に投げるとき，出る目の和がいくつになる事象の確率が最も大きいか。また，その事象の確率を求めよ。

練習 42　9 本のくじの中に当たりくじが 3 本ある。このくじを同時に 2 本引くとき，1 本が当たり，1 本がはずれる確率を求めよ。

確率の基本性質

ある試行において，全事象をU，ある事象をAとする。
全事象Uと，事象Aについて，次の関係が成り立つ。

$$0 \leqq n(A) \leqq n(U)$$

各辺を正の数 $n(U)$ で割ると

$$\frac{0}{n(U)} \leqq \frac{n(A)}{n(U)} \leqq \frac{n(U)}{n(U)}$$ ← 不等号の向きは変わらない

すなわち　$0 \leqq P(A) \leqq 1$

また，空事象$\varnothing$，全事象Uの起こる確率は，それぞれ次のようになる。

$$P(\varnothing)=\frac{n(\varnothing)}{n(U)}=\frac{0}{n(U)}=0, \qquad P(U)=\frac{n(U)}{n(U)}=1$$

2つの事象A，Bが互いに排反であるとき，すなわち $A \cap B=\varnothing$ であるとき，26ページで学んだように，次の等式が成り立つ。

$$n(A \cup B)=n(A)+n(B)$$

両辺を $n(U)$ で割ると

$$\frac{n(A \cup B)}{n(U)}=\frac{n(A)}{n(U)}+\frac{n(B)}{n(U)}$$

すなわち　$P(A \cup B)=P(A)+P(B)$

この等式を，確率の **加法定理** という。

確率の基本性質

[1]　どのような事象Aについても　$\boldsymbol{0 \leqq P(A) \leqq 1}$
　特に，空事象$\varnothing$の確率は　$\boldsymbol{P(\varnothing)=0}$
　　　全事象Uの確率は　$\boldsymbol{P(U)=1}$

[2]　2つの事象A，Bが互いに排反であるとき
　$\boldsymbol{P(A \cup B)=P(A)+P(B)}$　**(確率の加法定理)**

和事象の確率

2つの事象が互いに排反であるときの和事象の確率を，前ページの確率の加法定理を用いて求めてみよう。

例題 5 赤玉4個，白玉5個が入っている袋から，3個の玉を同時に取り出すとき，3個の玉が同じ色である確率を求めよ。

考え方 まず，取り出した玉が「3個とも赤玉」である確率と「3個とも白玉」である確率を求める。その後，確率の加法定理を利用する。

解答 9個の玉から3個の玉を同時に取り出す場合の数は

$${}_9\mathrm{C}_3=84$$

3個の玉が同じ色であるという事象は，2つの事象

A：3個とも赤玉

B：3個とも白玉

の和事象であり，この2つの事象は互いに排反である。

事象Aが起こる場合の数は　${}_4\mathrm{C}_3=4$

事象Bが起こる場合の数は　${}_5\mathrm{C}_3=10$

よって　$P(A)=\dfrac{4}{84}$，　$P(B)=\dfrac{10}{84}$

求める確率は $P(A\cup B)$ であるから，確率の加法定理により

$$P(A\cup B)=P(A)+P(B)$$
$$=\frac{4}{84}+\frac{10}{84}=\frac{14}{84}=\frac{1}{6}$$ 答

練習 43 1枚の硬貨を3回投げるとき，表が2回以上出る確率を求めよ。

練習 44 2個のさいころを同時に投げるとき，目の和が5の倍数である確率を求めよ。

確率の加法定理は，3つ以上の排反な事象に対しても，同じように成り立つ。

例えば，3つの事象 A，B，C が互いに排反であるとき，3つの事象のいずれかが起こる確率 $P(A\cup B\cup C)$ について，次のことが成り立つ。

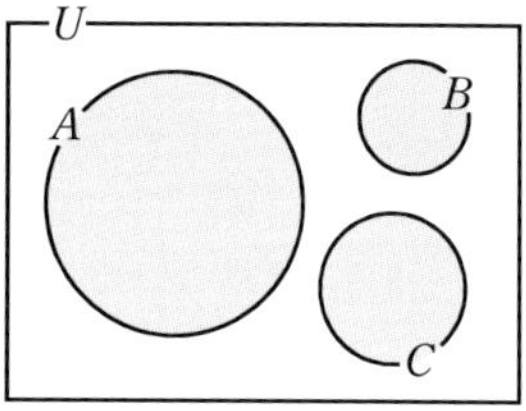

$$P(A\cup B\cup C)=P(A)+P(B)+P(C)$$

練習 45 2個のさいころを同時に投げるとき，目の積が12の倍数になる確率を求めよ。

練習 46 10本のくじの中に当たりくじが4本ある。このくじを同時に5本引くとき，当たりくじの本数が2本以下となる確率を求めよ。

2つの事象が互いに排反でないときの和事象の確率を考えよう。

26ページで学んだように，2つの集合 A，B について，次の等式が成り立つ。

$$n(A\cup B)=n(A)+n(B)-n(A\cap B)$$

この式の両辺を $n(U)$ で割ると，次の等式が得られる。

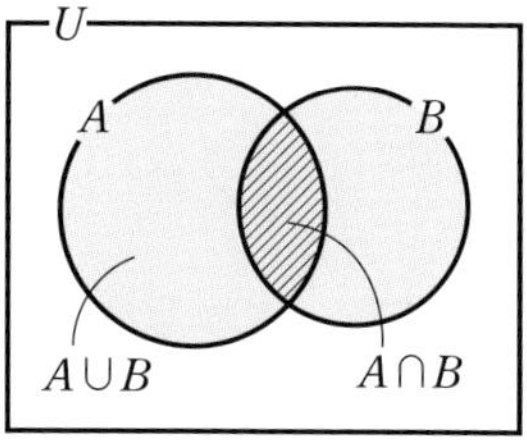

和事象の確率

$$P(A\cup B)=P(A)+P(B)-P(A\cap B)$$

例題 6　1 から 100 までの番号をつけた 100 枚のカードから 1 枚引くとき，その番号が偶数または 3 の倍数である確率を求めよ。

解答　引いたカードの番号が偶数であるという事象をA，3 の倍数であるという事象をBとする。

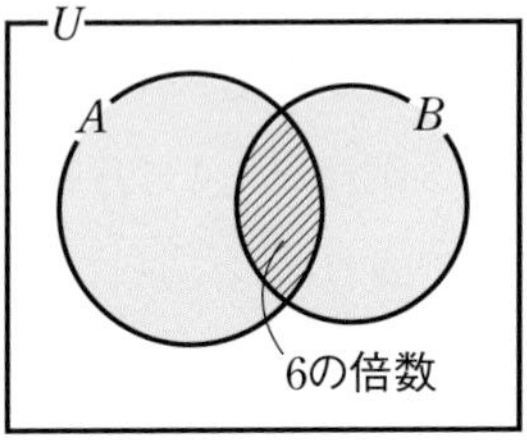

2 つの事象 A，B は，それぞれ次の集合で表される。

$$A=\{2\cdot1,\ 2\cdot2,\ 2\cdot3,\ \cdots\cdots,\ 2\cdot50\}$$
$$B=\{3\cdot1,\ 3\cdot2,\ 3\cdot3,\ \cdots\cdots,\ 3\cdot33\}$$

このとき，$A\cap B$ は引いたカードが 6 の倍数であるという事象であり

$$A\cap B=\{6\cdot1,\ 6\cdot2,\ 6\cdot3,\ \cdots\cdots,\ 6\cdot16\}$$

よって　$n(A)=50$，$n(B)=33$，$n(A\cap B)=16$

また，全事象をUとすると

$$n(U)=100$$

ゆえに　$P(A)=\dfrac{50}{100}$，$P(B)=\dfrac{33}{100}$，$P(A\cap B)=\dfrac{16}{100}$

求める確率は $P(A\cup B)$ であるから

$$P(A\cup B)=P(A)+P(B)-P(A\cap B)$$
$$=\frac{50}{100}+\frac{33}{100}-\frac{16}{100}=\frac{67}{100}$$　答

練習 47　1 から 200 までの番号をつけた 200 枚のカードから 1 枚引くとき，その番号が 4 の倍数または 5 の倍数である確率を求めよ。

余事象の確率

事象Aの確率 $P(A)$ と，余事象 $\overline{A}$ の確率 $P(\overline{A})$ の関係を考えてみよう。

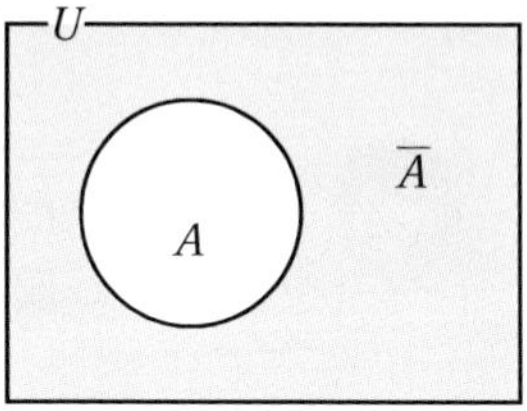

事象Aとその余事象 $\overline{A}$ について

$$A\cap\overline{A}=\varnothing$$

であるから，Aと $\overline{A}$ は互いに排反である。

よって，確率の加法定理により　$P(A\cup\overline{A})=P(A)+P(\overline{A})$

また，$A\cup\overline{A}=U$ であるから　$P(A\cup\overline{A})=P(U)=1$

ゆえに　$P(A)+P(\overline{A})=1$

したがって，次のことが成り立つ。

余事象の確率

$$P(\overline{A})=1-P(A)$$

例題 7　10本のくじの中に当たりくじが4本ある。このくじを同時に2本引くとき，少なくとも1本が当たる確率を求めよ。

解答　「2本ともはずれる」という事象をAとすると，「2本のうち少なくとも1本が当たる」という事象は，余事象 $\overline{A}$ となる。

2本ともはずれる確率 $P(A)$ は　$P(A)=\dfrac{{}_6\mathrm{C}_2}{{}_{10}\mathrm{C}_2}=\dfrac{1}{3}$

求める確率は $P(\overline{A})$ であるから

$$P(\overline{A})=1-P(A)=1-\frac{1}{3}=\frac{2}{3}$$　答

練習 48　大小2個のさいころを同時に投げるとき，次の場合の確率を求めよ。

(1)　少なくとも1個は3の目が出る。　(2)　異なる目が出る。

探 究

同じ誕生日の人がいる確率

たいちさん

クラスに同じ誕生日の人が 2 人いたんだ。
すごい偶然で驚いたよ。

けいこさん

40 人のクラスで同じ誕生日の人がいるのは
実はそれほど珍しいことではないわ。
むしろ高い確率で同じ誕生日の人がいるのよ。

1 年は 365 日もあって，クラスには 40 人しかいないのにどうしてそんなことがいえるの？

誕生日が一致する確率を計算してみるわね。
1 年を 365 日として，クラスの人数が 2 人の場合を考えると，誕生日が一致しない確率は
$\frac{364}{365}$ で，求める確率は $1-\frac{364}{365}$ ね。
余事象で考えるのがポイントよ。

その考え方を利用すると，クラスの人数が
3 人の場合，誕生日が一致する確率は
$1-\frac{364}{365}\times\frac{363}{365}$ になるね。
これを 4 人， 5 人，……と増やしていって，
23 人だと同じ誕生日の人がいる確率は
50 % を超えるよ！
そうすると，40 人の場合の確率は……，
すごく高い確率になるね。

7. 独立な試行の確率

独立な試行の確率

1個のさいころを投げる試行Sと，1枚の硬貨を投げる試行Tを考えてみよう。

この2つの試行の結果は 6×2 通りあり，それらは同様に確からしい。このうち，

試行Sにおいて3の倍数の目が出る

試行Tにおいて裏が出る

	1	2	3	4	5	6
表						
裏						

という2つの事象が同時に起こる場合の数は 2×1 通りある。

よって，それが起こる確率 p は，次のように表される。

$$p=\frac{2\times1}{6\times2}=\frac{2}{6}\times\frac{1}{2}$$

この確率 p は，次のような2つの確率の積になっていると考えられる。

試行Sにおいて3の倍数の目が出る確率　$\dfrac{2}{6}$

試行Tにおいて裏が出る確率　$\dfrac{1}{2}$

また，この2つの試行は，一方の結果が，他方の結果に影響しない。

一般に，2つ以上の試行において，どの試行の結果も他の試行の結果に影響しないとき，これらの試行は **独立** であるという。

2つの独立な試行の確率について，次のことが成り立つ。

独立な試行の確率

2つの独立な試行S，Tを行うとき，Sでは事象 A が起こり，Tでは事象 B が起こるという事象を C とすると，事象 C の確率は

$$P(C)=P(A)P(B)$$

3つ以上の独立な試行についても，同様のことが成り立つ。

例題 8　当たりくじ5本を含む20本のくじがある。この中から1本引き，くじを調べてからもとに戻し，もう一度1本くじを引く。2本とも当たりくじである確率を求めよ。

解答　最初にくじを1本引く試行Sにおいて，当たりくじを引くという事象をA，くじをもとに戻してもう1本引く試行Tにおいて，当たりくじを引くという事象をBとすると

$$P(A)=\frac{5}{20}=\frac{1}{4},\qquad P(B)=\frac{5}{20}=\frac{1}{4}$$

2つの試行S，Tは独立であるから，2本とも当たりくじであるという事象Cの確率$P(C)$は

$$P(C)=P(A)P(B)=\frac{1}{4}\times\frac{1}{4}=\frac{1}{16}$$ 答

練習 49　次の確率を求めよ。

(1)　1個のさいころと1枚の硬貨を投げるとき，さいころは2の目，硬貨は表が出る確率

(2)　1個のさいころを2回続けて投げるとき，1回目は5以上の目，2回目は奇数の目が出る確率

練習 50　袋Aには白玉5個，赤玉3個，袋Bには白玉4個，赤玉6個が入っている。袋A，Bから玉を1個ずつ取り出すとき，取り出した2個の玉が同じ色である確率を求めよ。

練習 51　1個のさいころと2枚の硬貨を投げるとき，さいころは6の約数の目，硬貨は2枚とも表が出る確率を求めよ。

8. 反復試行の確率

反復試行の確率

同じ条件のもとで同じ試行を何回か繰り返し行うとき，各回の試行は独立である。このような試行を **反復試行** という。

1個のさいころを5回続けて投げる反復試行において，6の目がちょうど2回出る確率について考えてみよう。

例えば，2，5回目に6の目が出て，1，3，4回目には6以外の目が出るとする。各回の試行は独立であるから，この事象の確率は

$$\left(1-\frac{1}{6}\right)\times\frac{1}{6}\times\left(1-\frac{1}{6}\right)\times\left(1-\frac{1}{6}\right)\times\frac{1}{6}=\left(\frac{1}{6}\right)^2\left(\frac{5}{6}\right)^3$$

6の目が出ることを ○，6以外の目が出ることを × で表すと，5回続けて投げるとき，ちょうど2回6の目が出る場合の数は，5個の場所から ○ をおく2個の場所を選ぶ方法の総数 ${}_5C_2$ に等しい。

1回目	2回目	3回目	4回目	5回目
○	○	×	×	×
○	×	○	×	×
……				
×	○	×	×	○
……				

そのおのおのの事象が起こる確率は，上の場合と同様に，すべて $\left(\frac{1}{6}\right)^2\left(\frac{5}{6}\right)^3$ である。

これらの ${}_5C_2$ 通りの事象は，互いに排反であるから，求める確率は

$${}_5C_2\left(\frac{1}{6}\right)^2\left(\frac{5}{6}\right)^3=10\times\frac{1}{6^2}\times\frac{5^3}{6^3}=\frac{625}{3888}$$

一般に，反復試行について，次のことが成り立つ。

反復試行の確率

1回の試行で事象Aが起こる確率をpとする。この試行をn回繰り返し行うとき，事象Aがちょうどr回起こる確率は

$${}_nC_r\,p^r(1-p)^{n-r}$$

例 17 **1個のさいころを4回続けて投げる反復試行において，1の目がちょうど3回出る確率**

$$_4C_3\left(\frac{1}{6}\right)^3\left(1-\frac{1}{6}\right)^{4-3}=4\times\frac{1}{6^3}\times\frac{5}{6}=\frac{5}{324}$$

練習 52 1個のさいころを6回続けて投げるとき，次のような確率を求めよ。

(1) 3の目がちょうど2回出る。　(2) 奇数の目がちょうど3回出る。

例題 9 白玉3個と赤玉6個が入っている袋から玉を1個取り出し，色を調べてからもとに戻す。この試行を5回続けて行うとき，次の確率を求めよ。

(1) 白玉が4回以上出る確率

(2) 5回目に3度目の赤玉が出る確率

解答 1回の試行で，白玉が出る確率は $\frac{3}{9}=\frac{1}{3}$，赤玉が出る確率は $1-\frac{1}{3}=\frac{2}{3}$ である。

(1) 白玉が4回以上出るのは，白玉が4回または5回出る場合であるから，求める確率は

$$_5C_4\left(\frac{1}{3}\right)^4\left(\frac{2}{3}\right)^{5-4}+\left(\frac{1}{3}\right)^5=\frac{10}{243}+\frac{1}{243}=\frac{11}{243}$$ 答

(2) 4回目までに赤玉がちょうど2回出て，5回目に3度目の赤玉が出ればよいから，求める確率は

$$_4C_2\left(\frac{2}{3}\right)^2\left(\frac{1}{3}\right)^{4-2}\times\frac{2}{3}=\frac{16}{81}$$ 答

練習 53 白玉6個と赤玉2個が入っている袋から玉を1個取り出し，色を調べてからもとに戻す。この試行を4回続けて行うとき，次の確率を求めよ。

(1) 赤玉が3回以上出る確率　(2) 4回目に2度目の白玉が出る確率

反復試行の確率を利用して，次のような問題を考えてみよう。

応用例題 10 Tさんは硬貨を12枚，Sさんは硬貨を6枚持っている。1個のさいころを投げて，1または2の目が出たらTさんがSさんに硬貨を2枚渡し，他の目が出たらSさんがTさんに硬貨を1枚渡す。さいころを6回投げた後，Tさん，Sさんの持っている硬貨の枚数が最初と変わらない確率を求めよ。

考え方　1または2の目が出る回数により，硬貨の枚数が決まる。また，1または2の目がx回出るとすると，他の目は$(6-x)$回出る。

解答 さいころを1回投げて，1または2の目が出るという事象をAとすると　$P(A)=\frac{2}{6}=\frac{1}{3}$

さいころを6回投げて，1または2の目がx回出たとする。

Tさんの持っている硬貨の枚数が変わらないことから

$$-2x+(6-x)=0$$

これを解くと　$x=2$

したがって，さいころを6回投げたとき，Tさん，Sさんの持っている硬貨の枚数が最初と変わらないのは，事象Aがちょうど2回起こる場合である。

よって，求める確率は

$${}_6\mathrm{C}_2\left(\frac{1}{3}\right)^2\left(1-\frac{1}{3}\right)^{6-2}=15\times\frac{1}{3^2}\times\frac{2^4}{3^4}=\frac{80}{243}$$ 答

練習 54 数直線上を動く点Pが原点の位置にある。1個のさいころを投げて，3以上の目が出たときにはPは正の向きに1だけ進み，2以下の目が出たときにはPは負の向きに1だけ進む。さいころを5回投げた後，Pが数直線上の3の位置にある確率を求めよ。

9. 条件付き確率

条件付き確率

ある学校の生徒 100 人について，この 1 か月間に図書館で本を借りたかどうかを調べた。その結果は，右の表のようになった。

	男 子	女 子	計
借りた	25	50	75
借りない	15	10	25
計	40	60	100

この 100 人の中から 1 人を選び出すとき，2 つの事象 A，B を，次のように定める。

A：選び出した 1 人が男子である

B：選び出した 1 人が本を借りていた

このとき，$P(B)=\dfrac{75}{100}=\dfrac{3}{4}$ である。

上の例で，選ばれた 1 人が，男子 40 人の中の 1 人であることがわかっているとき，その人が本を借りていた確率は，次のようになる。

$$\frac{25}{40}=\frac{5}{8}$$

一般に，全事象 U における 2 つの事象 A，B について，事象 A が起こったときに，事象 B が起こる確率を，事象 A が起こったときの事象 B が起こる **条件付き確率** といい，$\boldsymbol{P_A(B)}$ で表す。

	A	$\overline{A}$
B	25	50
$\overline{B}$	15	10

上の例においては　$P_A(B)=\dfrac{25}{40}=\dfrac{5}{8}$　である。

練習 55 上の例において，条件付き確率 $P_B(A)$ はどのような確率を意味しているか答えよ。また，$P_B(A)$ を求めよ。

各根元事象が同様に確からしい試行において，その全事象をUとする。また，A，Bを2つの事象とし，$n(A) \neq 0$とする。

このとき，条件付き確率$P_A(B)$は，Aを全事象とした場合の，事象$A \cap B$の起こる確率と考えられる。

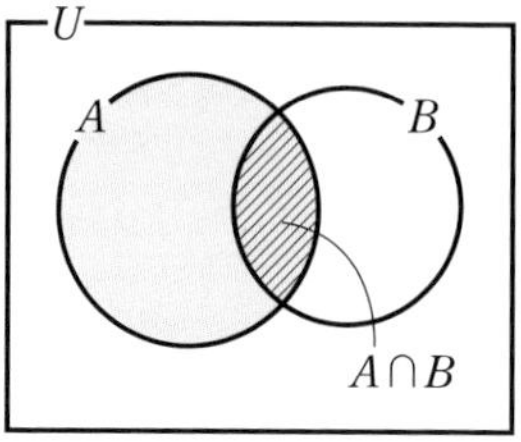

よって　　$$\boldsymbol{P_A(B) = \frac{n(A \cap B)}{n(A)}}$$

ここで，$\dfrac{n(A)}{n(U)} = P(A)$，$\dfrac{n(A \cap B)}{n(U)} = P(A \cap B)$　であるから

$$\boldsymbol{P_A(B) = \frac{P(A \cap B)}{P(A)}} \quad \cdots\cdots ①$$

例題 10　あるクラスでは，80 % の生徒が電車を利用して通学しており，30 % の生徒が自転車と電車を利用して通学している。電車を利用している生徒の中から1人を選び出すとき，その生徒が自転車も利用している確率を求めよ。

解答　選び出された生徒が電車の利用者であるという事象をA，自転車の利用者であるという事象をBとすると

$$P(A) = \frac{80}{100}, \quad P(A \cap B) = \frac{30}{100}$$

求める確率は，条件付き確率$P_A(B)$であるから

$$P_A(B) = \frac{P(A \cap B)}{P(A)} = \frac{30}{100} \div \frac{80}{100} = \frac{3}{8}$$　答

練習 56　ある飛行機の乗客について調べたところ，60 % が日本人，36 % が日本人の女性であった。乗客の中から日本人を1人選び出したとき，その人が女性である確率を求めよ。

第2章

確率の乗法定理

前ページの ① の式 $P_A(B)=\dfrac{P(A\cap B)}{P(A)}$ の分母をはらうと，次の確率の **乗法定理** が得られる。

確率の乗法定理

2つの事象 A，B がともに起こる確率 $P(A\cap B)$ は

$$\boldsymbol{P(A\cap B)=P(A)P_A(B)}$$

例題 11 赤玉4個と白玉5個が入っている袋から，玉を1個取り出し，それをもとに戻さないで，続いてもう1個を取り出すとき，2個とも赤玉である確率を求めよ。

解答 最初に取り出した玉が赤玉であるという事象を A，2回目に取り出した玉が赤玉であるという事象を B とすると，求める確率は $P(A\cap B)$ である。

ここで　　$P(A)=\dfrac{4}{9}$

最初に取り出した玉が赤玉であるとき，2回目は赤玉3個と白玉5個の中から1個を取り出すことになるから

$$P_A(B)=\frac{3}{8}$$

よって，2個とも赤玉である確率は

$$P(A\cap B)=P(A)P_A(B)=\frac{4}{9}\times\frac{3}{8}=\frac{1}{6}$$　答

練習 57 1から13までの番号をつけたカード13枚の中から，引いたカードをもとに戻さずに1枚ずつ2回引くとき，2枚とも4の倍数のカードである確率を求めよ。

複雑な事象の確率

これまでに学んだ確率に関する定理を利用して，複雑な事象の確率を計算してみよう。

例題 12 当たりくじ 3 本を含む 30 本のくじの中から，まずAが 1 本引き，次に残りの 29 本の中からBが 1 本引く。Aが当たる確率と，Bが当たる確率は等しいことを証明せよ。

証明 Aが当たるという事象をAとすると

$$P(A)=\frac{3}{30}=\frac{1}{10}$$

Bが当たるという事象をBとすると，事象Bは，次の排反な 2 つの事象C，Dの和事象である。

C：A，Bがともに当たる

D：Aがはずれ，Bが当たる

2 つの事象C，Dが起こる確率は，それぞれ

$$P(C)=\frac{3}{30}\times\frac{2}{29}=\frac{6}{870},\qquad P(D)=\frac{27}{30}\times\frac{3}{29}=\frac{81}{870}$$

よって　$P(B)=P(C)+P(D)$

$$=\frac{6}{870}+\frac{81}{870}=\frac{87}{870}=\frac{1}{10}$$

$P(A)=P(B)$ となるから，2 人が当たる確率は等しい。終

練習 58 例題 12 のくじ引きにおいて，次の確率を求めよ。

(1) AもBもはずれる確率　　(2) 少なくとも 1 人が当たる確率

練習 59 当たりくじ 4 本を含む 12 本のくじがある。引いたくじはもとに戻さないで，1 本ずつ 2 回引くとき，1 本だけが当たりである確率を求めよ。

第2章

応用例題 11 2つの袋A，Bがある。袋Aには白玉5個と赤玉2個，袋Bには白玉3個と赤玉4個が入っている。袋Aから3個の玉を取り出して袋Bに入れた後，よくかき混ぜて，袋Bから1個の玉を取り出すとき，それが白玉である確率を求めよ。

解答 袋Bから白玉が取り出されるという事象をDとする。

袋Aから取り出された3個の玉について，互いに排反な次の3つの事象に分かれる。

E：白玉3個　　　F：白玉2個，赤玉1個

G：白玉1個，赤玉2個

事象Dは互いに排反な3つの事象 $E\cap D$，$F\cap D$，$G\cap D$ の和事象である。

事象Eが起こる確率は　$\dfrac{{}_5\mathrm{C}_3}{{}_7\mathrm{C}_3}=\dfrac{2}{7}$

Eが起こった後，袋Bには白玉6個と赤玉4個が入っている。

よって，Eが起こった後，Dが起こる確率は　$\dfrac{6}{10}$

ゆえに　$P(E\cap D)=\dfrac{2}{7}\times\dfrac{6}{10}=\dfrac{12}{70}$

同様に考えると　$P(F\cap D)=\dfrac{{}_5\mathrm{C}_2\times{}_2\mathrm{C}_1}{{}_7\mathrm{C}_3}\times\dfrac{5}{10}=\dfrac{20}{70}$

$P(G\cap D)=\dfrac{{}_5\mathrm{C}_1\times{}_2\mathrm{C}_2}{{}_7\mathrm{C}_3}\times\dfrac{4}{10}=\dfrac{4}{70}$

したがって，求める確率は

$$P(D)=\frac{12}{70}+\frac{20}{70}+\frac{4}{70}=\frac{18}{35}$$ 答

練習 60 袋Aには白玉5個と赤玉3個，袋Bには白玉4個と赤玉4個が入っている。袋Aから3個の玉を取り出して袋Bに入れた後，よくかき混ぜて，袋Bから1個の玉を取り出すとき，それが赤玉である確率を求めよ。

発展

原因の確率

条件付き確率の考え方を利用して，次のような問題について考えよう。

ある商品を製造する 2 つの機械 A，B があり，A では 0.1 %，B では 0.2 % の割合で不良品が発生する。A の商品と B の商品が 2：3 の割合で大量に混ざっている中から 1 個を選び出すとき，それが不良品であるという事象を E とする。

(1) 事象 E が起こる確率を求めよ。

(2) 事象 E が起こったとき，不良品が機械 A の商品である確率を求めよ。

解答 選び出した商品が，A で製造したものであるという事象を A，B で製造したものであるという事象を B とすると

$$P(A)=\frac{2}{5},\ P(B)=\frac{3}{5},\ P_A(E)=\frac{1}{1000},\ P_B(E)=\frac{2}{1000}$$

(1) $P(E)=P(A\cap E)+P(B\cap E)$

$$=P(A)P_A(E)+P(B)P_B(E)$$

$$=\frac{2}{5}\times\frac{1}{1000}+\frac{3}{5}\times\frac{2}{1000}=\frac{8}{5000}=\frac{1}{625}$$ 答

(2) 求める確率は，条件付き確率 $P_E(A)$ であるから

$$P_E(A)=\frac{P(E\cap A)}{P(E)}=\frac{2}{5000}\div\frac{8}{5000}=\frac{1}{4}$$ 答

上の (2) で求めた確率は，「事象 E が起こる原因として事象 A，B の 2 つが考えられるとき，事象 E が起こったことを知って，それが原因 A から起こったと考えられる確率」であり，**原因の確率** ということがある。

練習 赤玉が 5 個と白玉が 7 個入っている袋 A と，赤玉が 6 個と白玉が 2 個入っている袋 B がある。1 個のさいころを投げて，1，2 の目が出たら袋 A から，1，2 以外の目が出たら袋 B から玉を 1 個取り出す。取り出した玉が赤玉であったとき，それが袋 A に入っていた赤玉である確率を求めよ。

10. 期待値

期待値

さいころを投げたときに出る目の平均値や，賞金つきのくじを引いたときの賞金額の平均値について考えてみよう。

総数 1000 本のくじに，右の表のような賞金がついている。この中から 1 本のくじを引く試行において，どれだけの賞金が期待されるか考えてみよう。

	賞金	本数
1 等	5000 円	10 本
2 等	1000 円	40 本
3 等	500 円	150 本
はずれ	0 円	800 本
計		1000 本

この試行においては，どのくじを引くかによって，5000 円，1000 円，500 円，0 円のどれかの賞金額が定まる。

賞金の総額は

$$5000\times10+1000\times40+500\times150+0\times800=165000$$

であるから，くじ 1 本あたりの賞金額の平均を求めると

$$\frac{1}{1000}(5000\times10+1000\times40+500\times150+0\times800)=165$$

となる。上の式は，次のように表すことができる。

$$5000\times\frac{10}{1000}+1000\times\frac{40}{1000}+500\times\frac{150}{1000}+0\times\frac{800}{1000}=165 \quad \cdots\cdots \text{①}$$

ここで，1 本のくじを引いたときの賞金額を X 円とする。

X の各値と，その値をとる確率 P は，右の表のようになる。

X	5000	1000	500	0
P	$\frac{10}{1000}$	$\frac{40}{1000}$	$\frac{150}{1000}$	$\frac{800}{1000}$

したがって，① は，X の値とそれに対する確率との積の和が，くじ 1 本あたり，平均的に期待される賞金額であることを示している。

X	x_1	x_2	……	x_n	計
P	p_1	p_2	……	p_n	1

一般に，ある試行の結果によって値の定まる変量Xがあり，Xのとりうる値を x_1，x_2，……，x_n とする。また，Xが x_1，x_2，……，x_n をとる確率Pを，それぞれ p_1，p_2，……，p_n とする。p_1，p_2，……，p_n の和は全事象の確率であるから，次の式が成り立つ。

$$p_1+p_2+\cdots\cdots+p_n=1$$

x_1，x_2，……，x_n の各値に，p_1，p_2，……，p_n を掛けて加えた値

$$x_1p_1+x_2p_2+\cdots\cdots+x_np_n$$

を，変量Xの **期待値** といい，$\boldsymbol{E}$ で表す。

期待値

変量Xのとりうる値を x_1，x_2，……，x_n とし，Xがこれらの値をとる確率をそれぞれ p_1，p_2，……，p_n とすると，Xの期待値Eは

$$\boldsymbol{E=x_1p_1+x_2p_2+\cdots\cdots+x_np_n}$$

ただし　$p_1+p_2+\cdots\cdots+p_n=1$

例 18　**1個のさいころを1回投げるときの出る目の期待値**

出る目をXとする。

Xの各値と，Xがその値をとる確率Pは，右の表のようになる。

X	1	2	3	4	5	6	計
P	$\frac{1}{6}$	$\frac{1}{6}$	$\frac{1}{6}$	$\frac{1}{6}$	$\frac{1}{6}$	$\frac{1}{6}$	1

よって，出る目の期待値Eは

$$E=1\times\frac{1}{6}+2\times\frac{1}{6}+3\times\frac{1}{6}+4\times\frac{1}{6}+5\times\frac{1}{6}+6\times\frac{1}{6}=\frac{7}{2}$$

練習 61　2枚の硬貨を同時に投げるとき，表が出る枚数の期待値を求めよ。

練習 62　2個のさいころを同時に投げるとき，出る目の和の期待値を求めよ。

期待値の応用

例題 13 赤玉 2 個と白玉 5 個が入っている袋から，3 個の玉を同時に取り出すゲームを行う。出た赤玉 1 個につき 700 円もらえるとき，受け取る金額の期待値を求めよ。

解答 受け取る金額を X 円とする。

X のとりうる値は，0，700，1400 のいずれかである。

$X=0$ となる確率は　$\dfrac{{}_5C_3}{{}_7C_3}=\dfrac{2}{7}$

$X=700$ となる確率は　$\dfrac{{}_2C_1\times{}_5C_2}{{}_7C_3}=\dfrac{4}{7}$

$X=1400$ となる確率は　$\dfrac{{}_2C_2\times{}_5C_1}{{}_7C_3}=\dfrac{1}{7}$

よって，X の各値と，X がその値をとる確率 P は，右の表のようになる。

X	0	700	1400	計
P	$\dfrac{2}{7}$	$\dfrac{4}{7}$	$\dfrac{1}{7}$	1

したがって，求める期待値は

$$E=0\times\frac{2}{7}+700\times\frac{4}{7}+1400\times\frac{1}{7}=600$$

答　600 円

例題 13 において，ゲームの参加料が 700 円の場合には，参加料より受け取る金額の期待値の方が小さくなるから，このゲームに参加することは得とはいえない。一方，参加料が 500 円の場合には，損とはいえない。

練習 63 500 円硬貨を同時に 3 枚投げて，表が出た硬貨を全部もらえるゲームがある。次の問いに答えよ。

(1)　このゲームで受け取る金額の期待値を求めよ。

(2)　このゲームの参加料が 800 円のとき，このゲームに参加することは得であるといえるか。

11. 事象の独立と従属

事象の独立と従属

2 個のさいころ X，Y を同時に投げるとき，

さいころ X の目が 1 であるという事象を A，

さいころ Y の目が 2 であるという事象を B，

2 個のさいころの目の和が 6 であるという事象を C

とする。

このとき

$$P(B)=\frac{6}{36}=\frac{1}{6},\qquad P_A(B)=\frac{1}{6}$$

であるから　$P_A(B)=P(B)$

これに対し

$$P(C)=\frac{5}{36},\qquad P_A(C)=\frac{1}{6}$$

であるから　$P_A(C) \neq P(C)$

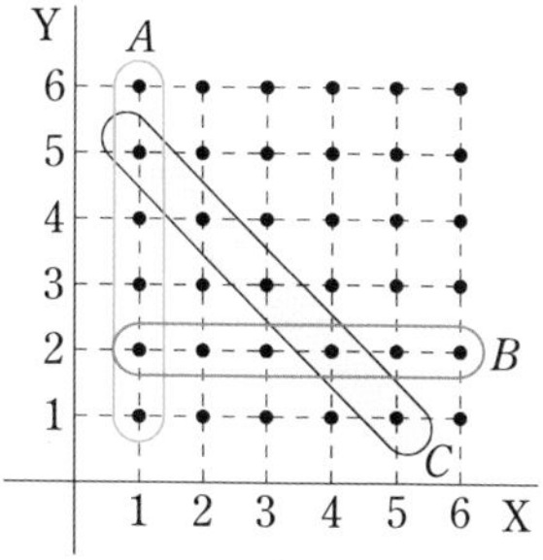

一般に，2 つの事象 A，B について

$$\boldsymbol{P_A(B)=P(B)}$$

が成り立つとき，事象 A の起こることが事象 B の起こる確率に影響を与えない。

このとき，事象 B は事象 A に **独立** であるという。

練習 64 白玉 7 個と赤玉 3 個が入っている袋から，玉を 1 個ずつ 2 回取り出す。1 個目の玉を袋に戻してから，2 個目の玉を取り出すとき，1 回目に白玉が出るという事象を A，2 回目に白玉が出るという事象を B とする。事象 B は事象 A に独立であることを確かめよ。

事象Bが事象Aに独立ならば，事象Aは事象Bに独立である。

このことを確かめてみよう。

等式 $P_A(B)=P(B)$ ...... ①

が成り立つとき，乗法定理により，次の等式が成り立つ。

$$\boldsymbol{P(A\cap B)=P(A)P(B)} \quad \cdots\cdots \text{②}$$

逆に，② が成り立つとき，$P(A)\neq 0$ とすると，$\dfrac{P(A\cap B)}{P(A)}=P(B)$

より，① の $P_A(B)=P(B)$ が成り立つ。

よって，$P(A)\neq 0$ のとき，① と ② は同値である。

また，同様にして，② が成り立つとき，$P(B)\neq 0$ とすると

$$P_B(A)=P(A)$$

が成り立つこともわかる。

したがって，事象Bが事象Aに独立ならば，事象Aは事象Bに独立である。

このことを，2つの事象AとBは互いに独立であるという。

2つの事象が独立でないとき，これらは **従属**（じゅうぞく） であるという。

例えば，前ページのさいころの例において，事象Aと事象Bは独立であり，事象Aと事象Cは従属である。

以上のことをまとめると，次のようになる。

独立事象の乗法定理

2つの事象AとBが互いに独立 $\iff$ $\boldsymbol{P(A\cap B)=P(A)P(B)}$

注意　$P(A)=0$ または $P(B)=0$ のときは，② の式は常に成り立つ。このときも，2つの事象A，Bは独立であると考えることとする。

例題 14 1から19までの番号札の中から1枚を選ぶとき，奇数の札を選ぶという事象と，2桁の番号の札を選ぶという事象は独立であるか，従属であるか。

解答 奇数の札を選ぶという事象をA，
2桁の番号の札を選ぶという事象をBとすると

$$P(A)=\frac{10}{19},\quad P(B)=\frac{10}{19},\quad P(A\cap B)=\frac{5}{19}$$

ここで　$P(A)P(B)=\frac{10}{19}\times\frac{10}{19}=\frac{100}{361}$

ゆえに　$P(A\cap B)\neq P(A)P(B)$

よって，2つの事象は従属である。 答

練習 65 2個のさいころX，Yを同時に投げるとき，さいころXの目が偶数であるという事象をA，XとYの目の和が7であるという事象をBとする。事象AとBは独立であるか，従属であるか。

事象Aと事象Bが独立であることは，事象Aの起こることが，事象Bの起こる確率に影響を与えないことである。

よって，AとBが独立であるとき，Aの余事象$\overline{A}$とBも独立である。同じように考えて，次の4つのことは互いに同値であることがわかる。

$$A\text{と}B\text{が独立} \iff \overline{A}\text{と}B\text{が独立}$$
$$\iff A\text{と}\overline{B}\text{が独立} \iff \overline{A}\text{と}\overline{B}\text{が独立}$$

練習 66 ある試行において，2つの事象AとBは独立で，$P(A)=0.4$，$P(B)=0.7$であるとき，次の確率を求めよ。

(1) $P(A\cap B)$　　(2) $P(A\cap\overline{B})$　　(3) $P(\overline{A}\cap\overline{B})$

確認問題

1 大小2個のさいころを投げるとき，次のようになる場合は何通りあるか。

(1) 目の積が奇数になる。　(2) 目の和が奇数になる。

2 男子4人，女子5人が1列に並ぶとき，次のような並び方は何通りあるか。

(1) 両端が女子になる。　(2) 男子と女子が交互に並ぶ。

3 5個の数字0，2，3，5，6を使ってできる，次のような整数は何個あるか。ただし，同じ数字を重複して使ってもよいものとする。

(1) 4桁の整数　(2) 4桁の整数で5の倍数

4 12人の生徒を次のようにする方法は何通りあるか。

(1) 6人，4人，2人の3つの組に分ける。

(2) 4つの部屋A，B，C，Dに，3人ずつ入れる。

(3) 3人ずつ4つの組に分ける。

5 $(a+b+c)^7$ の展開式における ab^4c^2 の項の係数を求めよ。

6 1から200までの番号札から1枚を引くとき，その番号が3の倍数でも8の倍数でもない確率を求めよ。

7 数直線上を動く点Pがある。1枚の硬貨を投げて，表が出たときにはPは正の向きに2だけ進み，裏が出たときにはPは負の向きに1だけ進む。硬貨を9回続けて投げたとき，Pがもとの位置に戻る確率を求めよ。

8 ある試行における2つの事象 A，B について

$$P(A)=0.5,\ P(B)=0.4,\ P(A\cap B)=0.2$$

であるとき，条件付き確率 $P_A(B)$，$P_B(A)$ を，それぞれ求めよ。

9 さいころを2回投げるとき，出る目の差の絶対値の期待値を求めよ。

演習問題A

1 異なる色の5個の玉をつないで首輪を作るとき，異なる首輪は $\dfrac{(5-1)!}{2}$ 種類できることを説明せよ。

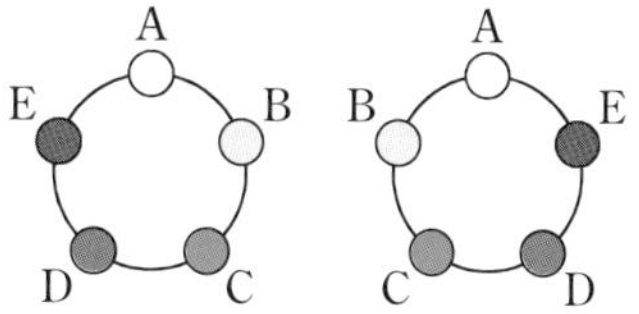

2 1，1，1，2，2，3，3，3，3 の9個の数字を全部使ってできる9桁の整数は何個あるか。

3 次の式の展開式における，[　] 内に指定された項の係数を求めよ。

(1)　$(5x^2-2)^6$　$[x^4]$　　(2)　$\left(x^2-\dfrac{1}{x}\right)^9$　$[x^{12}]$

4 A，B，C の3人がじゃんけんを1回するとき，次の確率を求めよ。

(1)　Aだけが勝つ確率　　(2)　だれも勝たない確率

5 3個のさいころを同時に投げるとき，次のようになる確率を求めよ。

(1)　出る目の最大値が5以下　　(2)　出る目の最大値が5

6 白玉5個と赤玉4個が入っている袋から，玉を2個取り出す。次の場合について，取り出した玉の色が異なる確率を求めよ。

(1)　2個を同時に取り出す場合

(2)　最初に1個取り出し，袋に戻してから2個目を取り出す場合

(3)　最初に1個取り出し，袋に戻さないで2個目を取り出す場合

7 A，Bの2人がさいころを1回ずつ投げて，それぞれ賞金を得るゲームを行う。Aは3の倍数の目が出たら x 円，3の倍数以外の目が出たら120円，Bは1の目が出たら y 円，1以外の目が出たら90円を得る。A，Bの得る金額の期待値が等しいとき，y を x の式で表せ。

演習問題 B

8 5個の数字0，1，2，3，4を重複なく使ってできる5桁の整数を，小さい方から順に並べる。

(1) 初めて30000以上になるのは，何番目か。

(2) 28番目の数を求めよ。

(3) 40213は何番目か。

9 3人乗りのボート2そうに4人を分乗させるとき，次のような場合の方法は何通りあるか。

(1) 人もボートも区別するが，どの座席に着くかは区別しない。

(2) 人は区別するが，ボートも座席も区別しない。

(3) 人もボートも区別し，どの人がどの座席に着くかも区別する。

10 12人の生徒を次のようにする方法は何通りあるか。

(1) 4人，4人，2人，2人の4組に分ける。

(2) 3人，3人，2人，2人，2人の5組に分ける。

11 16本のくじがあり，その中に何本かの当たりくじがある。このくじを同時に2本引くとき，2本ともはずれる確率は $\dfrac{11}{20}$ であるという。当たりくじの本数を求めよ。

12 数直線上を動く点Pが原点の位置にある。1枚の硬貨を投げて，表が出たらPを正の向きに2だけ進め，裏が出たらPを負の向きに1だけ進める。硬貨を6回投げたときのPの最後の座標を X とする。X の期待値を求めよ。

第3章 データの分析

HPC Fugaku

⬆ HPC(High Performance Computing) 富岳
コンピュータ技術の発達により，大量のデータをより速く収集，分析することが可能になった。

We learned about methods for classifying various types of data. This was done by constructing frequency distribution tables and identifying key features of the data through the use of histograms. We also studied the concepts of mean, median, and mode. All these methods and concepts are needed to analyze data correctly.

In this chapter, we will look at methods for analyzing data in more detail. Different types of data are everywhere around us. It is therefore very important to acquire the correct methods for reading and analyzing relevant data.

1. データの代表値

変量とデータ

気温や降水量，運動の記録やテストの得点，所属クラスなどのように，ある集団を構成する人や物の特性を表すものを **変量** といい，実験や調査などで得られた変量の観測値や測定値，調査結果などの集まりを **データ** という。

テストの得点のように，数値として得られるデータを **量的データ** といい，所属クラスのように，数値ではないものとして得られるデータを **質的データ** という。

次のデータは，名古屋の 2020 年 4 月の 1 日ごとの最高気温である。

16.8	16.3	19.3	22.0	14.6	17.1	19.9	22.1	19.7	16.6
18.1	15.2	12.7	17.9	22.3	23.0	20.6	17.3	21.0	16.6
18.8	14.8	17.0	16.7	19.7	22.4	21.3	20.3	24.3	26.0

(気象庁ホームページより作成，単位は °C)

データを構成する観測値や測定値の個数を，そのデータの **大きさ** という。例えば，上で示した最高気温のデータの大きさは 30 である。

変量 x についてのあるデータの大きさが n であるとき，このデータの個々の値を，

$$x_1,\ x_2,\ x_3,\ \cdots\cdots,\ x_k,\ \cdots\cdots,\ x_n$$

(k，n は自然数，$1 \leqq k \leqq n$)

と表すことがある。

x_k は k 番目のデータの値を表している。

データの代表値

データ全体の特徴を適当な1つの数値で表すことがある。その数値をデータの **代表値** という。代表値には，平均値，中央値，最頻値などがある。

変量xについてのn個のデータの値 x_1，x_2，x_3，……，x_n の総和をnで割った値を，データの **平均値** といい，$\overline{x}$ で表す。

平均値

$$\overline{x}=\frac{1}{n}(x_1+x_2+x_3+\cdots\cdots+x_n)$$

第3章

練習 1 前ページの名古屋の最高気温のデータの平均値を求めよ。

データを値の大きさの順に並べたとき，中央の位置にくる値を，データの **中央値** または **メジアン** という。データの大きさが偶数のとき，中央に2つの値が並ぶが，その場合は2つの値の平均値を中央値とする。

練習 2 次のデータの中央値を求めよ。

(1) 13，55，12，20，21，18，15

(2) 41，54，64，57，50，49，61，150

データにおいて，最も個数の多い値を，データの **最頻値** または **モード** という。

練習 3 次の表は，ある店での1週間の飲料の内容量ごとの売り上げ本数である。このデータの最頻値を求めよ。

内容量 (mL)	150	250	350	500	750	1000	計
売り上げ本数	44	23	60	85	26	77	315

2. データの散らばりと四分位範囲

範囲

データの最大値と最小値の差を **範囲** という。データの範囲が大きいほど，データの散らばりの度合いは大きいと考えられる。

練習 4 ▶ 次の表は，AさんとBさんの2人が，昨年1年間の各月に借りた本の冊数である。それぞれのデータの範囲を求め，データの散らばりの度合いを比較せよ。

A	4	1	2	3	5	6	11	4	2	7	4	9
B	5	6	4	3	6	4	8	4	4	7	4	3

（単位は冊）

四分位数

データを値の大きさの順に並べたとき，4等分する位置にくる値を **四分位数** という。四分位数は，小さい方から **第1四分位数**，**第2四分位数**，**第3四分位数** といい，順に Q_1，Q_2，Q_3 で表す。

四分位数は，次のように定める。

① 中央値を求める。この値が第2四分位数 Q_2 となる。

② 中央の位置にくる値を境界として，下位のデータと上位のデータに分ける。データの大きさが奇数のときは，中央の位置にくる値はどちらにも入れない。

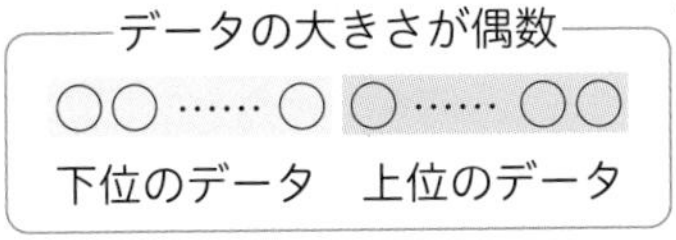

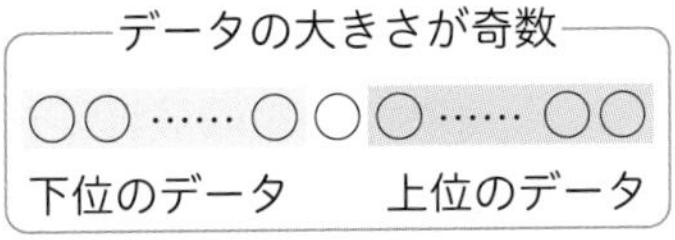

③ 下位のデータの中央値が第1四分位数 Q_1，上位のデータの中央値が第3四分位数 Q_3 となる。

注 意　四分位数の定義は他にもいくつかある。

四分位範囲，四分位偏差

第 3 四分位数から第 1 四分位数を引いたものは，データを値の大きさの順に並べたときの，中央の 50 % のデータの範囲にほぼ等しく，通常の範囲に比べて極端に離れた値の影響を受けにくい。

第 3 四分位数 Q_3 と第 1 四分位数 Q_1 の差 Q_3-Q_1 を **四分位範囲** といい，四分位範囲を 2 で割った値を **四分位偏差** という。

四分位範囲，四分位偏差

四分位範囲　Q_3-Q_1　　　**四分位偏差**　$\dfrac{Q_3-Q_1}{2}$

四分位範囲や四分位偏差は，データの散らばりの度合いを表す 1 つの量である。

一般に，データが中央値の周りに集中しているほど，四分位範囲は小さくなり，データの散らばりの度合いは小さいと考えられる。

練習 5 ▶ 次のデータ A，B のそれぞれについて，四分位範囲と四分位偏差を求めよ。また，データの散らばりの度合いが大きいのは A，B のどちらと考えられるか。

A　12，20，34，38，40，41，45，49，51，53，58，68

B　14，24，29，34，35，40，42，48，51，58，65，68

箱ひげ図

データの分布を見るための図に **箱ひげ図** とよばれるものがある。

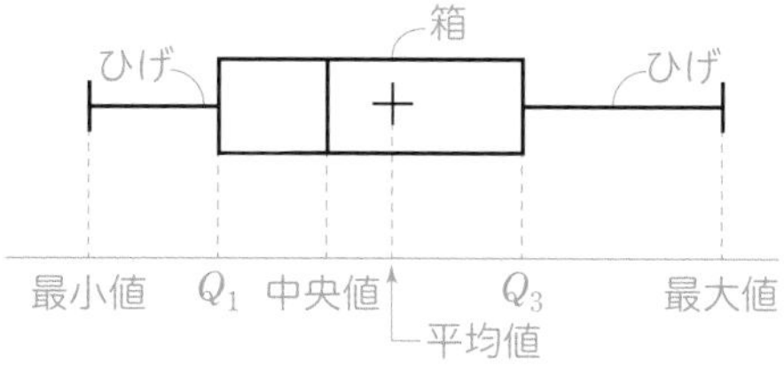

箱ひげ図は，データの最小値，第 1 四分位数 Q_1，中央値，第 3 四分位数 Q_3，最大値を，箱と線（ひげ）で表している。箱の長さは四分位範囲を表す。なお，箱ひげ図に平均値を記入することもある。

練習 6 次のデータは，2019 年の仙台，横浜，那覇における月ごとの平均気温である。

仙台	2.4	3.7	7.0	10.2	17.4	19.0	22.4	26.2	22.4	16.9	10.0	5.4
横浜	6.6	7.9	11.0	13.9	19.8	21.9	24.3	28.4	25.3	19.9	14.0	9.4
那覇	18.1	20.0	19.9	22.3	24.2	26.5	28.9	29.2	28.0	26.0	23.1	20.0

（気象庁ホームページより作成，単位は ℃）

この 3 つのデータの箱ひげ図を並べてかき，3 つの都市のデータの分布を比較せよ。

● ヒストグラムと箱ひげ図 ●

次の図は，あるデータのヒストグラムと箱ひげ図との対応である。ヒストグラムの山の位置と，箱ひげ図の箱の位置がだいたい対応していることがわかる。

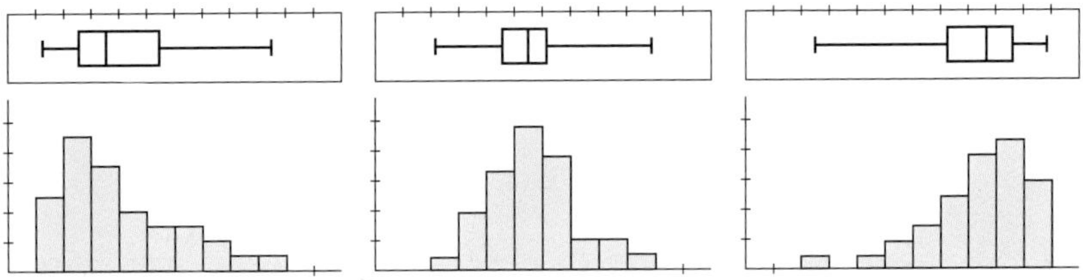

箱ひげ図では，ヒストグラムほどにはデータの分布が詳しく表現されないが，大まかな様子はわかる。

外れ値

データの中に，他の値から極端にかけ離れた値が含まれることがある。そのような値を **外れ値**（はず）という。

外れ値の基準は複数あるが，例えば，次のような値を外れ値とする。

{(第 1 四分位数)－1.5×(四分位範囲)} 以下の値
{(第 3 四分位数)＋1.5×(四分位範囲)} 以上の値

外れ値がある場合，次の図のような箱ひげ図が用いられることがある。外れ値は◦で示している。また，箱ひげ図の左右のひげは，データから外れ値を除いたときの最小値または最大値まで引いている。

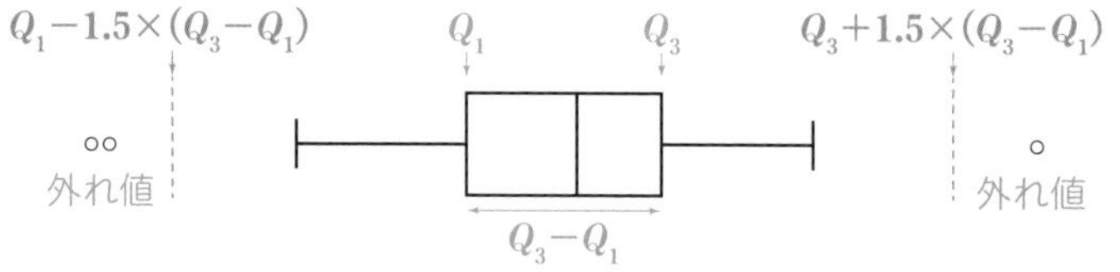

注意　四分位数は，外れ値を除かないすべてのデータの四分位数であり，その値にもとづいて箱をかく。

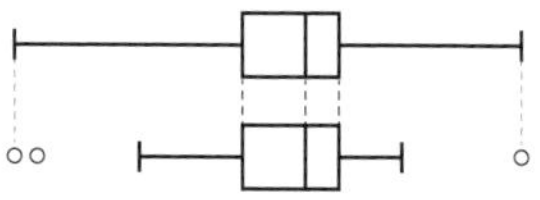

外れ値は，測定ミスや入力ミスなどの異常な値とは限らない。外れ値の背景を探ることで，問題発見があったり，問題解決の手がかりが得られたりすることもある。例えば，販売員の販売成績を調べたとき，並外れて成績が良い販売員がいたら，その販売員の工夫を探ることで全体の販売成績を上げる対策を見いだせる可能性がある。

3. 分散と標準偏差

分散と標準偏差

平均値の周りにおけるデータの散らばりの度合いを表す値を考えよう。

変量xについてのデータの値が x_1, x_2, x_3, ……, x_n で，その平均値を $\overline{x}$ とするとき，各値から平均値を引いた差

$$x_1-\overline{x},\ x_2-\overline{x},\ \cdots\cdots,\ x_n-\overline{x}$$

を，それぞれ x_1, x_2, ……, x_n の平均値からの **偏差** という。

偏差の平均値は

$$\frac{1}{n}\{(x_1-\overline{x})+(x_2-\overline{x})+\cdots\cdots+(x_n-\overline{x})\}$$
$$=\frac{1}{n}\{(x_1+x_2+\cdots\cdots+x_n)-n\overline{x}\}=\frac{1}{n}(x_1+x_2+\cdots\cdots+x_n)-\overline{x}$$
$$=\overline{x}-\overline{x}=0$$

となる。そのため，偏差の平均値では，平均値からの散らばりの度合いを表すことはできない。そこで，偏差の 2 乗の平均値

$$\frac{1}{n}\{(x_1-\overline{x})^2+(x_2-\overline{x})^2+\cdots\cdots+(x_n-\overline{x})^2\}$$

を考える。偏差の 2 乗は常に 0 以上であり，データの値が平均値から離れているほど値が大きくなるから，偏差の 2 乗の平均値は，散らばりの度合いを表す値といえる。この値を **分散** といい，s^2 で表す。

また，分散の正の平方根を **標準偏差** といい，s で表す。

分散と標準偏差

分散　$$s^2=\frac{1}{n}\{(x_1-\overline{x})^2+(x_2-\overline{x})^2+\cdots\cdots+(x_n-\overline{x})^2\}$$

標準偏差　$$s=\sqrt{\frac{1}{n}\{(x_1-\overline{x})^2+(x_2-\overline{x})^2+\cdots\cdots+(x_n-\overline{x})^2\}}$$

一般に，データの分散，標準偏差が小さいほど，そのデータの分布は平均値の周りに集中する傾向がある。

例 1　5 人の生徒のボール投げの記録 x (m) が，下の表で与えられている。ただし，平均値 $\overline{x}$ は，$\overline{x}=\frac{1}{5}\times125=25$ (m) である。

x	27	21	24	28	25	計 125
$(x-\overline{x})^2$	4	16	1	9	0	計　30

分散は　　　$s^2=\frac{1}{5}\times30=6$

標準偏差は　$s=\sqrt{6}\fallingdotseq2.4$ (m)　　← データと同じ単位になる

練習 7　次のデータは，5 人の生徒の垂直とびの記録 x (cm) である。このデータの分散と標準偏差を求めよ。

44,　48,　50,　38,　40

前ページの分散 s^2 の式は，次のように変形される。

$$s^2=\frac{1}{n}\{(x_1-\overline{x})^2+(x_2-\overline{x})^2+\cdots\cdots+(x_n-\overline{x})^2\}$$

$$=\frac{1}{n}\{(x_1{}^2+x_2{}^2+\cdots\cdots+x_n{}^2)-2\overline{x}(x_1+x_2+\cdots\cdots+x_n)+n(\overline{x})^2\}$$

$$=\frac{1}{n}(x_1{}^2+x_2{}^2+\cdots\cdots+x_n{}^2)-2\overline{x}\cdot\underbrace{\frac{1}{n}(x_1+x_2+\cdots\cdots+x_n)}_{\overline{x}}+(\overline{x})^2$$

$$=\frac{1}{n}(x_1{}^2+x_2{}^2+\cdots\cdots+x_n{}^2)-(\overline{x})^2$$

$\frac{1}{n}(x_1{}^2+x_2{}^2+\cdots\cdots+x_n{}^2)$ は x^2 のデータの平均値であるから，次のことが成り立つ。

(xのデータの分散)＝(x^2のデータの平均値)－(xのデータの平均値)^2

例題 1 次の表は，A組とB組のそれぞれ10人に計算テストを行った結果である。A組のテストの得点を x(点)，B組のテストの得点を y(点)として，変量 x のデータの分散 $s_x{}^2$ と標準偏差 s_x，変量 y のデータの分散 $s_y{}^2$ と標準偏差 s_y を求めよ。

A	7	8	4	6	6	5	2	3	9	10
B	4	6	6	8	7	6	9	3	7	4

解答

$$\overline{x}=\frac{1}{10}(7+8+\cdots\cdots+10)=\frac{60}{10}=6\ (\text{点})$$

$$\overline{x^2}=\frac{1}{10}(7^2+8^2+\cdots\cdots+10^2)=\frac{420}{10}=42$$

よって　$s_x{}^2=\overline{x^2}-(\overline{x})^2=42-6^2=6$ 答

したがって　$s_x=\sqrt{6}\fallingdotseq 2.4$ (点) 答

$$\overline{y}=\frac{1}{10}(4+6+\cdots\cdots+4)=\frac{60}{10}=6\ (\text{点})$$

$$\overline{y^2}=\frac{1}{10}(4^2+6^2+\cdots\cdots+4^2)=\frac{392}{10}=39.2$$

よって　$s_y{}^2=\overline{y^2}-(\overline{y})^2=39.2-6^2=3.2$ 答

したがって　$s_y=\sqrt{3.2}\fallingdotseq 1.8$ (点) 答

例題1の変量 x，y についてのデータの平均値は等しいが，標準偏差は $s_x>s_y$ となっているから，B組のデータの方が，平均値の周りに集中していることがわかる。

練習 8 ▶ 例題1と同じ計算テストをC組の10人に行ったところ，次のような結果となった。C組のテストの得点を z(点)として，変量 z のデータの分散 $s_z{}^2$ と標準偏差 s_z を求めよ。

8，7，6，7，4，5，4，8，5，6

発展

変量の変換

データの各値に一斉に同じ数を加えたり，一斉に同じ数を掛けたとき，平均値，分散，標準偏差がどのように変化するかを考えてみよう。

変量 x についてのデータが，n 個の値 x_1，x_2，……，x_n であるとし，x のデータの平均値を $\overline{x}$，分散を $s_x{}^2$，標準偏差を s_x とする。
a，b を定数として，式 $y=ax+b$ で新たな変量 y を作る。
このとき，y のデータは次の n 個の値である。

$$y_1=ax_1+b,\ y_2=ax_2+b,\ \cdots\cdots,\ y_n=ax_n+b$$

変量 y のデータの平均値 $\overline{y}$ は

$$\begin{aligned}\overline{y}&=\frac{1}{n}(y_1+y_2+\cdots\cdots+y_n)\\&=\frac{1}{n}\{(ax_1+b)+(ax_2+b)+\cdots\cdots+(ax_n+b)\}\\&=\frac{1}{n}\{a(x_1+x_2+\cdots\cdots+x_n)+nb\}\\&=a\cdot\frac{1}{n}(x_1+x_2+\cdots\cdots+x_n)+b\end{aligned}$$

よって　　$\overline{y}=a\overline{x}+b$

また，$y_k-\overline{y}=(ax_k+b)-(a\overline{x}+b)=a(x_k-\overline{x})$ であることから，
変量 y のデータの分散 $s_y{}^2$ は

$$\begin{aligned}s_y{}^2&=\frac{1}{n}\{(y_1-\overline{y})^2+(y_2-\overline{y})^2+\cdots\cdots+(y_n-\overline{y})^2\}\\&=\frac{1}{n}\{a^2(x_1-\overline{x})^2+a^2(x_2-\overline{x})^2+\cdots\cdots+a^2(x_n-\overline{x})^2\}\\&=a^2\cdot\frac{1}{n}\{(x_1-\overline{x})^2+(x_2-\overline{x})^2+\cdots\cdots+(x_n-\overline{x})^2\}\end{aligned}$$

よって　　$s_y{}^2=a^2s_x{}^2$
したがって，変量 y のデータの標準偏差 s_y は　　$s_y=|a|s_x$

（次ページへ続く）

第3章

変量の変換

a，b は定数とする。

変量 x のデータから $y=ax+b$ によって新しい変量 y のデータが得られるとき，x，y のデータの平均値を $\overline{x}$，$\overline{y}$，分散を $s_x{}^2$，$s_y{}^2$，標準偏差を s_x，s_y とすると，次のことが成り立つ。

$$\overline{y}=a\overline{x}+b, \quad s_y{}^2=a^2s_x{}^2, \quad s_y=|a|s_x$$

データの各値に一斉に b を加えると，データの各値も平均値も b だけ増加するから，データの各値から平均値を引いた差，すなわち偏差は変わらない。したがって，分散と標準偏差は変わらない。

また，データの各値に一斉に a を掛けると，データの各値も平均値も a 倍になるから，データの各値の偏差も a 倍になる。したがって，分散は a^2 倍になり，標準偏差は $|a|$ 倍になる。

練習 1 変量 x のデータの平均値が 10，分散が 49 のとき，$y=\dfrac{x-3}{7}$ によって得られる新たな変量 y のデータについて平均値，分散，標準偏差を求めよ。

練習 2 ある都市の 30 日分の日ごとの最高気温を摂氏度（℃）で計測した結果，平均値は 25 ℃，分散は 16 であった。このデータを華氏度（°F）に変更したときの，平均値，分散，標準偏差を求めよ。ただし，摂氏度が x ℃ のときの華氏度を y °F とすると，x と y には $y=1.8x+32$ という関係がある。

変量の変換によって，平均値や分散が，見通しよく計算できることがある。

5 人の身長 x (cm) のデータ

176，170，167，179，168

の平均値 $\overline{x}$ と分散 $s_x{}^2$ を求めてみよう。

$x_0=170$ として，新たな変量 u を $u=x-x_0$ で定める。
変量 u のデータは，次の 5 個の値である。

6，0，-3，9，-2

このとき　$\overline{u}=\frac{1}{5}(6+0-3+9-2)=\frac{10}{5}=2$

$$\overline{u^2}=\frac{1}{5}\{6^2+0^2+(-3)^2+9^2+(-2)^2\}$$

$$=\frac{130}{5}=26$$

よって，変量 u のデータの分散 $s_u{}^2$ は

$$s_u{}^2=\overline{u^2}-(\overline{u})^2=26-2^2=22$$

$x=x_0+u$ より，$\overline{x}=x_0+\overline{u}$，$s_x{}^2=s_u{}^2$ であるから

$$\overline{x}=x_0+\overline{u}=170+2=172 \text{ (cm)}$$

$$s_x{}^2=s_u{}^2=22$$

上の例では，$x_0=170$ として $x-x_0$ のデータを考えることにより，変量 x のデータの平均値や分散を求めている。この x_0 を **仮平均** という。

練習 3 変量 x のデータが次のように与えられている。

750，740，720，770，750，740

いま，$c=10$，$x_0=740$，$u=\frac{x-x_0}{c}$ として新たな変量 u を作る。

(1) 変量 u のデータの平均値と標準偏差を求めよ。

(2) 変量 x のデータの平均値と標準偏差を求めよ。

第3章

4. 2つの変量の間の関係

散布図，相関関係

2つの変量の間に成り立つ関係を考えよう。

次の表は，あるサッカーチームの選手18人の，身長 x (cm) と体重 y (kg) を測定した結果である。例えば，① の人は，身長 193 cm，体重 78 kg である。

	①	②	③	④	⑤	⑥	⑦	⑧	⑨
x	193	189	190	182	184	183	172	168	184
y	78	88	82	75	77	77	67	72	70

	⑩	⑪	⑫	⑬	⑭	⑮	⑯	⑰	⑱
x	178	179	177	183	186	170	172	175	168
y	74	78	71	79	74	68	70	70	60

x と y の間の関係を見やすくするために，右の図のように，x，y の値の組を座標とする点を平面上にとる。このような図を **散布図** という。

右の図から，x が増えると y も増える傾向があることがわかる。

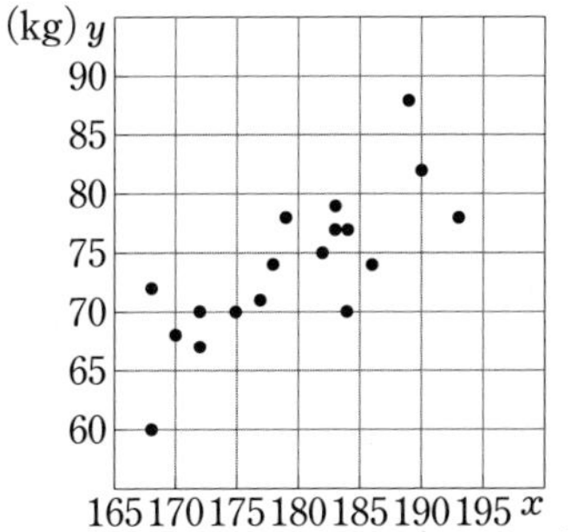

2つの変量のデータにおいて，一方が増えると他方も増える傾向が認められるとき，2つの変量の間に **正の相関関係** があるという。逆に，一方が増えると他方が減る傾向が認められるとき，2つの変量の間に **負の相関関係** があるという。また，どちらの傾向も認められないときは，**相関関係がない** という。

2つの変量の間に正の相関関係があるとき，散布図の点は全体に右上がりに分布し，負の相関関係があるときは，散布図の点は全体に右下がりに分布する。

次の5つの散布図において，右の2つには正の相関関係が認められるが，右上がりの傾向は右端の図の方が著しいので，より強い正の相関関係があるという。また，左の2つには負の相関関係があり，左端の図の方により強い負の相関関係がある。

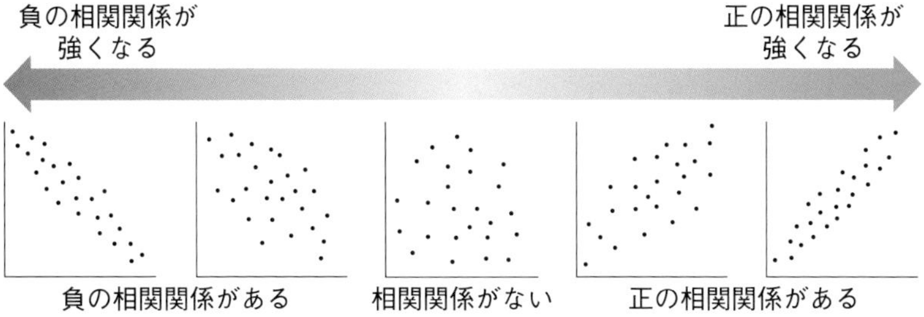

練習 9 前ページのサッカーチームの選手18人のデータについて，身長 x (cm) と体重 y (kg) の間には，正，負どちらの相関関係があると考えられるか。

練習 10 次のような2つの変量 x，y がある。

(1)

x	53	74	26	40	42	92	78	6	65	12
y	49	32	63	40	57	23	25	71	38	65

(2)

x	26	57	14	45	42	29	62	53	62	37
y	42	81	16	70	48	26	93	65	75	56

(3)

x	5.2	7.4	2.6	3.1	6.7	1.4	7.6	3.5	8.3
y	2.7	7.6	8.2	3.5	6.1	6.8	4.4	5.7	3.9

それぞれ散布図をかけ。また，x と y の間には，正，負どちらの相関関係があると考えられるか。

相関係数

2つの変量の相関関係の正負と強弱を，1つの数値で表す方法について考えてみよう。

2つの変量 x，y について，n 個の値の組

$$(x_1,\ y_1),\ (x_2,\ y_2),\ \cdots\cdots,\ (x_n,\ y_n)$$

が与えられているとする。

x_1，x_2，……，x_n と y_1，y_2，……，y_n の平均値を，それぞれ $\overline{x}$，$\overline{y}$ とする。ここで，x の偏差と y の偏差の積 $(x_k-\overline{x})(y_k-\overline{y})$ の平均値

$$\frac{1}{n}\{(x_1-\overline{x})(y_1-\overline{y})+(x_2-\overline{x})(y_2-\overline{y})+\cdots\cdots+(x_n-\overline{x})(y_n-\overline{y})\}$$

を考える。これを x と y の **共分散**（きょうぶんさん） といい，s_{xy} で表す。

共分散 s_{xy} の符号について，次のことがいえる。

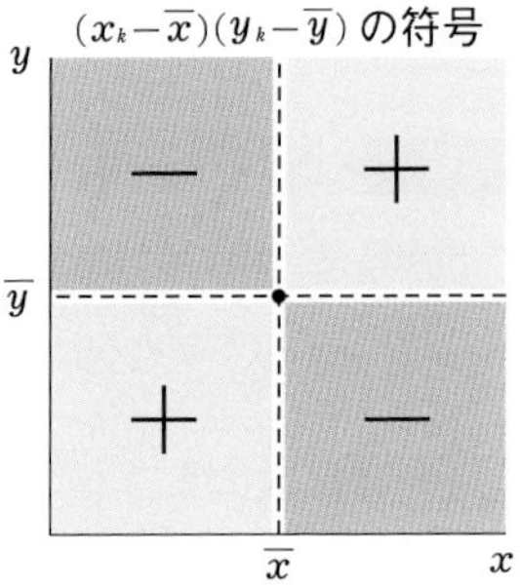

$s_{xy}>0$ のときは，$(x_k-\overline{x})(y_k-\overline{y})>0$ となるものの割合が大きい。

すなわち，「$x_k>\overline{x}$ かつ $y_k>\overline{y}$」または「$x_k<\overline{x}$ かつ $y_k<\overline{y}$」となるものの割合が大きい。

よって，次のことがわかる。

$s_{xy}>0$ のとき，2つの変量 x，y には正の相関関係がある。

同様に考えて，次のこともわかる。

$s_{xy}<0$ のとき，2つの変量 x，y には負の相関関係がある。

このように，2つの変量 x，y の相関の正負は，共分散 s_{xy} から判断できるが，その値は，x や y の単位のとり方によって変わってしまう。

そこで，共分散 s_{xy} を，標準偏差 s_x，s_y の積で割った量 $\dfrac{s_{xy}}{s_x s_y}$ を考える。

これを，x と y の **相関係数** といい，$\boldsymbol{r}$ で表す。

相関係数

$$r=\frac{s_{xy}}{s_x s_y} \quad \leftarrow \frac{(x\text{ と }y\text{ の共分散})}{(x\text{ の標準偏差})\times(y\text{ の標準偏差})}$$

$$=\frac{\dfrac{1}{n}\{(x_1-\overline{x})(y_1-\overline{y})+\cdots\cdots+(x_n-\overline{x})(y_n-\overline{y})\}}{\sqrt{\dfrac{1}{n}\{(x_1-\overline{x})^2+\cdots\cdots+(x_n-\overline{x})^2\}}\sqrt{\dfrac{1}{n}\{(y_1-\overline{y})^2+\cdots\cdots+(y_n-\overline{y})^2\}}}$$

$$=\frac{(x_1-\overline{x})(y_1-\overline{y})+\cdots\cdots+(x_n-\overline{x})(y_n-\overline{y})}{\sqrt{\{(x_1-\overline{x})^2+\cdots\cdots+(x_n-\overline{x})^2\}\{(y_1-\overline{y})^2+\cdots\cdots+(y_n-\overline{y})^2\}}}$$

相関係数 r について，次のような性質がある。

[1]　$\boldsymbol{-1 \leqq r \leqq 1}$

[2]　r の値が 1 に近いとき，強い正の相関関係があり，散布図の点は右上がりの直線に沿って分布する傾向が強くなる。

[3]　r の値が -1 に近いとき，強い負の相関関係があり，散布図の点は右下がりの直線に沿って分布する傾向が強くなる。

[4]　r の値が 0 に近いとき，直線的な相関関係はない。

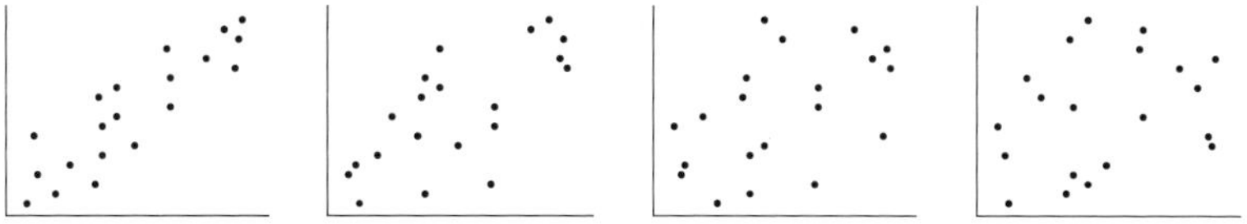

$r=0.9$　　$r=0.7$　　$r=0.5$　　$r=0.3$

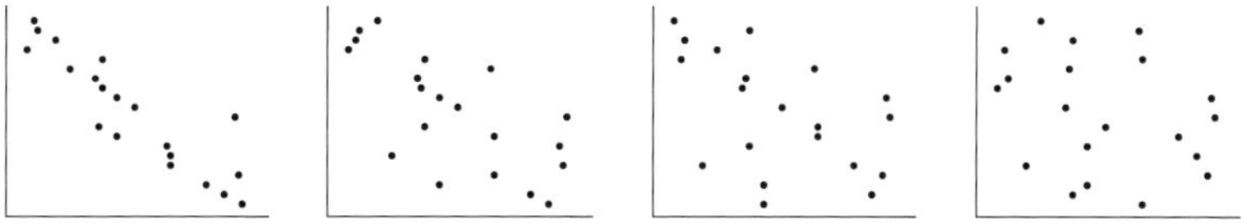

$r=-0.9$　　$r=-0.7$　　$r=-0.5$　　$r=-0.3$

例 2 次の表は，2つの変量 x, y についての5個のデータの値である。x と y の相関係数 r を求めてみよう。

番号	1	2	3	4	5
x	4	8	7	3	3
y	3	8	7	2	0

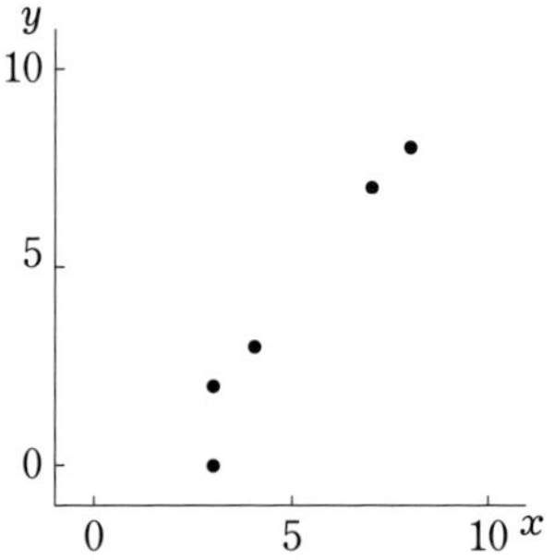

散布図は右の図のようになる。

x, y のデータの平均値は

$$\overline{x}=\frac{25}{5}=5,\ \overline{y}=\frac{20}{5}=4$$

番号	x	y	$x-\overline{x}$	$y-\overline{y}$	$(x-\overline{x})^2$	$(y-\overline{y})^2$	$(x-\overline{x})(y-\overline{y})$
1	4	3	-1	-1	1	1	1
2	8	8	3	4	9	16	12
3	7	7	2	3	4	9	6
4	3	2	-2	-2	4	4	4
5	3	0	-2	-4	4	16	8
計	25	20			22	46	31

上の表から，相関係数 r は　$r=\dfrac{31}{\sqrt{22\times 46}}\fallingdotseq 0.97$

r は1に近いから，x と y の間には，強い正の相関関係があると考えられる。

練習 11 右の表は，2つの変量 x, y についての10個のデータの値である。次の問いに答えよ。

番号	1	2	3	4	5	6	7	8	9	10
x	3	6	4	9	3	7	2	4	8	4
y	9	4	5	2	9	4	10	7	2	8

(1) x と y の相関係数 r を小数第2位まで求めよ。

(2) x と y の間には，どのような相関関係があると考えられるか。

一般に，２つの変量の間に相関関係があるからといって，必ずしも一方が原因で他方が起こる **因果関係** があるとはいえない。

質的データをとる２つの変量の間の関係

質的データをとる２つの変量の間の関係を調べることを考えよう。

例 3 ２つの味ＡとＢがある食品のどちらか一方を購入した 100 人を対象に，年齢，居住地，購入した味について調べたところ，その人数は表１のようになった。

表１

		A	B	計
30 代以下	東日本	6	1	7
	西日本	3	3	6
40 代以上	東日本	29	15	44
	西日本	13	30	43
計		51	49	100

例３の表１のような表を **分割表** という。クロス集計表ともいう。

表１において，年齢について集計すると表２のようになる。

表２

	A	B	計
30 代以下	9	4	13
40 代以上	42	45	87
計	51	49	100

表２において，30 代以下，40 代以上のそれぞれで，Ａ，Ｂの割合を計算すると，表３のようになる。

表３

	A	B
30 代以下	69 %	31 %
40 代以上	48 %	52 %

表３から，30 代以下のうち 69 % がＡを購入していることがわかるが，表２から，30 代以下は９人しかいないこともわかる。

練習 12 例３と同じデータを居住地について集計し，表２，表３と同様の表を作成せよ。

5. 仮説検定の考え方

仮説検定の考え方

ペンを製造している会社が，既に販売しているペンAを改良して新製品Bを開発した。BがAよりも書きやすいと消費者に評価されるかを調査したいと考えたが，すべての消費者を調査するのは不可能である。そこで，無作為に選んだ30人にこれらのペンを使ってもらい，A，Bのどちらが書きやすいと感じるかを回答してもらった。回答の結果を集計したところ，70％にあたる21人がBと回答した。この回答データから，

[1]　Bの方が書きやすいと評価される

と判断できるだろうか。

この問題を解決するために，[1]の主張に反する次の仮定を立てよう。

[2]　A，Bのどちらの回答も全くの偶然で起こる

すなわち，A，Bのどちらの回答の起こる確率も $\frac{1}{2}=0.5$ である，という仮定を立てる。その仮定のもとで，30人中21人以上がBと回答する確率を，75ページで学習した反復試行の確率を用いて計算してみよう。

1回の試行で事象 A が起こる確率を p とする。この試行を n 回繰り返し行うとき，事象 A がちょうど r 回起こる確率は

$$ {}_n\mathrm{C}_r p^r (1-p)^{n-r} $$

上の公式から，30人中21人以上がBと回答する確率は

$$ {}_{30}\mathrm{C}_{21} 0.5^{21} 0.5^{30-21} + {}_{30}\mathrm{C}_{22} 0.5^{22} 0.5^{30-22} + \cdots\cdots + {}_{30}\mathrm{C}_{29} 0.5^{29} 0.5^{30-29} + 0.5^{30} $$

となる。これをコンピュータで計算すると，0.0213…… となる。

これは見方を変えると，0.02 程度という確率の小さいことが起こったのだから，そもそも [2] の仮定が正しくなかったと考えられる。そう考えると，[1] の主張は正しい，つまりＢの方が書きやすいと評価されると判断してよさそうである。

得られたデータをもとに，ある主張が正しいかどうかを判断する，上のような手法を **仮説検定** という。

また，上では 0.02 を確率が小さいとしたが，仮説検定では基準となる確率を予め決めておき，それより小さければ確率が小さいと判断する。

例 4 前ページの調査で，30 人中 19 人がＢと回答したとする。主張 [1] が正しいと判断できるか，基準となる確率を 0.05 として考察してみよう。

Ａ，Ｂのどちらの回答の起こる確率も $\frac{1}{2}=0.5$ であるという仮定が正しいとする。

このとき，30 人中 19 人以上がＢと回答する確率は

$$ {}_{30}C_{19}0.5^{19}0.5^{30-19}+{}_{30}C_{20}0.5^{20}0.5^{30-20}+\cdots\cdots $$
$$ +{}_{30}C_{29}0.5^{29}0.5^{30-29}+0.5^{30} $$

となる。これをコンピュータで計算すると，0.10…… となり，0.05 より大きいから，

主張 [2]　Ａ，Ｂのどちらの回答も全くの偶然で起こる

は否定できない。

よって，Ｂの方が書きやすいと評価されるとは判断できない。

注意 例 4 について，「主張 [2] が正しい」という判断ができるわけではない。

練習 13 1 枚のコインを 6 回投げたところ，表が 5 回出た。このコインは表が出やすいと判断してよいか。仮説検定の考え方を用い，基準となる確率を 0.05 として考察せよ。

第3章

確認問題

1 右の図は，ある高校の 1 年生 30 人に行った国語，数学，英語のテストの得点の結果を，箱ひげ図にしたものである。ただし，◦ は外れ値を表している。このとき，次の問いに答えよ。

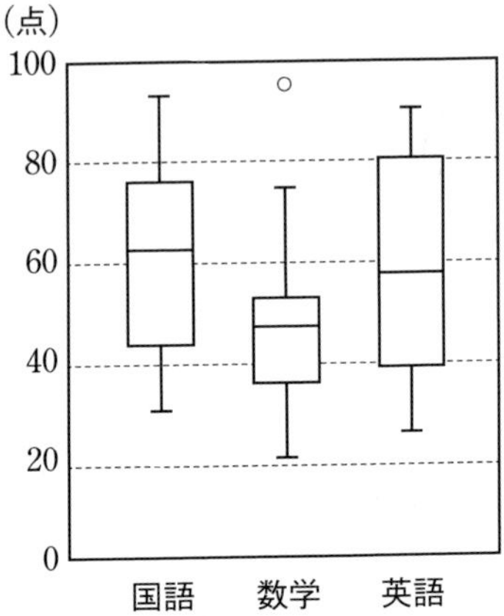

(1) 中央値が最も大きい教科はどれか。

(2) 四分位範囲が最も大きい教科はどれか。

(3) 数学の得点について，30 人の平均値を M，外れ値を除いた 29 人の平均値を M' とするとき，M と M' の大小関係を不等号を用いて表せ。

2 5 個の値 1，4，5，a，11 からなるデータの平均値が 6 であるとき，a の値を求めよ。また，このデータの分散と標準偏差を求めよ。

3 次の表は，10 人の生徒の右手と左手の握力を測定した結果である。

右手 (kg)	43	39	38	46	35	37	37	39	41	45
左手 (kg)	37	32	34	45	26	35	38	28	36	39

(1) 散布図をかけ。

(2) 右手と左手の握力の相関係数 r を求めよ。

演習問題

1 あるクラスの生徒を対象に 50 点満点の試験を行い，採点したところ，平均値は 28 点，分散は 21 であった。生徒全員の得点を 0.5 倍して，更に 25 点を加えたときの，得点の平均値と分散を求めよ。

2 男子 6 人について，けん垂が何回できたかを調べたところ，14，11，10，18，16，9（回）というデータが得られた。

(1) このデータの平均値を求めよ。

(2) このデータには一部に記録ミスがあり，正しくは 18 回が 17 回，9 回が 10 回であった。この誤りを修正したとき，データの平均値と分散は，修正前より増加するか，減少するか，変化しないかを答えよ。

3 次の表は，ある年の 9 県の年少人口（0 歳～14 歳）x（千人）と小児科医師数 y（人）のデータである。

番号	1	2	3	4	5	6	7	8	9
x	137	188	95	124	195	160	157	239	246
y	225	278	165	222	342	274	208	379	333

(1) x と y の相関係数を r とする。r の範囲として適切なものを，次の ①～④ から選べ。

① $-1 \leqq r \leqq -0.7$　　② $-0.3 \leqq r \leqq -0.1$

③ $0.1 \leqq r \leqq 0.3$　　④ $0.7 \leqq r \leqq 1$

(2) 傾向として適切なものを，次の ①～③ から選べ。

① 年少人口が増加するとき，小児科医師数が増加する傾向が認められる。

② 年少人口が増加するとき，小児科医師数が増加する傾向も減少する傾向も認められない。

③ 年少人口が増加するとき，小児科医師数が減少する傾向が認められる。

探究

偏差値

たいちさん

先日，模擬試験の結果が送られてきましたが，得点と平均点のほかに「偏差値」という値がありました。
偏差値はどのように求めるのですか？

先生

偏差値は，模擬試験を受けた集団の中で，自分の成績がどのあたりに位置するのかを示す数値です。
$\dfrac{(\text{得点})-(\text{平均値})}{(\text{標準偏差})}\times 10+50$ で求められます。
得点が高ければ偏差値も高いとは限りません。
得点が平均点と同じならば，偏差値は 50 です。
偏差値の数字が高くなるほど，周りと比べて高い得点だったということになります。

けいこさん

模擬試験では国語，数学，英語の 3 教科を受けたのですが，得点は数学が最も低く，偏差値は数学が最も高かったです。
数学の平均点が低かったから偏差値が高かった，ということなのですね。

そうですね。
複数教科の試験を受けた場合，平均点が異なることが多いため，得点のみで各教科の実力の差を見極めることは難しいです。
偏差値を用いれば，平均点が異なっていても各教科の実力の差を比較しやすいですよ。

第4章　式と証明

Fermat

⬆ フェルマー（1601−1665）
フランスの数学者。
フェルマーの最終定理はあまりにも有名。
350 年以上かけてようやく証明された。

$x^2-3x+2=0$ …… ①, $x^2-3x+2=(x-1)(x-2)$ …… ②

The equality relations above both include equal signs. The question is, do these signs have the same meaning?

The first one ① is an equation involving x; it holds only if $x=1$, 2. How about the second one ②?

In this chapter, we will study the properties of equality relations as in ②, and some methods for proving them based on these properties. We will also learn about methods for proving inequality. There are many “smart solutions” to these problems. Let’ s get started!

1. 恒等式

恒等式

等式 $(x+a)^2=x^2+2ax+a^2$，$\dfrac{1}{x+1}+\dfrac{1}{x-1}=\dfrac{2x}{x^2-1}$ のように，含まれている各文字にどのような値を代入しても，両辺の値が存在する限り常に成り立つ等式を，それらの文字についての **恒等式**（こうとうしき） という。

例 1
(1) 等式 $(a-b)^2=a^2-2ab+b^2$ は恒等式である。
(2) 等式 $x^2-3x+2=0$ は，$x=1$，2 のときだけしか成り立たないから，恒等式ではない。

練習 1 次の等式のうち，恒等式はどれか。

(ア) $(2x-1)(x+3)=2x^2+5x-3$　(イ) $(a-b)^2=a^2+b^2$

(ウ) $\dfrac{1}{x}+\dfrac{1}{x+1}=\dfrac{2}{x(x+1)}$　(エ) $\dfrac{1}{x}+\dfrac{1}{y}=\dfrac{x+y}{xy}$

a，b，c，a'，b'，c' を定数とするとき，次のことが成り立つ。

$ax^2+bx+c=a'x^2+b'x+c'$ が x についての恒等式である
$\iff$ $a=a'$，$b=b'$，$c=c'$

証明 等式 $ax^2+bx+c=a'x^2+b'x+c'$ が x についての恒等式ならば，x にどのような値を代入してもこの等式は成り立つ。
x に 0，1，-1 をそれぞれ代入すると

$$c=c',\ a+b+c=a'+b'+c',\ a-b+c=a'-b'+c'$$

これを解くと　　$a=a'$，$b=b'$，$c=c'$
逆に，$a=a'$，$b=b'$，$c=c'$ ならば，明らかに
$ax^2+bx+c=a'x^2+b'x+c$ は x についての恒等式である。 終

前ページの証明では，x に 0，1，-1 を代入したが，どのような異なる 3 つの値を代入しても，$a=a'$，$b=b'$，$c=c'$ が得られる。

特に $a'=b'=c'=0$ とすると，次のことが成り立つ。

$ax^2+bx+c=0$ が x についての恒等式である $\Longleftrightarrow$ $a=b=c=0$

一般に，同類項を整理した多項式について，次のことが成り立つ。

恒等式の性質

P，Q を x についての多項式とする。

[1] **$P=Q$ が恒等式 $\Longleftrightarrow$ [P と Q の次数は等しく，両辺の同じ次数の項の係数は，それぞれ等しい]**

[2] **$P=0$ が恒等式 $\Longleftrightarrow$ P の各項の係数はすべて 0 である**

第4章

例題 1 等式 $x^2+3x+4=a(x+2)^2+b(x+2)+c$ が x についての恒等式となるように，定数 a，b，c の値を定めよ。

解答 等式の右辺を x について整理すると

$$x^2+3x+4=ax^2+(4a+b)x+(4a+2b+c)$$

この等式が x についての恒等式となるのは，両辺の同じ次数の項の係数が等しいときである。

よって　$1=a$，$3=4a+b$，$4=4a+2b+c$

これを解くと　$a=1$，$b=-1$，$c=2$　答

練習 2 次の等式が x についての恒等式となるように，定数 a，b，c の値を定めよ。

(1) $-4x+8=a(x-2)-3(x+b)$　　(2) $2x^2-x=a(x-1)^2+b(x-1)+c$

(3) $3x^3+ax^2-x-2=(3x^2+bx-2)(x+c)$

ある等式がxについての恒等式ならば，xにどのような値を代入しても成り立つ。このことを用いて，恒等式の係数を求めてみよう。

等式 $3x^2-8x+8=ax(x-1)+bx(x-2)+c(x-1)(x-2)$ …… ①
がxについての恒等式となるように，定数a，b，cの値を定める。

両辺のxに 0，1，2 を代入すると　　← 0となる項ができるようなxの値を代入する

$$8=2c,\ 3=-b,\ 4=2a$$

これを解くと　　$a=2$，$b=-3$，$c=4$

ただし，上のa，b，cの値は 3 つのxの値を代入しただけで求めており，他のxの値に対してもa，b，cの値が上で求めたようになるかはわからない。（$a=2$，$b=-3$，$c=4$ は，① が恒等式となるための必要条件）

そのため，$a=2$，$b=-3$，$c=4$ のとき，① が恒等式であることを確認する必要がある。

実際，$a=2$，$b=-3$，$c=4$ のとき，① の右辺は

$$2x(x-1)-3x(x-2)+4(x-1)(x-2)=3x^2-8x+8$$

となり，① が恒等式であることが確かめられる。

練習 3 前ページの例題 1 において，xに -1，-2，-3 を代入することにより，定数a，b，cの値を求めよ。また，そのとき等式が恒等式であることを確かめよ。

練習 4 次の等式がxについての恒等式となるように，定数a，b，cの値を定めよ。

$$4x^2-13x+13=a(x+1)(x-1)+b(x+1)(x-2)+c(x-2)(x-1)$$

一般に，P，Qがxについてのn次以下の多項式であるとき，等式 $P=Q$ が $n+1$ 個の異なるxの値に対して成り立つならば，この等式はxについての恒等式であることが知られている。

分数式の等式が恒等式であるとき，両辺に分母の最小公倍数を掛けて得られる等式も，また恒等式である。

練習 5 等式 $\dfrac{11x+7}{(3x+2)(5x+3)}=\dfrac{a}{3x+2}+\dfrac{b}{5x+3}$ が x についての恒等式となるように，定数 a，b の値を定めよ。

多項式の割り算についての等式 $A=BQ+R$ も恒等式である。

応用例題 1 x^3+ax+b が x^2-4x+2 で割り切れるとき，定数 a，b の値を求めよ。また，そのときの商を求めよ。

考え方　3 次式を 2 次式で割ると，商は 1 次式となる。

解答 商は 1 次式となるから $x+k$（k は定数）とおける。

このとき，等式 $x^3+ax+b=(x^2-4x+2)(x+k)$ は，x についての恒等式である。

等式の右辺を x について整理すると

$$x^3+ax+b=x^3+(k-4)x^2+(2-4k)x+2k$$

両辺の同じ次数の項の係数が等しいから

$$0=k-4,\ a=2-4k,\ b=2k$$

これを解くと　　$k=4$，$a=-14$，$b=8$

答　$a=-14$，$b=8$，　商　$x+4$

応用例題 1 において，実際に x^3+ax+b を x^2-4x+2 で割ると，

商は　$x+4$，　余りは　$(a+14)x+(b-8)$

となる。$(a+14)x+(b-8)=0$ が恒等式であるから，$a+14=0$，$b-8=0$ として，a，b の値を求めてもよい。

練習 6 $2x^3+ax^2+bx-1$ を x^2-3x+1 で割ったときの余りが $3x+2$ となるように，定数 a，b の値を定めよ。また，そのときの商を求めよ。

第4章

2つの文字についての恒等式

a, b, c, d, e, f を定数とするとき，次の等式がどのような x, y の値についても成り立つ，すなわち x, y についての恒等式であるとする。

$$ax^2+bxy+cy^2+dx+ey+f=0$$

等式の左辺を x について整理すると

$$ax^2+(by+d)x+(cy^2+ey+f)=0$$

この等式は x についての恒等式であるから

$$a=0, \qquad by+d=0, \qquad cy^2+ey+f=0$$

これらの等式は，y についても恒等式であるから

$$b=0,\ d=0, \qquad c=0,\ e=0,\ f=0$$

したがって，$a=b=c=d=e=f=0$ が得られる。

応用例題 2 次の等式が x, y についての恒等式となるように，定数 a, b, c の値を定めよ。

$$2x^2+xy-y^2+10x+4y+a=(x+y+b)(2x-y+c)$$

解答 等式の右辺を展開して整理すると

$$2x^2+xy-y^2+10x+4y+a$$
$$=2x^2+xy-y^2+(2b+c)x+(-b+c)y+bc$$

これが恒等式であるとき，両辺の同類項の係数を比較して

$10=2b+c$ ……①, $4=-b+c$ ……②, $a=bc$ ……③

①, ② から　　$b=2$, $c=6$

これを ③ に代入して　　$a=12$

したがって　　$a=12$, $b=2$, $c=6$　答

練習 7 等式 $3x^2+axy+y^2+2x-6y+b=(x-y+c)(3x-y+d)$ が x, y についての恒等式となるように，定数 a, b, c, d の値を定めよ。

2. 等式の証明

恒等式の証明

恒等式 $A=B$ を証明するとき，次の 3 つの方法がよく用いられる。

[1]　**A か B の一方を変形して，他方を導く。**

[2]　**A，B をそれぞれ変形して，同じ式を導く。**

[3]　**$A-B=0$ であることを示す。**

例題 2　次の等式を証明せよ。

(1)　$(a+b)^2-(a-b)^2=4ab$

(2)　$(a^2+b^2)(c^2+d^2)=(ac+bd)^2+(ad-bc)^2$

証明　(1)　$(a+b)^2-(a-b)^2=a^2+2ab+b^2-(a^2-2ab+b^2)$

$$=a^2+2ab+b^2-a^2+2ab-b^2$$

$$=4ab$$

よって　$(a+b)^2-(a-b)^2=4ab$　終

(2)　$(左辺)=(a^2+b^2)(c^2+d^2)=a^2c^2+a^2d^2+b^2c^2+b^2d^2$

$(右辺)=(ac+bd)^2+(ad-bc)^2$

$$=a^2c^2+2acbd+b^2d^2+a^2d^2-2adbc+b^2c^2$$

$$=a^2c^2+a^2d^2+b^2c^2+b^2d^2$$

よって　$(a^2+b^2)(c^2+d^2)=(ac+bd)^2+(ad-bc)^2$　終

注意　例題 2 (1) は [1] の方法で，(2) は [2] の方法で証明している。

練習 8　次の等式を証明せよ。

(1)　$(x+y)(x^2+y^2)+(x-y)(x^2-y^2)=2(x^3+y^3)$

(2)　$(a^2-b^2)(c^2-d^2)=(ac+bd)^2-(ad+bc)^2$

第4章

条件付きの等式

いくつかの条件が与えられている場合の，等式の証明について考えてみよう。

例題 3　$x+y+z=0$ のとき，次の等式が成り立つことを証明せよ。

$$x^3+y^3+z^3=3xyz$$

考え方　条件式 $x+y+z=0$ を用いて，1文字を消去する。

証明　$x+y+z=0$ より，$z=-(x+y)$ であるから

$$\begin{aligned}(\text{左辺})-(\text{右辺})&=x^3+y^3+z^3-3xyz\\&=x^3+y^3-(x+y)^3+3xy(x+y)\\&=x^3+y^3-(x^3+3x^2y+3xy^2+y^3)+3x^2y+3xy^2\\&=0\end{aligned}$$

よって　　$x^3+y^3+z^3=3xyz$　終

注意　例題 3 は，前ページの [3] の方法で証明している。

因数分解を利用すると，例題 3 は次のようにしても証明される。

$$\begin{aligned}x^3+y^3+z^3-3xyz&=(x+y+z)(x^2+y^2+z^2-xy-yz-zx)\\&=0\times(x^2+y^2+z^2-xy-yz-zx)\\&=0\end{aligned}$$

練習 9　$x+y+z=0$ のとき，次の等式が成り立つことを証明せよ。

(1)　$(x+y)^2+zx=(z+x)^2+xy$

(2)　$xy(x+y)+yz(y+z)+zx(z+x)+3xyz=0$

練習 10　$2x+y-2z=0$，$x-2y+z=0$ のとき，次の問いに答えよ。

(1)　x，y を，それぞれ z の式で表せ。

(2)　等式 $x^2+y^2=z^2$ が成り立つことを証明せよ。

比例式

比 $a:b$ について $\dfrac{a}{b}$ を **比の値** という。

また，$a:b=c:d$ や $\dfrac{a}{b}=\dfrac{c}{d}$ のように，比や比の値が等しいことを表す等式を **比例式** という。

条件に比例式がある場合には，その比の値を1つの文字でおいて考えることが多い。

例題 4 $\dfrac{a}{b}=\dfrac{c}{d}$ のとき，次の等式が成り立つことを証明せよ。

$$\frac{a-c}{b-d}=\frac{a+c}{b+d}$$

証明 $\dfrac{a}{b}=\dfrac{c}{d}=k$ とおくと　$a=bk$,　$c=dk$

よって　$\dfrac{a-c}{b-d}=\dfrac{bk-dk}{b-d}=\dfrac{k(b-d)}{b-d}=k$

$\dfrac{a+c}{b+d}=\dfrac{bk+dk}{b+d}=\dfrac{k(b+d)}{b+d}=k$

したがって　$\dfrac{a-c}{b-d}=\dfrac{a+c}{b+d}$　終

練習 11 $\dfrac{a}{b}=\dfrac{c}{d}$ のとき，次の等式が成り立つことを証明せよ。

(1) $\dfrac{3a-2c}{3b-2d}=\dfrac{3a+2c}{3b+2d}$　　(2) $\dfrac{a^2}{b^2}=\dfrac{a^2-ac+c^2}{b^2-bd+d^2}$

練習 12 $\dfrac{a}{b}=\dfrac{c}{d}$ のとき，次の等式が成り立つことを証明せよ。

$$\frac{ma+nc}{mb+nd}=\frac{a}{b}$$

第4章

$\dfrac{a}{x}=\dfrac{b}{y}=\dfrac{c}{z}$ のように，いくつかの比の値が等しいとき，これを次のように表す。

$$a:b:c=x:y:z$$

$a:b:c$ を，a，b，c の **連比**（れんぴ） という。

$a:b:c=x:y:z$ のとき，$\dfrac{a}{x}=\dfrac{b}{y}=\dfrac{c}{z}$ が成り立つから，この比の値を k とおくことにより，$a=xk$，$b=yk$，$c=zk$ と表される。

例題 5 $a:b:c=1:2:3$，$a+b+c=36$ のとき，a，b，c の値を求めよ。

解答 $a:b:c=1:2:3$ であるから，k を定数として

$$a=k,\quad b=2k,\quad c=3k$$

と表される。

$a+b+c=36$ より　　$k+2k+3k=36$

$6k=36$ から　　$k=6$

したがって　　$a=6$，$b=12$，$c=18$　答

練習 13 $a:b:c=3:4:5$，$a+b+c=24$ のとき，a，b，c の値を求めよ。

練習 14 $\dfrac{x}{a}=\dfrac{y}{b}=\dfrac{z}{c}$ のとき，次の等式が成り立つことを証明せよ。

$$\frac{x+y+z}{a+b+c}=\frac{x}{a}$$

練習 15 $a+b\neq0$，$b+c\neq0$，$c+a\neq0$とする。

$\dfrac{a+b}{3}=\dfrac{b+c}{4}=\dfrac{c+a}{5}$ のとき，a，b，c の連比を求めよ。

等式の証明の考え方の利用

等式が成り立つことを利用して，いろいろな事柄を証明してみよう。

応用例題 3 $a+b+c=1$，$ab+bc+ca=abc$ ならば，a，b，c のうち少なくとも1つは1であることを証明せよ。

考え方 a，b，c のうち少なくとも1つが1であることは，$a-1$，$b-1$，$c-1$ のうち少なくとも1つが0であることと同じである。
そこで，等式 $(a-1)(b-1)(c-1)=0$ を証明することを考える。

証明

$$\begin{aligned}&(a-1)(b-1)(c-1)\\&=(ab-a-b+1)(c-1)\\&=(abc-ac-bc+c)-(ab-a-b+1)\\&=abc-(ab+bc+ca)+(a+b+c)-1\end{aligned}$$

$a+b+c=1$，$ab+bc+ca=abc$ であるから

$$\begin{aligned}(a-1)(b-1)(c-1)&=abc-abc+1-1\\&=0\end{aligned}$$

よって　$a-1=0$　または　$b-1=0$　または　$c-1=0$

したがって，a，b，c のうち少なくとも1つは1である。終

練習 16 次のことを証明せよ。

(1) $a+b+c+1=0$，$ab+bc+ca+abc=0$ ならば，a，b，c のうち少なくとも1つは -1 である。

(2) $a^2b+b^2c+c^2a=ab^2+bc^2+ca^2$ ならば，a，b，c のうち少なくとも2つは等しい。

練習 17 $\dfrac{ax+by}{a+b}=\dfrac{x+y}{2}$ であるとき，$a=b$ または $x=y$ が成り立つことを証明せよ。

第4章

3. 不等式の証明

実数の大小関係

任意の 2 つの実数 a, b については，$a>b$, $a=b$, $a<b$ のうち，どれか 1 つの関係だけが成り立つ。

そして，実数の大小関係について，次のことが成り立つ。

実数の大小関係の基本性質

[1] $\boldsymbol{a>b,\ b>c \implies a>c}$

[2] $\boldsymbol{a>b \implies a+c>b+c,\ a-c>b-c}$

[3] $\boldsymbol{a>b,\ c>0 \implies ac>bc,\ \dfrac{a}{c}>\dfrac{b}{c}}$

[4] $\boldsymbol{a>b,\ c<0 \implies ac<bc,\ \dfrac{a}{c}<\dfrac{b}{c}}$

不等式に含まれる文字は，特に断らない限り実数を表すものとする。

いろいろな不等式が成り立つことを証明してみよう。

例題 6 次のことが成り立つことを証明せよ。

$$a>b,\ c>d \implies a+c>b+d$$

証明 $a>b$ から　$a+c>b+c$

$c>d$ から　$b+c>b+d$

したがって　$a+c>b+d$　終

練習 18 次のことが成り立つことを証明せよ。

(1) $a>b,\ c>d \implies a-d>b-c$

(2) $a>b>0,\ c>d>0 \implies ac>bd$

前ページで学んだ実数の大小関係の基本性質 [2] から，次のことが成り立つ。

$$a>b \implies a-b>b-b \quad \text{すなわち} \quad a-b>0$$

よって　$\boldsymbol{a>b \iff a-b>0}$

同様にして　$\boldsymbol{a<b \iff a-b<0}$　が成り立つ。

不等式 $A>B$ を証明するとき，$A-B>0$ であることを示してもよい。

例題 7　$x>y$ のとき，次の不等式が成り立つことを証明せよ。

$$3x+2y>2x+3y$$

証明

$$(3x+2y)-(2x+3y)=x-y$$

$x>y$ より，$x-y>0$ であるから

$$(3x+2y)-(2x+3y)>0$$

したがって　$3x+2y>2x+3y$　終

練習 19　$x>y$ のとき，不等式 $4x-3y>2x-y$ が成り立つことを証明せよ。

例題 8　$a>1$，$b>1$ のとき，次の不等式が成り立つことを証明せよ。

$$ab+1>a+b$$

証明

$$\begin{aligned}(ab+1)-(a+b)&=ab-a-b+1\\&=a(b-1)-(b-1)\\&=(a-1)(b-1)\end{aligned}$$

$a>1$，$b>1$ より，$a-1>0$，$b-1>0$ であるから

$$(a-1)(b-1)>0$$

よって　$ab+1>a+b$　終

練習 20　$x>1$，$y>2$ のとき，不等式 $xy+2>2x+y$ が成り立つことを証明せよ。

第4章

実数の平方

実数 a について，

$a>0$ または $a<0$ ならば $a^2>0$，　$a=0$ ならば $a^2=0$

であるから，$a^2 \geqq 0$ であり，等号が成り立つのは，$a=0$ の場合に限る。

また，実数 a，b について，$a^2 \geqq 0$，$b^2 \geqq 0$ であるから　$a^2+b^2 \geqq 0$

ここで，$a^2+b^2=0$ が成り立つのは，$a^2=0$ かつ $b^2=0$ のとき，すなわち $a=b=0$ のときである。

実数の平方についての性質

実数 a，b について

[1]　$\boldsymbol{a^2 \geqq 0}$　　等号が成り立つのは，　$a=0$　のときである。

[2]　$\boldsymbol{a^2+b^2 \geqq 0}$　　等号が成り立つのは，$a=b=0$ のときである。

例題 9　不等式 $a^2+b^2 \geqq 2b-1$ を証明せよ。また，等号が成り立つのはどのようなときか。

証明

$$(a^2+b^2)-(2b-1)=a^2+b^2-2b+1$$
$$=a^2+(b-1)^2$$

$a^2 \geqq 0$，$(b-1)^2 \geqq 0$ であるから　$a^2+(b-1)^2 \geqq 0$

よって　$a^2+b^2 \geqq 2b-1$

等号が成り立つのは　$a=0$　かつ　$b-1=0$

すなわち，$a=0$ かつ $b=1$ のときである。　終

練習 21　次の不等式を証明せよ。また，等号が成り立つのはどのようなときか。

(1)　$2(x^2+y^2) \geqq (x+y)^2$　　(2)　$x^2+y^2 \geqq 6x-9$

例題 10 不等式 $a^2+ab+b^2 \geqq 0$ を証明せよ。また，等号が成り立つのはどのようなときか。

証明 $a^2+ab+b^2=\left\{a^2+2a\cdot\frac{b}{2}+\left(\frac{b}{2}\right)^2\right\}-\left(\frac{b}{2}\right)^2+b^2=\left(a+\frac{b}{2}\right)^2+\frac{3}{4}b^2$

$\left(a+\frac{b}{2}\right)^2 \geqq 0$，$\frac{3}{4}b^2 \geqq 0$ であるから　$\left(a+\frac{b}{2}\right)^2+\frac{3}{4}b^2 \geqq 0$

よって　$a^2+ab+b^2 \geqq 0$

等号が成り立つのは　$a+\frac{b}{2}=0$　かつ　$b=0$

すなわち，$a=b=0$ のときである。 終

練習 22 不等式 $x^2+3xy+3y^2 \geqq 0$ を証明せよ。また，等号が成り立つのはどのようなときか。

応用例題 4 不等式 $a^2+b^2+c^2 \geqq ab+bc+ca$ を証明せよ。また，等号が成り立つのはどのようなときか。

証明
$$a^2+b^2+c^2-(ab+bc+ca)$$
$$=\frac{1}{2}(a^2-2ab+b^2+b^2-2bc+c^2+c^2-2ca+a^2)$$
$$=\frac{1}{2}\{(a-b)^2+(b-c)^2+(c-a)^2\} \geqq 0$$

よって　$a^2+b^2+c^2 \geqq ab+bc+ca$

等号が成り立つのは　$a-b=0$ かつ $b-c=0$ かつ $c-a=0$

すなわち，$a=b=c$ のときである。 終

練習 23 次の不等式を証明せよ。また，等号が成り立つのはどのようなときか。

(1) $x^2+y^2+z^2+1 \geqq 2(x+y+z-1)$　　(2) $3(a^2+b^2+c^2) \geqq (a+b+c)^2$

正の数の大小と平方の大小

$a>0$, $b>0$ とする。このとき

$$a^2-b^2=(a+b)(a-b)$$

において，$a+b>0$ であるから，a^2-b^2 と $a-b$ の符号は一致する。

したがって，次のことが成り立つ。

正の数の大小と平方の大小

$a>0$, $b>0$ のとき　$\boldsymbol{a^2>b^2 \iff a>b}$

$\boldsymbol{a^2 \geqq b^2 \iff a \geqq b}$

注意　上のことは，$a \geqq 0$, $b \geqq 0$ のときにも成り立つ。

上で述べたことからわかるように，$A>0$, $B>0$ ならば，不等式 $A>B$ を証明するとき，$A^2>B^2$ であることを示してもよい。

例題 11　$a>0$, $b>0$ のとき，次の不等式が成り立つことを証明せよ。

$$\sqrt{a}+\sqrt{b}>\sqrt{a+b}$$

証明　両辺の平方の差を考えると

$$(\sqrt{a}+\sqrt{b})^2-(\sqrt{a+b})^2=(a+2\sqrt{ab}+b)-(a+b)$$

$$=2\sqrt{ab}>0$$

よって　$(\sqrt{a}+\sqrt{b})^2>(\sqrt{a+b})^2$

$\sqrt{a}+\sqrt{b}>0$, $\sqrt{a+b}>0$ であるから

$$\sqrt{a}+\sqrt{b}>\sqrt{a+b}$$ 終

練習 24　$a>b>0$ のとき，不等式 $\sqrt{a-b}>\sqrt{a}-\sqrt{b}$ が成り立つことを証明せよ。

練習 25　$a>0$ のとき，$\sqrt{1+a}$ と $1+\dfrac{a}{2}$ の大小を比べよ。

絶対値と不等式

実数 a の絶対値 $|a|$ は，0 または正の実数で

$$a \geqq 0 \text{ のとき } |a|=a, \quad a<0 \text{ のとき } |a|=-a$$

となるから，次のことが成り立つ。

$$|\boldsymbol{a}| \geqq 0, \quad |\boldsymbol{a}| \geqq \boldsymbol{a}, \quad |\boldsymbol{a}| \geqq -\boldsymbol{a}, \quad |\boldsymbol{a}|^2=\boldsymbol{a}^2$$

また，2 つの実数 a，b について次のことが成り立つ。

$$|\boldsymbol{ab}|=|\boldsymbol{a}||\boldsymbol{b}|, \quad b \neq 0 \text{ のとき } \left|\frac{\boldsymbol{a}}{\boldsymbol{b}}\right|=\frac{|\boldsymbol{a}|}{|\boldsymbol{b}|}$$

これらのことを用いて，絶対値を含む不等式を証明してみよう。

応用例題 5 次の不等式を証明せよ。また，等号が成り立つのはどのようなときか。

$$|a|+|b| \geqq |a+b|$$

証明 両辺の平方の差を考えると

$$\begin{aligned}(|a|+|b|)^2-|a+b|^2 &= |a|^2+2|a||b|+|b|^2-(a+b)^2 \\ &= a^2+2|ab|+b^2-(a^2+2ab+b^2) \\ &= 2(|ab|-ab) \geqq 0 \quad \cdots\cdots ①\end{aligned}$$

よって　$(|a|+|b|)^2 \geqq |a+b|^2$

$|a|+|b| \geqq 0$，$|a+b| \geqq 0$ であるから　$|a|+|b| \geqq |a+b|$

等号が成り立つのは，① より　$|ab|=ab$

すなわち，$ab \geqq 0$ のときである。 終

練習 26 不等式 $\sqrt{2(a^2+b^2)} \geqq |a|+|b|$ を証明せよ。また，等号が成り立つのはどのようなときか。

第4章

相加平均と相乗平均

2つの実数 a, b について，$\dfrac{a+b}{2}$ を a と b の **相加平均**（そうか）という。

また，$a>0$, $b>0$ のとき，$\sqrt{ab}$ を a と b の **相乗平均**（そうじょう）という。

例えば，3 と 12 の相加平均は　$\dfrac{3+12}{2}=\dfrac{15}{2}$　であり，

相乗平均は　$\sqrt{3\cdot 12}=6$　である。

相加平均と相乗平均の大小関係について，次のことがいえる。

相加平均と相乗平均の大小関係

$a>0$, $b>0$ のとき　　$\boldsymbol{\dfrac{a+b}{2}\geqq\sqrt{ab}}$

等号が成り立つのは $a=b$ のときである。

証明　$a>0$, $b>0$ であるから

$$\frac{a+b}{2}-\sqrt{ab}=\frac{1}{2}(a-2\sqrt{ab}+b)$$

$$=\frac{1}{2}\{(\sqrt{a})^2-2\sqrt{a}\sqrt{b}+(\sqrt{b})^2\}$$

$$=\frac{1}{2}(\sqrt{a}-\sqrt{b})^2\geqq 0 \qquad \cdots\cdots ①$$

よって　　$\dfrac{a+b}{2}\geqq\sqrt{ab}$

等号が成り立つのは，① より　$\sqrt{a}-\sqrt{b}=0$

すなわち，$a=b$ のときである。　終

注意　不等式 $\dfrac{a+b}{2}\geqq\sqrt{ab}$ は，$a\geqq 0$, $b\geqq 0$ のときにも成り立つ。

相加平均と相乗平均の大小関係は，$\boldsymbol{a+b\geqq 2\sqrt{ab}}$ の形で不等式の証明に利用されることが多い。

例題 12 $a>0$ のとき，不等式 $a+\dfrac{1}{a}\geqq 2$ が成り立つことを証明せよ。

また，等号が成り立つのはどのようなときか。

証明 $a>0$，$\dfrac{1}{a}>0$ であるから，相加平均と相乗平均の大小関係

により

$$a+\frac{1}{a}\geqq 2\sqrt{a\cdot\frac{1}{a}} \qquad \text{よって} \qquad a+\frac{1}{a}\geqq 2$$

等号が成り立つのは　$a>0$　かつ　$a=\dfrac{1}{a}$

すなわち，$a=1$ のときである。 終

練習 27 ▶ $a>0$，$b>0$ のとき，次の不等式が成り立つことを証明せよ。また，等号が成り立つのはどのようなときか。

(1) $4a+\dfrac{9}{a}\geqq 12$ (2) $\dfrac{4b}{a}+\dfrac{a}{16b}\geqq 1$

練習 28 ▶ $a>0$ のとき，不等式 $(a+1)\left(\dfrac{1}{a}+9\right)\geqq 16$ が成り立つことを証明せよ。また，等号が成り立つのはどのようなときか。

前ページで学んだ相乗平均が，どんな場面に現れるか考えてみよう。

A市のある年の人口は100000人で，その1年後には a 倍に，2年後には1年後の b 倍に，それぞれ人口が変化したという。このとき，

2年後の人口は　$100000\times a\times b=100000ab$（人）

また，1年間あたりの平均の変化を x 倍とすると，2年後の人口は

$$100000\times x\times x=100000x^2\text{（人）}$$

よって，$100000ab=100000x^2$ から　$x=\sqrt{ab}$

この平均 x は，a と b の相乗平均にほかならない。

第4章

確認問題

1 次の等式が x についての恒等式となるように，定数 a，b，c，d の値を定めよ。

(1) $(a-1)x^2-4x+5=3x^2+bx+c-3$

(2) $(ax+b)(x^2+2x+3)=2x^3+7x^2+cx+d$

(3) $a(x-1)(x+3)+b(x-2)(x-1)+c(x-2)(x+3)=-3x+11$

(4) $\dfrac{a}{x+1}+\dfrac{b}{x+3}=\dfrac{3x+13}{x^2+4x+3}$

2 $3x^3+ax^2+7x+b$ を x^2+2x-1 で割ったときの余りが $2x-3$ となるように，定数 a，b の値を定めよ。また，そのときの商を求めよ。

3 次の等式を証明せよ。

$$a^2+b^2+c^2-ab-bc-ca=\left(a-\frac{b+c}{2}\right)^2+\frac{3}{4}(b-c)^2$$

4 次のことが成り立つことを証明せよ。

(1) $x+y+z=0$ のとき　$(x+y)(y+z)=zx$

(2) $a:b:c=x:y:z$ のとき　$(a+b)z=(x+y)c$

5 次の不等式が成り立つことを証明せよ。また，(2)，(4) の等号が成り立つのはどのようなときか。

(1) $x>1$，$y<3$ のとき　$3x+y>xy+3$

(2) $x^2+y^2 \geqq 2(x-y-1)$

(3) $a>0$，$b>0$ のとき　$\sqrt{a+4b}<\sqrt{a}+2\sqrt{b}$

(4) $a>0$ のとき　$(a+2)\left(\dfrac{1}{a}+8\right) \geqq 25$

演習問題A

1 等式 $(k+1)x-(2k+3)y-3k-5=0$ が，k のどのような値に対しても成り立つとき，定数 x，y の値を求めよ。

2 次の等式を証明せよ。

(1) $(a-b)^3-(a+b)^3=-2b(3a^2+b^2)$

(2) $x^5-y^5=(x-y)(x^4+x^3y+x^2y^2+xy^3+y^4)$

3 $a+b+c=-1$，$ab+bc+ca=-1$ のとき，次の等式が成り立つことを証明せよ。

$$\frac{1}{1+a}+\frac{1}{1+b}+\frac{1}{1+c}=0$$

4 正の数 a，b，c，d に対して，次のことが成り立つことを証明せよ。

$$\frac{a}{b}<\frac{c}{d} \quad \text{ならば} \quad \frac{a}{b}<\frac{a+c}{b+d}<\frac{c}{d}$$

5 次の不等式を証明せよ。また，等号が成り立つのはどのようなときか。

(1) $(a^2+b^2)(x^2+y^2) \geqq (ax+by)^2$

(2) $(a^2+b^2+c^2)(x^2+y^2+z^2) \geqq (ax+by+cz)^2$

6 正の数 a，b，x，y に対して，次の不等式が成り立つことを証明せよ。また，等号が成り立つのはどのようなときか。

$$\sqrt{ax+by}\sqrt{x+y} \geqq \sqrt{a}\,x+\sqrt{b}\,y$$

7 正の数 a，b に対して，次の不等式が成り立つことを証明せよ。また，等号が成り立つのはどのようなときか。

(1) $\left(a+\dfrac{1}{b}\right)\left(b+\dfrac{4}{a}\right) \geqq 9$　　(2) $\left(a+\dfrac{2}{b}\right)\left(b+\dfrac{8}{a}\right) \geqq 18$

演習問題 B

8 $4x^4-ax^3+bx^2-30x+9$ が（xの２次式）^{2} の形になるように，定数 a，b の値を定めよ。

9 $\dfrac{y+z}{b-c}=\dfrac{z+x}{c-a}=\dfrac{x+y}{a-b}$ のとき，等式 $x+y+z=0$ が成り立つことを証明せよ。

10 $a+b+c=ab+bc+ca=3$ ならば，a，b，c はすべて１であることを証明せよ。

11 $a>b>0$，$a+b=1$ のとき，次の数を小さい方から順に並べよ。

(1) $\dfrac{1}{2}$，$2ab$，a^2+b^2　　(2) a^2+b^2，a^3+b^3

12 次のことが成り立つことを証明せよ。また，等号が成り立つのはどのようなときか。

(1) $x+y=1$ のとき　$x^2+y^2 \geqq \dfrac{1}{2}$

(2) $x+y+z=1$ のとき　$x^2+y^2+z^2 \geqq \dfrac{1}{3}$

13 $|a|<1$，$|b|<1$ のとき，次の不等式が成り立つことを証明せよ。

(1) $1+ab>0$　　(2) $|a+b|<1+ab$

14 次の問いに答えよ。

(1) $x>0$，$y>0$，$xy=12$ のとき，$x+y$ の最小値を求めよ。

(2) $x>0$，$y>0$ のとき，$(x+y)\left(\dfrac{1}{x}+\dfrac{1}{y}\right)$ の最小値を求めよ。

(3) $x>1$ のとき，$x+2+\dfrac{1}{x-1}$ の最小値を求めよ。

第5章 整数の性質

数A 1. 約数と倍数
数A 2. 素数と素因数分解
数A 3. 最大公約数，最小公倍数
数A 4. 整数の割り算
数A 5. ユークリッドの互除法
数A 6. 1次不定方程式
数A 7. n 進法

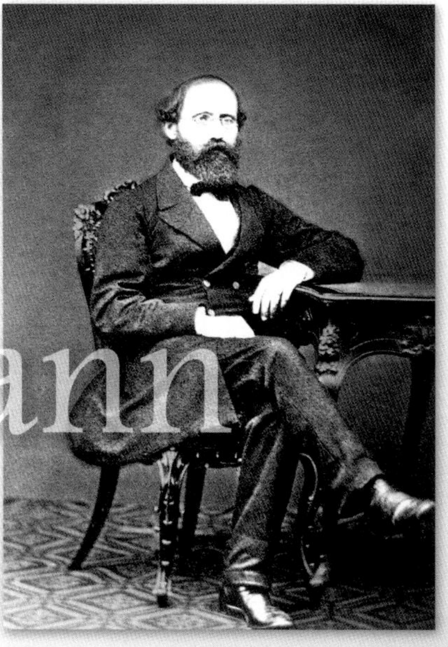

Riemann

リーマン（1826−1866）➡
ドイツの数学者。
「リーマン予想」とよばれる自然数や
整数についての推論を提唱。
現在も未解決の難問である。

Although integers are well understood, some of their properties are quite profound.

In this chapter, we examine some of the concepts that describe them, such as divisor and multiple, quotient, and ‘remainder of division’. We also consider how to classify integers by their remainder, given a divisor. In addition, we will learn about a new method for obtaining the ‘greatest common divisor’, and how to obtain ‘integer solutions’ to particular types of equations. We will also consider ways of expressing numbers that are different from ordinary ones.

The discoveries made here lead to a greater appreciation of integer properties, even though integers have been familiar to us since our elementary school days.

1. 約数と倍数

約数と倍数

2 つの整数 a, b について，ある整数 k を用いて，$\boldsymbol{a=bk}$ と表されるとき，b は a の **約数** であるといい，a は b の **倍数** であるという。

$a=bk$ のとき，$a=(-b)\cdot(-k)$ であるから，b が a の約数ならば，$-b$ も a の約数である。

例 1 (1) 27 の約数は，次の 8 個の整数である。

$$1,\ 3,\ 9,\ 27,\ -1,\ -3,\ -9,\ -27$$

(2) 5 の倍数は，次のような数であり，無数にある。

$$\cdots\cdots,\ -10,\ -5,\ 0,\ 5,\ 10,\ \cdots\cdots$$

注意 (1) は ±1, ±3, ±9, ±27, (2) は 0, ±5, ±10, …… と書いてもよい。

練習 1 次の問いに答えよ。

(1) 12 の約数をすべて求めよ。

(2) 9 の正の倍数を小さいものから 4 個求めよ。

例題 1 a, b は整数とする。次のことを証明せよ。

a と b がともに 3 の倍数ならば，$a-2b$ は 3 の倍数である。

証明 a, b はともに 3 の倍数であるから，整数 k, l を用いて

$a=3k$, $b=3l$ と表される。

よって　　$a-2b=3k-2\cdot3l=3(k-2l)$

$k-2l$ は整数であるから，$a-2b$ は 3 の倍数である。 終

練習 2 a, b は整数とする。次のことを証明せよ。

(1) a と b がともに 7 の倍数ならば，$a+b$ は 7 の倍数である。

(2) a と b がともに 5 の倍数ならば，a^2+ab は 25 の倍数である。

倍数の判定法

ある自然数が，どのような自然数の倍数かを判定する方法はあるだろうか。2，4，5，8，10 の倍数については，次のような判定法がある。

倍数の判定法 (1)

2 の倍数	……	一の位が 0，2，4，6，8 のいずれか
4 の倍数	……	下 2 桁が 4 の倍数
5 の倍数	……	一の位が 0，5 のいずれか
8 の倍数	……	下 3 桁が 8 の倍数
10 の倍数	……	一の位が 0

上の方法で判定できる理由を考えよう。ここでは，4 桁の自然数で考える。4 桁の自然数Nは，千の位を a，百の位を b，十の位を c，一の位を d とすると，$N=1000a+100b+10c+d$ …… ① で表される。

● 2 の倍数，5 の倍数，10 の倍数の判定法

Nの式 ① を変形すると　　$N=10(100a+10b+c)+d$

$10=2\cdot5$ より，$10(100a+10b+c)$ は 2 の倍数であるから，Nが 2 の倍数になるのは一の位 d が 2 の倍数，すなわち 0，2，4，6，8 のときである。5 の倍数，10 の倍数の判定法も同様にして説明できる。

● 4 の倍数の判定法

Nの式 ① を変形すると　　$N=100(10a+b)+10c+d$

$100=4\cdot25$ より，$100(10a+b)$ は 4 の倍数であるから，Nが 4 の倍数になるのは $10c+d$ すなわち下 2 桁が 4 の倍数のときである。

練習 3 ▶ 8 の倍数が，下 3 桁が 8 の倍数であることで判定できる理由を，4 桁の自然数Nの場合で説明せよ。

第5章

3 の倍数と 9 の倍数については，次のような判定法がある。

倍数の判定法 (2)

3 の倍数 …… 各位の数の和が 3 の倍数

9 の倍数 …… 各位の数の和が 9 の倍数

前ページの 4 桁の自然数Nの式 ① は，次のように変形できる。

$$\begin{aligned} N &= 1000a+100b+10c+d \\ &= (999+1)a+(99+1)b+(9+1)c+d \\ &= 9(111a+11b+c)+a+b+c+d \end{aligned}$$

$9(111a+11b+c)$ は 9 の倍数であり，9 の倍数は 3 の倍数でもある。

したがって

Nが 3 の倍数となるのは，$a+b+c+d$ が 3 の倍数のときであり，

Nが 9 の倍数となるのは，$a+b+c+d$ が 9 の倍数のときである。

練習 4 5 桁の自然数 12□24 が 9 の倍数であるとき，□ に入る数をすべて求めよ。

● 11 の倍数の判定法

前ページの 4 桁の自然数Nの式 ① は，次のように変形できる。

$$\begin{aligned} N &= 1000a+100b+10c+d \\ &= (1001-1)a+(99+1)b+(11-1)c+d \\ &= 1001a+99b+11c-a+b-c+d \\ &= 11(91a+9b+c)-a+b-c+d \end{aligned}$$

したがって，$(b+d)-(a+c)$ が 11 の倍数のとき，Nは 11 の倍数になる。一般に，11 の倍数の判定法は次のようになる。

（奇数桁の数の和）と（偶数桁の数の和）の差が 11 の倍数

練習 5 5 桁の自然数 1492□ が 11 の倍数であるとき，□ に入る数を求めよ。

2. 素数と素因数分解

素因数分解

2 以上の自然数で，1 とその数自身以外には正の約数をもたない自然数を **素数** という。

また，素数ではない 2 以上の自然数を **合成数** という。

例えば，2，3，5，7 は素数であり，4，6，8，9 は合成数である。なお，素数は無数に存在することが知られている。

90 は $2\cdot3^2\cdot5$ のように，素数だけの積の形に表すことができる。このように，自然数を素数だけの積の形に表すことを，**素因数分解** するという。合成数は必ず素因数分解でき，1 つの合成数の素因数分解は，積の順序を考えなければ，ただ 1 通りに定まる。これを，素因数分解の一意性という。

練習 6 次の数は素数と合成数のどちらか答えよ。また，合成数は素因数分解せよ。

(1) 31　　(2) 375　　(3) 693

第5章

素因数分解と約数

素因数分解を利用して，自然数の正の約数について考えよう。

$8=2^3$ より，8 の正の約数は 1，2^1，2^2，2^3 の 4 個である。

2^3 の正の約数は，

$$2^a \qquad ただし，a=0, 1, 2, 3$$

と表すことができる。

注意　一般に，自然数 n に対して，$n^0=1$ と定める。

例 2　**72 の正の約数**

72 を素因数分解すると　　$72=2^3\cdot3^2$

よって，72 の正の約数は，素因数 2 を 3 個以下，素因数 3 を 2 個以下もつ数で，次のようになる。

$2^0\cdot3^0=1$,　　$2^0\cdot3^1=3$,　　$2^0\cdot3^2=9$,

$2^1\cdot3^0=2$,　　$2^1\cdot3^1=6$,　　$2^1\cdot3^2=18$,

$2^2\cdot3^0=4$,　　$2^2\cdot3^1=12$,　　$2^2\cdot3^2=36$,

$2^3\cdot3^0=8$,　　$2^3\cdot3^1=24$,　　$2^3\cdot3^2=72$

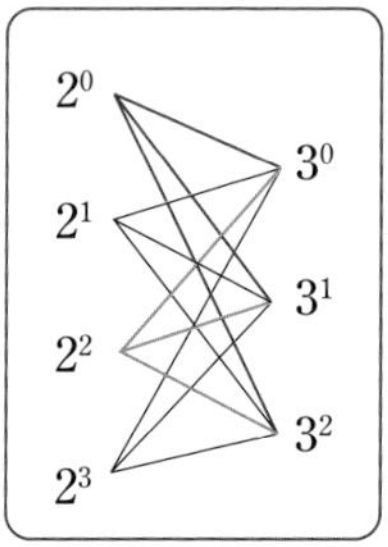

72 の正の約数は，a，b を正の整数として，次のように表される。

$$2^a\cdot3^b \quad ただし，0\leqq a\leqq3，0\leqq b\leqq2$$

自然数を素因数分解すると，その正の約数がすべて求められる。

練習 7　次の数の正の約数をすべて求めよ。

(1)　98　　　(2)　108　　　(3)　150

2^3 の正の約数は $(3+1)$ 個，3^2 の正の約数は $(2+1)$ 個あるから，$2^3\cdot3^2$ の正の約数の個数は　　$(3+1)(2+1)=12$ (個)

一般に，自然数の正の約数の個数について，次のことが成り立つ。

約数の個数

自然数 N の素因数分解が $N=p^aq^br^c\cdots\cdots$ であるとき，N の正の約数の個数は $\boldsymbol{(a+1)(b+1)(c+1)\cdots\cdots}$ である。

練習 8　次の数の正の約数の個数を求めよ。

(1)　56　　　(2)　324　　　(3)　360

3. 最大公約数, 最小公倍数

最大公約数, 最小公倍数

2つ以上の整数に共通な約数を, それらの整数の **公約数** といい, 公約数のうち最大のものを **最大公約数** という。

また, 2つ以上の整数に共通な倍数を, それらの整数の **公倍数** といい, 正の公倍数のうち最小のものを **最小公倍数** という。

素因数分解を利用して, 54 と 180 の最大公約数を求めてみよう。

54 と 180 を素因数分解すると, それぞれ次のようになる。

$$54 = 2 \cdot 3^3, \qquad 180 = 2^2 \cdot 3^2 \cdot 5$$

最大公約数は, 54 と 180 に共通に含まれる素因数の最大の値であるから, 2つの数に共通に含まれる素因数をすべて掛け合わせることで求められる。

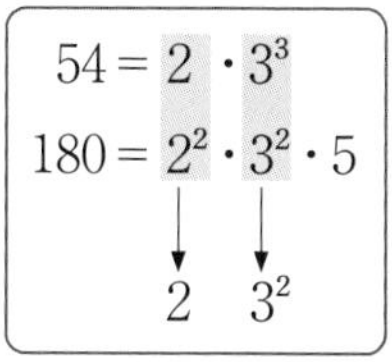

よって, 54 と 180 の最大公約数は

$$2 \cdot 3^2 = 18$$

次に, 54 と 180 の最小公倍数を求めてみよう。

最小公倍数は, 54 と 180 をともに因数としてもつような最小の値であるから, 2つの数のどちらかに含まれる素因数をすべて掛け合わせることで求められる。

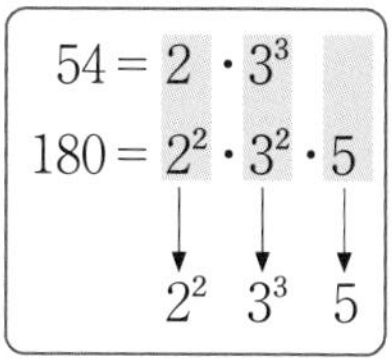

よって, 54 と 180 の最小公倍数は

$$2^2 \cdot 3^3 \cdot 5 = 540$$

一般に, 次のことが成り立つ。

公約数は最大公約数の約数, 公倍数は最小公倍数の倍数である。

$$
\begin{array}{l}
54 = 2 \cdot 3^3 \\
180 = 2^2 \cdot 3^2 \cdot 5 \\
\qquad\quad \downarrow \quad\ \downarrow \\
\qquad\quad 2 \quad\ 3^2
\end{array}
$$

$$
\begin{array}{l}
54 = 2 \cdot 3^3 \\
180 = 2^2 \cdot 3^2 \cdot 5 \\
\qquad\quad \downarrow \quad\ \downarrow \quad \downarrow \\
\qquad\quad 2^2 \quad 3^3 \quad 5
\end{array}
$$

3 つ以上の整数の最大公約数，最小公倍数も，2 つの整数の場合と同様にして求めることができる。

例 3　**36，84，90 の最大公約数，最小公倍数**

36，84，90 をそれぞれ素因数分解すると

$$36=2^2\cdot3^2$$

$$84=2^2\cdot3\cdot7$$

$$90=2\cdot3^2\cdot5$$

最大公約数は

$$2\cdot3=6$$

最小公倍数は

$$2^2\cdot3^2\cdot5\cdot7=1260$$

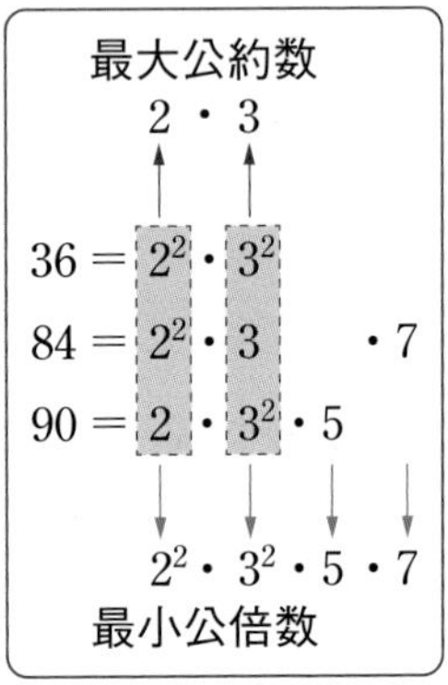

練習 9 次の数の組の最大公約数と最小公倍数を求めよ。

(1)　8，12，20　　　(2)　18，84，120

例題 2　n は正の整数とする。n と 12 の最小公倍数が 180 であるような n をすべて求めよ。

解答　12，180 をそれぞれ素因数分解すると

$$12=2^2\cdot3$$

$$180=2^2\cdot3^2\cdot5$$

よって，12 との最小公倍数が 180 である正の整数は

$$2^a\cdot3^2\cdot5 \quad ただし，a=0,\ 1,\ 2$$

と表される。したがって，求める正の整数 n は

$$n=2^0\cdot3^2\cdot5,\ 2^1\cdot3^2\cdot5,\ 2^2\cdot3^2\cdot5$$

すなわち　　$n=45,\ 90,\ 180$　　答

練習 10 n は正の整数とする。n と 18 の最小公倍数が 252 であるような n をすべて求めよ。

互いに素

2 つの整数 a, b の最大公約数が 1 であるとき，a, b は **互いに素** であるという。例えば，10 と 21 について，$10=2\cdot5$, $21=3\cdot7$ より，最大公約数が 1 となるから，10 と 21 は互いに素である。

互いに素である自然数 2 と 3 について，次のことがいえる。

c が整数で，$2c$ が 3 の倍数であるとき，c は 3 の倍数である。

2 の倍数であり，3 の倍数でもある整数は，6 の倍数である。

一般に，次のことが成り立つ。

a, b, c は整数で，a, b は互いに素であるとする。

ac が b の倍数であるとき，c は b の倍数である。

a の倍数であり，b の倍数でもある整数は，ab の倍数である。

例題 3 a は自然数とする。$a+1$ は 3 の倍数であり，$a+2$ は 4 の倍数であるとき，$a+10$ は 12 の倍数であることを証明せよ。

証明 $a+1$, $a+2$ は自然数 m, n を用いて

$$a+1=3m, \quad a+2=4n$$

と表される。

$$a+10=(a+1)+9=3m+9=3(m+3) \quad \cdots\cdots ①$$

$$a+10=(a+2)+8=4n+8=4(n+2) \quad \cdots\cdots ②$$

① より $a+10$ は 3 の倍数であり，② より $a+10$ は 4 の倍数でもある。3 と 4 は互いに素であるから，$a+10$ は $3\cdot4$ の倍数，すなわち 12 の倍数である。 終

練習 11 a は自然数とする。$a+1$ は 4 の倍数であり，$a+6$ は 7 の倍数であるとき，$a+13$ は 28 の倍数であることを証明せよ。

発展

最大公約数，最小公倍数の性質

最大公約数，最小公倍数の性質について考えてみよう。

145 ページで求めたように，54 と 180 の最大公約数は 18 であるから，54 と 180 はそれぞれ

$$54=18\cdot 3$$
$$180=18\cdot 10$$

3 と 10 は互いに素

と表され，それらの最小公倍数は，$18\cdot 3\cdot 10=540$ となる。また，

$$54\cdot 180=(18\cdot 3)\cdot(18\cdot 10)=18\cdot(18\cdot 3\cdot 10)=18\cdot 540$$

より，54 と 180 の積は，最大公約数と最小公倍数の積となる。

一般に，次のことが成り立つ。

2 つの自然数 a，b の最大公約数を g，最小公倍数を l とする。
$a=ga'$，$b=gb'$ であるとすると，次のことが成り立つ。

[1] **a'，b' は互いに素である。**

[2] **$l=ga'b'$**

[3] **$ab=gl$**　　特に，$g=1$ のとき　$ab=l$

最大公約数が 4，最小公倍数が 60 である 2 つの自然数 a，b の組をすべて求めてみよう。ただし，$a<b$ とする。

解答　最大公約数が 4 であるから，a，b は

$$a=4a',\ b=4b'$$

と表される。ただし，a'，b' は互いに素で $a'<b'$ である。

このとき，a，b の最小公倍数は $4a'b'$ と表されるから

$4a'b'=60$　　すなわち　　$a'b'=15$

したがって，a'，b' の組は　　$(a',\ b')=(1,\ 15),\ (3,\ 5)$

よって　　$(a,\ b)=(4,\ 60),\ (12,\ 20)$　答

練習 最大公約数が 18，最小公倍数が 216 である 2 つの自然数 a，b の組をすべて求めよ。ただし，$a<b$ とする。

4. 整数の割り算

整数の割り算

小学校では，自然数を自然数で割る割り算について学んだ。

例えば，39 を 5 で割ると，商は 7 で余りは 4 である。この関係を式で書くと，　$39=5\cdot7+4$　となる。

（7：商，4：余り）

ここで，商 7 は，余りが割る数 5 よりも小さくなるように求めている。このようにして求めた商と余りはただ 1 通りである。

整数を正の整数で割る割り算も，自然数の割り算と同様に考えられ，上と同様の等式がただ 1 通りに定まる。

整数の割り算

整数 a と正の整数 b に対して

$$\boldsymbol{a=bq+r,\qquad 0\leqq r<b}$$

を満たす整数 q と r がただ 1 通りに定まる。

q を，a を b で割ったときの **商**，r を **余り** という。$r=0$ のとき，a は b で **割り切れる** といい，$r\neq0$ のとき **割り切れない** という。

例 4

(1) $22=5\cdot4+2$ であるから

22 を 5 で割ったときの商は 4，余りは 2

(2) $-20=3\cdot(-7)+1$ であるから　← $-20=3\cdot(-6)-2$ ではない

-20 を 3 で割ったときの商は -7，余りは 1

練習 12 ▶ 次の a，b について，a を b で割ったときの商と余りを求めよ。

(1) $a=29$，$b=8$　　(2) $a=-36$，$b=7$

例題 4 a, b は整数とする。a を 7 で割ると 2 余り，b を 7 で割ると 6 余る。このとき，次の数を 7 で割ったときの余りを求めよ。

(1) $a+b$　　(2) $a-b$　　(3) ab

解答 a, b は整数 k, l を用いて，次のように表される。

$$a=7k+2,\ b=7l+6$$

(1) $a+b=(7k+2)+(7l+6)$

$=7(k+l)+2+6=7(k+l)+8$

$=7(k+l+1)+1$

よって，$a+b$ を 7 で割ったときの余りは　1　答

(2) $a-b=(7k+2)-(7l+6)$

$=7(k-l)+2-6=7(k-l)-4$

$=7(k-l-1)+3$

よって，$a-b$ を 7 で割ったときの余りは　3　答

(3) $ab=(7k+2)(7l+6)$

$=7^2kl+7k\cdot 6+2\cdot 7l+2\cdot 6$

$=7^2kl+7k\cdot 6+2\cdot 7l+12$

$=7(7kl+6k+2l+1)+5$

よって，ab を 7 で割ったときの余りは　5　答

例題 4 で求めた余りは，

(1) では $2+6$ を，(2) では $2-6$ を，(3) では $2\cdot 6$ を，

それぞれ 7 で割ったときの余りに等しい。

練習 13 a, b は整数とする。a を 5 で割ると 2 余り，b を 5 で割ると 4 余る。このとき，次の数を 5 で割ったときの余りを求めよ。

(1) $a+b$　　(2) $a-b$　　(3) ab　　(4) a^2+b^2

発展

割り算の余りの性質

前ページの例題 4 では，2 つの整数 a，b を 7 で割ったときの余りがそれぞれ 2，6 であるとき，$a+b$，$a-b$，ab を 7 で割ったときの余りは，それぞれ $2+6$，$2-6$，$2\cdot 6$ を 7 で割ったときの余りに等しかった。

一般に，m を正の整数とし，2 つの整数 a，b を m で割ったときの余りを，それぞれ r，r' とすると，次のことが成り立つ。

[1] $a+b$ を m で割った余りは，$r+r'$ を m で割った余りに等しい。
[2] $a-b$ を m で割った余りは，$r-r'$ を m で割った余りに等しい。
[3] ab を m で割った余りは，rr' を m で割った余りに等しい。

【[3] の証明】 q，q' を整数として，$a=mq+r$，$b=mq'+r'$ とおくと

$$\begin{aligned}ab&=(mq+r)(mq'+r')\\&=m^2qq'+mqr'+rmq'+rr'\\&=m(mqq'+qr'+q'r)+rr'\end{aligned}$$

よって，ab を m で割った余りは，rr' を m で割った余りに等しい。 終

[1]，[2] も同様に証明することができる。
[3] から，k を正の整数とするとき，更に次のことが成り立つ。

[4] a^k を m で割った余りは，r^k を m で割った余りに等しい。

50^{100} を 7 で割った余りを求めてみよう。

解答　50 を 7 で割った余りは 1 である。
よって，50^{100} を 7 で割った余りは，1^{100} を 7 で割った余りに等しい。
したがって，50^{100} を 7 で割った余りは　1　答

練習 次のものを求めよ。

(1) 100^{100} を 11 で割った余り　(2) 2^{400} を 15 で割った余り

第5章

余りによる整数の分類

すべての整数を，余りに着目して分類してみよう。

整数を 2 で割ると余りは 0 か 1 であるから，すべての整数は

$$2k, \quad 2k+1 \quad (k \text{ は整数})$$

のいずれかの形で表される。$2k$ は偶数全体，$2k+1$ は奇数全体を表す。

注意　0 は偶数である。

整数を 3 で割ると余りは 0 か 1 か 2 であるから，すべての整数は

$$3k, \quad 3k+1, \quad 3k+2 \quad (k \text{ は整数})$$

のいずれかの形で表される。

一般に，正の整数 m が与えられると，すべての整数は

$$mk,\ mk+1,\ mk+2,\ \cdots\cdots,\ mk+(m-1) \quad (k \text{ は整数})$$

のいずれかの形で表される。

練習 14 整数を 4 で割った余りに着目して，すべての整数を，整数 k を用いて表せ。

連続する整数の性質

5·6 や，7·8·9 など，連続する 2 つの整数の積，連続する 3 つの整数の積について考えてみよう。

連続する 2 つの整数のうち，どちらか一方は 2 の倍数である。

また，連続する 3 つの整数には，2 の倍数と 3 の倍数がともに含まれるから，連続する 3 つの整数の積は，2 の倍数かつ 3 の倍数である。

よって，次のことが成り立つ。

連続する 2 つの整数の積は 2 の倍数である。

連続する 3 つの整数の積は 6 の倍数である。

例題 5 奇数の2乗から1を引いた数は8の倍数であることを証明せよ。

証明 奇数をnとすると，整数kを用いて$n=2k+1$と表される。

$$n^2-1=(2k+1)^2-1=4k^2+4k$$
$$=4k(k+1)$$

$k(k+1)$は連続する2つの整数の積で2の倍数であるから，$4k(k+1)$は8の倍数である。

よって，奇数の2乗から1を引いた数は8の倍数である。 終

練習 15 整数の2乗から1を引いた数と，もとの数の積は6の倍数であることを証明せよ。

整数の分類を利用した証明

応用例題 1 nは整数とする。次のことを証明せよ。

n^2を3で割った余りは，2ではない。

証明 すべての整数nは，整数kを用いて$3k$，$3k+1$，$3k+2$のいずれかの形で表される。

[1] $n=3k$のとき　$n^2=(3k)^2=9k^2=3\cdot 3k^2$

[2] $n=3k+1$のとき　$n^2=(3k+1)^2=9k^2+6k+1$
$=3(3k^2+2k)+1$

[3] $n=3k+2$のとき　$n^2=(3k+2)^2=9k^2+12k+4$
$=3(3k^2+4k+1)+1$

よって，n^2を3で割った余りは，2ではない。 終

練習 16 nは整数とする。次のことを証明せよ。

n^2を4で割った余りは，0または1である。

第5章

発展

合同式

m は正の整数とする。2 つの整数 a, b について，$a-b$ が m の倍数であるとき，a と b は m を **法**(ほう) として **合同** であるといい，

$$\boldsymbol{a \equiv b \pmod{m}}$$

という式で表す。このような式を **合同式** という。a と b が m を法として合同であることは，a を m で割った余りと，b を m で割った余りが等しいことと同じである。

合同式について，次のことが成り立つ。

合同式の性質

a, b, c, d は整数，m, k は正の整数とする。
$a \equiv c \pmod{m}$, $b \equiv d \pmod{m}$ のとき

[1] $\boldsymbol{a+b \equiv c+d \pmod{m}}$　　[2] $\boldsymbol{a-b \equiv c-d \pmod{m}}$

[3] $\boldsymbol{ab \equiv cd \pmod{m}}$　　[4] $\boldsymbol{a^k \equiv c^k \pmod{m}}$

注意　$a \equiv b \pmod{m}$, $b \equiv c \pmod{m}$ を $a \equiv b \equiv c \pmod{m}$ と書いてもよい。

16^5 を 7 で割った余りを求めてみよう。

解答　$16 \equiv 2 \pmod{7}$ であるから　　$16^5 \equiv 2^5 \pmod{7}$
$2^5 = 32$ であるから　　$16^5 \equiv 32 \equiv 4 \pmod{7}$
よって，16^5 を 7 で割った余りは　4　答

次に，整数 n を 7 で割った余りが 5 であるとき，n^2+n+2 を 7 で割った余りを求めてみよう。

解答　$n \equiv 5 \pmod{7}$ のとき

$$n^2+n+2 \equiv 5^2+5+2 \equiv 32 \equiv 4 \pmod{7}$$

よって，n^2+n+2 を 7 で割った余りは　4　答

5. ユークリッドの互除法

■ ユークリッドの互除法

145 ページでは，素因数分解を利用して，2 つの整数の最大公約数を求める方法について学んだが，素因数分解はいつでも簡単にできるとは限らない。素因数分解を行わずに 2 つの整数の最大公約数を求める方法について考えてみよう。

例えば，799 と 187 をそれぞれ素因数分解すると
$$799 = 17 \cdot 47, \qquad 187 = 11 \cdot 17$$
となるから，799 と 187 の最大公約数は 17 である。しかし，実際に 799 と 187 を素因数分解することは，それほど簡単ではない。

次の定理を利用して，素因数分解を行わずに 799 と 187 の最大公約数を求めてみよう。

自然数 a, b について，a を b で割ったときの余りを r とすると，a と b の最大公約数は，b と r の最大公約数に等しい。

補足　このことは，161 ページで証明している。

ここで
$$799 = 187 \cdot 4 + 51, \qquad 187 = 51 \cdot 3 + 34, \qquad 51 = 34 \cdot 1 + 17$$
↑ ↑ ↑

799 を 187 で　　　　187 を 51 で　　　　51 を 34 で
割ったときの余り　　割ったときの余り　　割ったときの余り

であるから，次ページのことが成り立つ。

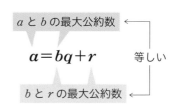

(799 と 187 の最大公約数)＝(187 と 51 の最大公約数)

＝(51 と 34 の最大公約数)

＝(34 と 17 の最大公約数)

$34=17\cdot2$ であるから，34 と 17 の最大公約数は 17 である。このことから，799 と 187 の最大公約数は 17 であるとわかる。

前ページの定理を繰り返し利用することで，素因数分解を行わずに，2 つの整数の最大公約数を求めることができる。このような最大公約数の求め方を **ユークリッドの互除法** または単に **互除法** という。

例 5 **689 と 221 の最大公約数を，互除法を利用して求める。**

$$689=221\cdot3+26$$
$$221=26\cdot8+13$$
$$26=13\cdot2+0$$

よって，689 と 221 の最大公約数は，13 である。

(689 と 221 の最大公約数)

＝(221 と 26 の最大公約数)

＝(26 と 13 の最大公約数)

	2	8	3
13)	26	) 221	) 689
	26	208	663
	0	13	26

このようにして筆算もできる。

互除法では，余りが次の段階の割り算の割る数となるから，次の段階の割り算の余りはその前の余りより小さくなる。よって，割り算を繰り返すごとに余りは小さくなるが，余りは 0 以上の整数であるから，何回か割り算を繰り返すと余りは 0 になる。余りが 0 になったときの割る数が，もとの 2 つの整数の最大公約数である。

練習 17 次の 2 つの整数の最大公約数を，互除法を利用して求めよ。

(1) 238，68　　(2) 713，161　　(3) 371，133

ユークリッドの互除法は，割り算を繰り返し行うことで，2つの整数の最大公約数を求める方法である。このことを，図を利用して考えてみよう。

例えば，55 と 20 の最大公約数を考える。

$$55=20\cdot2+15$$

$$20=15\cdot1+5$$

$$15=5\cdot3+0$$

よって，55 と 20 の最大公約数は 5 である。

55 と 20 を素因数分解する方法で確かめる。
$55=5\cdot11$，$20=2^2\cdot5$
となり，最大公約数が 5 であることがわかる。

55 と 20 の最大公約数が 5 であることは，次のようにいいかえることができる。

横の長さが 55，縦の長さが 20 の長方形の内部にすき間なく敷き詰めることができる，辺の長さが整数である正方形のうち，最も大きいものの 1 辺の長さは 5 である。

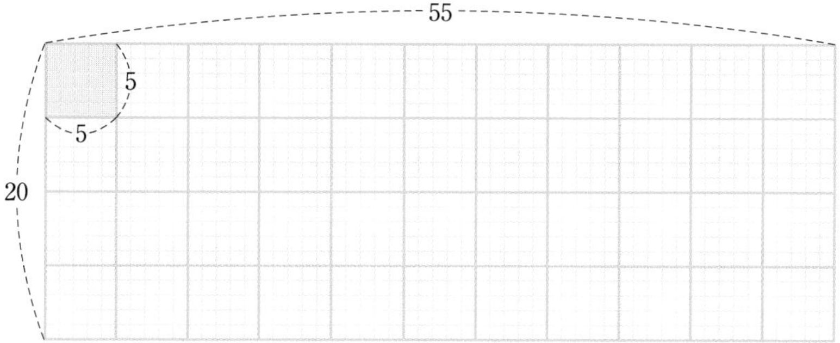

上の図から，1辺の長さが 5 より大きい正方形では，もとの長方形にすき間なく敷き詰められないことがわかる。

最も大きい正方形は，次ページのようにして見つけることができる。

第5章

【最も大きい正方形の見つけ方】

- ●もとの長方形の短い方の辺を1辺とする正方形①を考える。もとの長方形から正方形①をできるだけ多く取り除く。
- ●残った長方形②について，短い方の辺を1辺とする正方形③を考える。長方形②から正方形③をできるだけ多く取り除く。
- ●このようにして，長方形の内部に入る正方形を取り除いていくと，いずれは，もとの長方形のすべての部分が取り除かれる。このときの正方形が，目的の最も大きい正方形である。

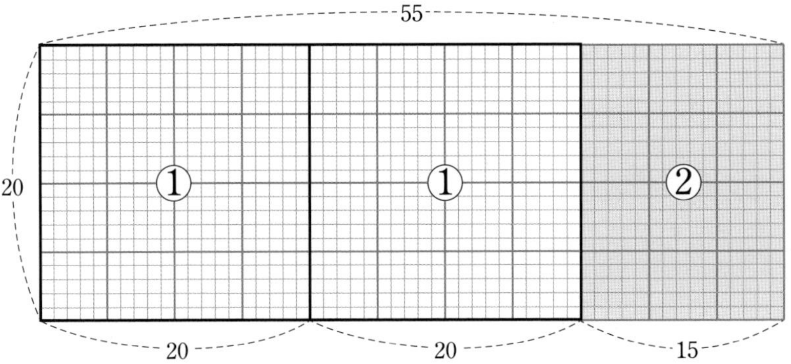

55＝20·2＋15
1辺の長さが 20 の正方形が2個入り，残りの長方形の短い辺の長さは 15 となる。

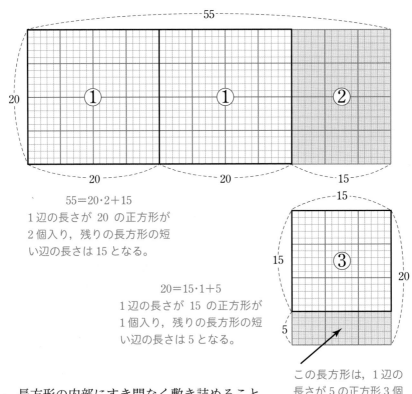

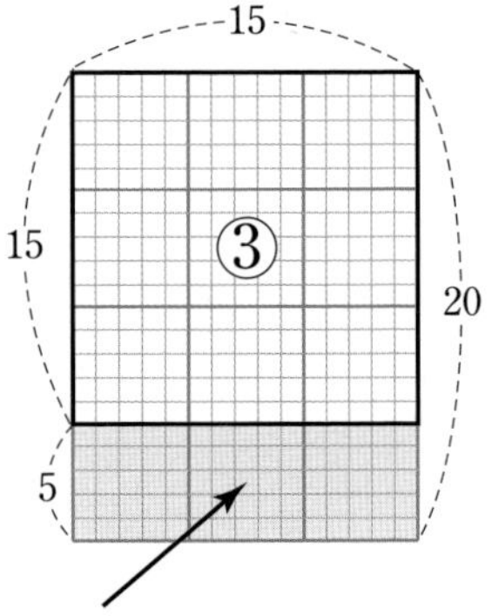

20＝15·1＋5
1辺の長さが 15 の正方形が1個入り，残りの長方形の短い辺の長さは 5 となる。

この長方形は，1辺の長さが 5 の正方形 3 個ですき間なく敷き詰めることができる。

長方形の内部にすき間なく敷き詰めることができる正方形を考えることによって，2つの整数の最大公約数を求めることができる。

互除法の応用

58 と 15 の最大公約数は 1 である。このことを，互除法で確かめる。

互除法		
$58=15\cdot3+13$	移項すると	$13=58-15\cdot3$ …… ①
$15=13\cdot1+2$	移項すると	$2=15-13\cdot1$ …… ②
$13=2\cdot6+1$	移項すると	$1=13-2\cdot6$ …… ③
$2=1\cdot2+0$		

上の互除法の計算を利用すると，最大公約数 1 を，58 と 15 を用いた式で表すことができる。③，②，① の式から

$$\begin{aligned}1&=13-2\cdot6\\&=13-(15-13\cdot1)\cdot6\\&=13\cdot7+15\cdot(-6)\\&=(58-15\cdot3)\cdot7+15\cdot(-6)\\&=58\cdot7+15\cdot(-27)\end{aligned}$$

2 に ② の右辺を代入

13×●＋15×■ の形に整理

13 に ① の右辺を代入

58×▲＋15×◆ の形に整理

よって　$1=58\cdot7+15\cdot(-27)$　← $58\cdot7=406$，$15\cdot27=405$

このように，互除法の計算を利用すると，2 つの整数 a，b の最大公約数 g を，適当な整数 p，q を用いて次のような等式で表すことができる。

$$g=ap+bq$$

特に，a と b が互いに素であるならば，$ap+bq=1$ を満たす整数 p，q が存在する。この両辺に整数 c を掛けると，$a(cp)+b(cq)=c$ となるから，次のことがいえる。

2 つの整数 a，b が互いに素であるならば，どのような整数 c についても，$ax+by=c$ を満たす整数 x，y が存在する。

第5章

互除法を利用して，等式を満たす整数を求めてみよう。

例 6 (1) **等式 $47x+10y=1$ を満たす整数 x，y の組を 1 つ求める。**

47 と 10 に互除法の計算を行う。

$47=10\cdot4+7$　　移項すると　　$7=47-10\cdot4$

$10=7\cdot1+3$　　移項すると　　$3=10-7\cdot1$

$7=3\cdot2+1$　　移項すると　　$1=7-3\cdot2$

よって　　$1=7-3\cdot2$

$=7-(10-7\cdot1)\cdot2$　　← 3 に $10-7\cdot1$ を代入

$=7\cdot3+10\cdot(-2)$

$=(47-10\cdot4)\cdot3+10\cdot(-2)$　　← 7 に $47-10\cdot4$ を代入

$=47\cdot3+10\cdot(-14)$

すなわち　　$47\cdot3+10\cdot(-14)=1$　…… ①

したがって，求める整数 x，y の組の 1 つは

$$x=3,\ \ y=-14$$

(2) **等式 $47x+10y=5$ を満たす整数 x，y の組を 1 つ求める。**

① の両辺に 5 を掛けると

$$47\cdot3\cdot5+10\cdot(-14)\cdot5=1\cdot5$$

すなわち　　$47\cdot15+10\cdot(-70)=5$

よって，求める整数 x，y の組の 1 つは

$$x=15,\ \ y=-70$$

注意　等式 $47x+10y=1$ を満たす整数 x，y は，$x=3$，$y=-14$ 以外にも存在する。例えば，$x=-7$，$y=33$ も $47x+10y=1$ を満たす。

練習 18 次の等式を満たす整数 x，y の組を 1 つ求めよ。

(1) $42x+11y=1$　　(2) $42x+11y=3$　　(3) $67x-52y=1$

発展

互除法の原理の証明

155，156 ページでは，2 つの自然数 a，b の最大公約数について，次の定理が成り立つことから，a，b の最大公約数を求める「ユークリッドの互除法」という方法について学んだ。

自然数 a，b について，a を b で割ったときの余りを r とすると，a と b の最大公約数は，b と r の最大公約数に等しい。

a と b の最大公約数

$$\boldsymbol{a=bq+r}$$

b と r の最大公約数

（等しい）

このことは，次のように証明できる。

証明　a を b で割ったときの商を q とすると，次の等式が成り立つ。

$$a=bq+r \quad \cdots\cdots ①$$

移項すると　$r=a-bq \quad \cdots\cdots ②$

a と b の最大公約数を m，b と r の最大公約数を n とする。

m は a と b の公約数であるから，② により，m は r の約数である。

よって，m は b と r の公約数である。

b と r の最大公約数は n であるから　$m \leqq n \quad \cdots\cdots ③$

一方，n は b と r の公約数であるから，① により，n は a の約数である。

よって，n は b と a の公約数である。

a と b の最大公約数は m であるから　$n \leqq m \quad \cdots\cdots ④$

③，④ により　$m=n$　終

6. 1次不定方程式

1次不定方程式の整数解

a, b, c は整数の定数で, $a \neq 0$, $b \neq 0$ とする。x, y の1次方程式

$$ax+by=c$$

を成り立たせる整数 x, y の組を, この方程式の **整数解** という。また, この方程式の整数解を求めることを, **1次不定方程式** を解くという。

例 7 **方程式 $3x+5y=0$ の整数解**

方程式を変形すると　　$3x=-5y$

3と5は互いに素であるから, x は5の倍数である。

よって, x は $x=5k$ (k は整数) と表される。

これを $3x=-5y$ に代入すると

$$3 \cdot 5k=-5y \quad すなわち \quad y=-3k$$

したがって, 方程式 $3x+5y=0$ の整数解は

$$x=5k,\ y=-3k\ (k \text{ は整数}) \quad \cdots\cdots ①$$

例7で求めた解①の k に整数を代入した x, y の組は, 無数にある。

方程式 $3x+5y=0$ を変形すると

$y=-\frac{3}{5}x$ となり, これは座標平面上で原点Oを通る直線を表す。

方程式 $3x+5y=0$ の整数解 (x, y) は, 直線 $y=-\frac{3}{5}x$ 上にある点のうち, x 座標, y 座標がともに整数である点を表している。このような点は, 右の図のように, 直線上に一定の間隔で無数に存在する。

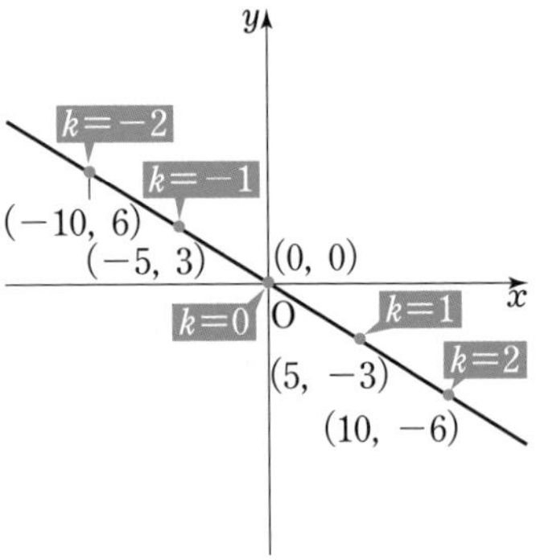

2つの整数 a，b が互いに素であるとき，1次不定方程式 $ax+by=0$ のすべての整数解は，次のように表される。

$$x=bk,\quad y=-ak\ (k \text{ は整数})$$

次に，方程式 $3x+5y=1$ の整数解をすべて求めてみよう。

方程式 $3x+5y=1$ の整数解は無数にあるが，そのうちの1つを求めることができれば，整数解をすべて求めることができる。

例題 6 次の方程式の整数解をすべて求めよ。

$$3x+5y=1$$

解答 $3x+5y=1$ …… ①

$x=2$，$y=-1$ は，① の整数解の1つである。

よって　$3\cdot2+5\cdot(-1)=1$ …… ②

①−② から　$3(x-2)+5(y+1)=0$

すなわち　$3(x-2)=-5(y+1)$ …… ③

3と5は互いに素であるから，③ のすべての整数解は

$$x-2=5k,\quad y+1=-3k\ (k \text{ は整数})$$

したがって，① のすべての整数解は

$$x=5k+2,\quad y=-3k-1\ (k \text{ は整数})$$ 答

方程式 ① の整数解の1つとして $x=7$，$y=-4$ を選ぶと，① のすべての整数解は $x=5k+7$，$y=-3k-4$ (k は整数) となり，例題6の解答とは異なる表し方となる。このように，解の表し方は1通りではないが，整数解全体としては同じものを表している。

練習 19 次の方程式の整数解をすべて求めよ。

(1) $7x+3y=1$　(2) $4x-5y=2$　(3) $2x-7y=-1$

第5章

例題 7 次の方程式の整数解をすべて求めよ。

$$13x+29y=2$$

解答

$$13x+29y=2 \quad \cdots\cdots ①$$

① の右辺を 1 とした方程式 $13x+29y=1$ の整数解の 1 つは $x=9$, $y=-4$ である。

よって $\quad 13\cdot 9+29\cdot(-4)=1$

両辺に 2 を掛けて $\quad 13\cdot 18+29\cdot(-8)=2 \quad \cdots\cdots ②$

①−② から $\quad 13(x-18)+29(y+8)=0$

すなわち $\quad 13(x-18)=-29(y+8) \quad \cdots\cdots ③$

13 と 29 は互いに素であるから，③ のすべての整数解は

$$x-18=29k,\ y+8=-13k \ (k \text{ は整数})$$

したがって，① のすべての整数解は

$$x=29k+18,\ y=-13k-8 \ (k \text{ は整数})$$ 答

方程式 $13x+29y=1$ の整数解の 1 つとして $x=9$, $y=-4$ を利用したが，この整数解は 160 ページの例 6 で学んだように，互除法を利用して見つけることができる。

29 と 13 に互除法の計算を行うと

$29=13\cdot 2+3 \quad$ 移項すると $\quad 3=29-13\cdot 2$

$13=3\cdot 4+1 \quad$ 移項すると $\quad 1=13-3\cdot 4$

よって
$$\begin{aligned}1&=13-3\cdot 4\\&=13-(29-13\cdot 2)\cdot 4\\&=13\cdot 9+29\cdot(-4)\end{aligned}$$

練習 20 ▶ 次の方程式の整数解をすべて求めよ。

(1) $29x+9y=4$ (2) $11x-37y=2$

1次不定方程式の利用

1次不定方程式の解法を利用して，次のような問題を解いてみよう。

応用例題 2 7で割ると2余り，9で割ると4余るような自然数のうち，3桁で最小のものを求めよ。

解答 求める自然数を n とすると，n は整数 x，y を用いて，次のように表される。

$$n=7x+2, \quad n=9y+4$$

よって　$7x+2=9y+4$

すなわち　$7x-9y=2$　…… ①

① の右辺を1とした方程式 $7x-9y=1$ の整数解の1つは $x=4$，$y=3$ である。

よって　$7\cdot4-9\cdot3=1$

両辺に2を掛けて　$7\cdot8-9\cdot6=2$　…… ②

①−② から　$7(x-8)-9(y-6)=0$

すなわち　$7(x-8)=9(y-6)$　…… ③

7と9は互いに素であるから，③ を満たす整数 x は

$$x-8=9k \ (k \text{ は整数})$$

すなわち　$x=9k+8$ （k は整数）

したがって　$n=7(9k+8)+2=63k+58$

$63k+58$ が3桁で最小となるのは，$k=1$ のときである。

このとき　$n=63\cdot1+58=121$　　**答** 121

練習 21 9で割ると2余り，13で割ると5余るような自然数のうち，4桁で最小のものを求めよ。

第5章

発展

2次の不定方程式

整数 x，y が方程式 $xy=3$ を満たすとき，x，y はそれぞれ 3 の約数である。よって，この方程式を満たす整数 x，y の組をすべて求めると，次のようになる。

$$(x,\ y)=(1,\ 3),\ (3,\ 1),\ (-1,\ -3),\ (-3,\ -1)$$

この考え方を利用すると，次の 2 次の不定方程式を解くことができる。

$$(x+a)(y+b)=c \qquad (a,\ b,\ c \text{ は整数})$$

方程式 $(x-1)(y+2)=3$ の整数解をすべて求めてみよう。

解答 x，y は整数であるから，$x-1$，$y+2$ も整数である。

よって

$$(x-1,\ y+2)=(1,\ 3),\ (3,\ 1),\ (-1,\ -3),\ (-3,\ -1)$$

ゆえに

$$(x,\ y)=(2,\ 1),\ (4,\ -1),\ (0,\ -5),\ (-2,\ -3)$$ 答

練習 1 方程式 $(x+3)(y-1)=-5$ の整数解をすべて求めよ。

次に，方程式 $xy+2x-y=4$ の整数解をすべて求めてみよう。

解答 $$xy+2x-y=x(y+2)-(y+2)+2=(x-1)(y+2)+2$$

よって，方程式は　$(x-1)(y+2)+2=4$

すなわち　$(x-1)(y+2)=2$

x，y は整数であるから，$x-1$，$y+2$ も整数である。

よって

$$(x-1,\ y+2)=(1,\ 2),\ (2,\ 1),\ (-1,\ -2),\ (-2,\ -1)$$

ゆえに

$$(x,\ y)=(2,\ 0),\ (3,\ -1),\ (0,\ -4),\ (-1,\ -3)$$ 答

練習 2 次の方程式の整数解をすべて求めよ。

(1) $xy+3x-y=2$　　(2) $xy+x+y=0$

7. n 進法

n 進法と n 進数

数を表すときには，位取りの基礎を 10 とする **10 進法** を使うことが多い。10 進法で表された数 4567 の意味は，次のようになる。

$$4\cdot10^3+5\cdot10^2+6\cdot10^1+7\cdot10^0\ (=4000+500+60+7)$$

10 進法では，10^0 の位，10^1 の位，10^2 の位，10^3 の位，…… を用いて，各位の数字は，上の位から順に，左から右へ並べる。各位の数字は 0，1，2，3，……，9 で，これらは整数を 10 で割った余りの種類と同じである。

数を表すとき，位取りの基礎は 10 でなくてもよい。例えば，位取りの基礎を 2 とすることができる。そのような数の表し方を **2 進法** という。2 進法では，2^0 の位，2^1 の位，2^2 の位，2^3 の位，…… を用いる。

2 進法で表された数の各位の数字は 0 または 1 で，これらは整数を 2 で割った余りの種類と同じである。

2 進法で表された数 1101 は，10 進法では

$$1\cdot2^3+1\cdot2^2+0\cdot2^1+1\cdot2^0$$

と表される。この数を 10 進法で表すと 13 となる。

各位の数字を上の位から並べて数を表す方法を **位取り記数法**（くらいどりきすうほう）という。

位取りの基礎を n として表す方法を **n 進法** といい，n 進法で表された数を **n 進数** という。n は 2 以上の自然数である。また，位取りの基礎となる数 n を **底**（てい）という。

n 進数は，底が n であることをはっきりさせるため，右下に $_{(n)}$ と書いて表す。例えば，2 進数 1101 は $1101_{(2)}$ と書く。

なお，10 進数は，普通右下の $_{(10)}$ を省略する。

例 8　**n 進数を 10 進法で表す。**

(1)　$11011_{(2)}=1\cdot2^4+1\cdot2^3+0\cdot2^2+1\cdot2^1+1\cdot2^0=27$

(2)　$2104_{(5)}=2\cdot5^3+1\cdot5^2+0\cdot5^1+4\cdot5^0=279$

練習 22　次の数を 10 進法で表せ。

(1)　$1010_{(2)}$　　(2)　$111000_{(2)}$　　(3)　$2102_{(3)}$　　(4)　$4031_{(5)}$

10 進数を n 進法で表すことを考えよう。

次の等式を利用して，10 進数 13 を 2 進法で表すことを考える。

$$13=1\cdot2^3+1\cdot2^2+0\cdot2^1+1\cdot2^0$$

① 13 を 2 で割ると　商は 6，余りは 1

余りの 1 が 2^0 の位の数字

② 6 を 2 で割ると　商は 3，余りは 0

余りの 0 が 2^1 の位の数字

③ 3 を 2 で割ると　商は 1，余りは 1

余りの 1 が 2^2 の位の数字

④ 1 を 2 で割ると　商は 0，余りは 1

余りの 1 が 2^3 の位の数字

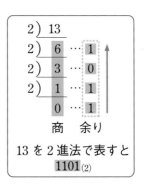

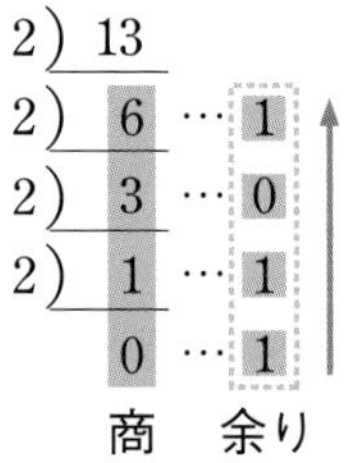

13 を 2 進法で表すと $1101_{(2)}$

商が 0 になるまで 2 で割る割り算を繰り返したときの余りを，計算と逆の順に並べると，$13_{(10)}$ を 2 進法で表した $1101_{(2)}$ が得られる。

10 進数を n 進法で表すには，もとの 10 進数を n で割る割り算を繰り返し行い，各位の数字を求めればよい。

練習 23　10 進数 102 を，次の表し方で表せ。

(1)　2 進法　　(2)　3 進法　　(3)　5 進法

発展

n 進法の小数

10 進法の小数 0.374 は，$0.374=3\cdot\frac{1}{10^1}+7\cdot\frac{1}{10^2}+4\cdot\frac{1}{10^3}$ と表される。n 進法では，小数点以下の位は $\frac{1}{n^1}$ の位，$\frac{1}{n^2}$ の位，$\frac{1}{n^3}$ の位，…… となる。

例えば，2 進数 $0.101_{(2)}$ を 10 進法で表すと

$$0.101_{(2)}=1\cdot\frac{1}{2^1}+0\cdot\frac{1}{2^2}+1\cdot\frac{1}{2^3}=0.625$$

となり，5 進数 $0.413_{(5)}$ を 10 進法で表すと

$$0.413_{(5)}=4\cdot\frac{1}{5^1}+1\cdot\frac{1}{5^2}+3\cdot\frac{1}{5^3}=0.864$$

となる。

練習 1 次の数を 10 進法の小数で表せ。

(1) $0.1101_{(2)}$　　(2) $0.4031_{(5)}$

上の例からわかるように，10 進数 0.864 を 5 進法で表すと $0.413_{(5)}$ となる。10 進法の小数を 5 進法で表すには，次のように計算を行う。

① 0.864 に 5 を掛けると　4.32

整数部分 4 が $\frac{1}{5^1}$ の位の数字

② 小数部分 0.32 に 5 を掛けると　1.6

整数部分 1 が $\frac{1}{5^2}$ の位の数字

③ 小数部分 0.6 に 5 を掛けると　3

整数部分 3 が $\frac{1}{5^3}$ の位の数字

0.864	
× 5	
4.320	←0.864×5
× 5	
1.60	←0.32×5
× 5	
3.0	←0.6×5

0.864 に 5 を掛け，小数部分に 5 を掛けることを繰り返し，出てきた整数部分を順に並べると，0.864 を 5 進法で表した $0.413_{(5)}$ が得られる。

練習 2 10 進数 0.712 を 5 進法で表せ。

確認問題

1 5 桁の自然数 4273□ が 3 の倍数でも 5 の倍数でもあるとき，□ に入る数を求めよ。

2 次の数の正の約数の個数を求めよ。

(1) 162　　(2) 450　　(3) 1050

3 a，b は整数とする。a を 8 で割ると 7 余り，b を 8 で割ると 2 余る。このとき，次の数を 8 で割ったときの余りを求めよ。

(1) $3a+2b$　　(2) a^2-b^2

4 次の 2 つの整数の最大公約数を，互除法を利用して求めよ。

(1) 455，143　　(2) 952，289　　(3) 1541，851

5 11 で割ると 1 余り，5 で割ると 4 余るような自然数のうち，3 桁で最小のものを求めよ。

6 次の数を 10 進法で表せ。

(1) $101101_{(2)}$　　(2) $1012_{(3)}$　　(3) $2402_{(5)}$

演習問題 A

1 次の問いに答えよ。

(1) $\sqrt{140n}$ が自然数になるような最小の自然数 n を求めよ。

(2) $\dfrac{84}{2n+1}$ が自然数になるような自然数 n をすべて求めよ。

2 1 から 50 までの自然数の積 $N=1\cdot2\cdot3\cdot\cdots\cdots\cdot50$ について，Nを計算すると，末尾には 0 が連続して何個並ぶか。

3 ある自然数 n で，191 を割ると 11 余り，170 を割ると 8 余る。自然数 n の値を求めよ。

4 n は整数とする。次のことを証明せよ。

$n(n+1)(2n+1)$ は 6 の倍数である。

5 x，y は $0\leqq x\leqq30$，$0\leqq y\leqq30$ を満たす整数とする。次の方程式の整数解をすべて求めよ。

(1) $17x-11y=1$　　(2) $7x-5y=3$

第5章

演習問題 B

6 1000 以下の自然数のうち，正の約数の個数が 15 個である数をすべて求めよ。

7 a，b は自然数とする。次のことを証明せよ。

(1) ab が 3 の倍数であるとき，a または b は 3 の倍数である。

(2) $a+b$ と ab がともに 3 の倍数であるとき，a と b はともに 3 の倍数である。

(3) $a+b$ と a^2+b^2 がともに 3 の倍数であるとき，a と b はともに 3 の倍数である。

8 n は自然数とする。n，$n+2$，$n+4$ がすべて素数ならば，$n=3$ であることを証明せよ。

9 7 で割ると 5 余り，11 で割ると 6 余り，13 で割ると 9 余るような自然数で最小のものを求めよ。

10 正の整数を 5 進法で表すと数 $abc_{(5)}$ となり，3 倍して 9 進法に直すと数 $cba_{(9)}$ となる。この整数を 10 進法で表せ。

コラム

ディオファントス問題と ABC 予想

2 次の不定方程式 $x^2+y^2=1$ を満たす有理数の組 $(x,\ y)$ は，例えば $\left(\frac{3}{5},\ \frac{4}{5}\right)$ や $\left(\frac{5}{13},\ \frac{12}{13}\right)$ などのように，無限に多くあることが知られています。$x^2+y^2=2$ でも同様で，これを満たす有理数の組 $(x,\ y)$ は無限個存在します。しかし，$x^2+y^2=3$ としてしまうと，これを満たす有理数の組 $(x,\ y)$ はひとつも存在しません。

このように，いくつかの変数に関する方程式や連立方程式の解を，整数や有理数の範囲に限定して考えると，実数や複素数で解を考えるときとは本質的に異なる世界が広がっています。このような問題は，素数や素因数分解に関する整数のデリケートな性質を反映するため，困難で深い問題になることが多いのです。

いくつかの変数に関する連立方程式の整数解や有理数解を考える問題を，一般に「ディオファントス問題」といいます。これは古代ギリシャの数学者ディオファントスにちなんで付けられた名前です。

ディオファントス問題には，例えば有名な「フェルマーの最終定理」(1994 年まで未解決でしたが，イギリスの数学者であるワイルズによって解決されました) のように，極めて難しい問題もあります。

フェルマーの最終定理
3 以上の自然数 n について
$$x^n+y^n=z^n$$
を満たす自然数 $x,\ y,\ z$ は存在しない。

一般に，任意のディオファントス問題について，それが整数解をもつかもたないかを判定するアルゴリズムは存在しないことが証明されています (「ヒルベルト第 10 問題」のマティアセビッチ (ロシアの数学者) による解決)。

(次ページへ続く)

1980年代に，マッサー（イギリスの数学者）とオェステルレ（フランスの数学者）が右のような「ABC予想」とよばれる整数論の予想を立てました。
この予想は，それが解決すれば多くのディオファントス問題が解決するため，多くの数学者の注目を集めました。
ABC予想は，整数の足し算と掛け算の関係を，どこまで精密に述べることができるかという問題です。

ABC 予想

$$a+b=c$$

を満たす，互いに素な自然数の組 $(a,\ b,\ c)$ に対し，積 abc の互いに異なる素因数の積を d と表す。
また，ε を任意の正の実数とする。
このとき，

$$c>d^{1+\varepsilon}$$

を満たす組 $(a,\ b,\ c)$ は高々有限個しか存在しないであろう。

整数 a と整数 b を足して $a+b=c$ としたとき，abc に現れる素因数について，どのようなことがわかるでしょうか？
これは，素因数分解という整数の「掛け算的側面」と，$a+b=c$ という「足し算的側面」が混じり合った問題であり，極めて難しい問題でもあります。

2012年に日本の数学者である望月新一は，ABC予想の解決を導く一連の論文を発表しました。「宇宙際タイヒミューラー（IUT）理論」とよばれている，その理論においては，整数などの数の体系を，その「掛け算的側面」と「足し算的側面」をいったん分解し，その後また再構成するという，極めて斬新なことが試みられています。この論文は7年半という異例に長い査読期間を経て，2020年4月に京都大学数理解析研究所が編集元になっている国際ジャーナルに受理されました。

総合問題

1 いつみさんとみゆきさんが学校で行われたテストの点数について話をしている。下の会話文を読み，あとの問いに答えよ。

いつみさん：今回のテスト，どの教科も難しかったね。

みゆきさん：平均点も低かったみたいで，先生たちの間では点数調整をする話になっているそうよ。

いつみさん：点数調整って，どんなふうに？

みゆきさん：国語は全員の得点に一律で 5 点加算，英語は全員の得点を 1.1 倍，数学は全員の得点を 1.2 倍してから更に 10 点加算するらしいよ。そうすることで，平均点が普段と同じくらいになるんですって。

いつみさん：数学の平均点，よっぽど低いみたいだね。そうすると，それぞれの平均点や標準偏差はどうなるのだろう。

みゆきさん：考えてみましょう。

(1) 点数調整前の国語の平均点を $\overline{z}$，標準偏差を s_z とし，調整後の国語の平均点を $\overline{Z}$，標準偏差を s_Z とするとき，$\overline{Z}$，s_Z をそれぞれ $\overline{z}$，s_z で表せ。

(2) 点数調整前の数学の平均点を $\overline{x}$，標準偏差を s_x とし，調整後の数学の平均点を $\overline{X}$，標準偏差を s_X とするとき，$\overline{X}$，s_X をそれぞれ $\overline{x}$，s_x で表せ。

(3) 点数調整前の英語の平均点を $\overline{y}$，標準偏差を s_y，数学と英語の共分散を s_{xy}，相関係数を r とし，調整後の英語の平均点を $\overline{Y}$，標準偏差を s_Y，数学と英語の共分散を s_{XY}，相関係数を R とするとき，s_{XY}，R をそれぞれ s_{xy}，r で表せ。

2 以下を読んで，[ア]～[ソ]に当てはまる式や値を答えよ。

n は自然数，r は $0 \leqq r \leqq n$ を満たす整数とする。以下の等式について考察していこう。

$$2^n = {}_nC_0 + {}_nC_1 + {}_nC_2 + \cdots\cdots + {}_nC_r + \cdots\cdots + {}_nC_{n-1} + {}_nC_n \quad \cdots\cdots \text{①}$$

① は二項定理を用いれば示すことができる。

一般的な二項定理の式を，n，r，a，b を用いて表すと

$(a+b)^n=$[　　　ア　　　] …… ② となる。

よって，① は ② において $a=$[イ]，$b=$[ウ]とすれば得られる。

$$0 = {}_nC_0 - {}_nC_1 + {}_nC_2 - \cdots\cdots + (-1)^r {}_nC_r + \cdots\cdots + (-1)^{n-1} {}_nC_{n-1} + (-1)^n {}_nC_n \quad \cdots\cdots \text{③}$$

③ は ② において $a=$[エ]，$b=$[オ]とすれば得られる。

このように，③ は ① と同じ方法で示すことができる。

$${}_{n+1}C_{r+1} = {}_rC_r + {}_{r+1}C_r + {}_{r+2}C_r + \cdots\cdots + {}_kC_r + \cdots\cdots + {}_{n-1}C_r + {}_nC_r \quad \cdots\cdots \text{④}$$
$$(k=r,\ r+1,\ r+2,\ \cdots\cdots,\ n)$$

④ は，① や ③ と同様にしてもうまく得ることができない。

なぜなら，④ の右辺の式の各項において変化している部分が右側ではなく左側であるからだ。

さて，ではどうやって導くのか？

この等式を導くカギは，次の等式である。

$$ {}_{n+1}\mathrm{C}_{r+1}={}_{n}\mathrm{C}_{r+1}+{}_{n}\mathrm{C}_{r} \quad \cdots\cdots ⑤ $$

⑤ から

$$ {}_{n+1}\mathrm{C}_{r+1}-{}_{n}\mathrm{C}_{r+1}={}_{n}\mathrm{C}_{r} $$

同様に考えて書き並べると

$$ {}_{n+1}\mathrm{C}_{r+1}-{}_{n}\mathrm{C}_{r+1}={}_{n}\mathrm{C}_{r} $$

$$ {}_{n}\mathrm{C}_{r+1}-\boxed{\text{カ}}=\boxed{\text{キ}} $$

$$ {}_{n-1}\mathrm{C}_{r+1}-\boxed{\text{ク}}=\boxed{\text{ケ}} $$

$$ \vdots $$

$$ {}_{r+3}\mathrm{C}_{r+1}-\boxed{\text{コ}}=\boxed{\text{サ}} $$

$$ {}_{r+2}\mathrm{C}_{r+1}-\boxed{\text{シ}}=\boxed{\text{ス}} $$

となり，各式の辺々を加えると

$$ {}_{n+1}\mathrm{C}_{r+1}-\boxed{\text{シ}}=\boxed{\text{セ}} $$

が成り立つ。ここで $\boxed{\text{シ}}$ を右辺へ移項し，④ に合致するように $\boxed{\text{シ}}=\boxed{\text{ソ}}$ と書き直せば，④ が得られる。

3 下の会話文を読み，あとの問いに答えよ。

生徒：授業で学習した相加平均と相乗平均の大小関係を表す不等式ですが，3つの文字の場合も大小関係を表す不等式はありますか？

先生：学習した相加平均と相乗平均の大小関係を表す不等式とは，次の内容のことですね。

> 相加平均と相乗平均の大小関係
>
> $a>0$，$b>0$ のとき　$\boldsymbol{\dfrac{a+b}{2} \geqq \sqrt{ab}}$ …… ①
>
> 等号が成り立つのは $a=b$ のときである。

文字が3つの場合，どういう不等式が考えられますか？

生徒：例えば，次の不等式はどうでしょうか？

$a>0$，$b>0$，$c>0$ のとき　$\dfrac{a+b+c}{3} \geqq \sqrt{abc}$

先生：いい考えですが，これは成り立ちません。例えば，$a=b=c=2$ とすると，左辺は［ア］，右辺は［イ］となります。

生徒：それでは，文字が3つの場合は使えないのでしょうか？

先生：① について，a を a^2 に，b を b^2 におき換えると，次の不等式のようになりますね。

$a>0$，$b>0$ のとき　$\dfrac{a^2+b^2}{2} \geqq ab$

これをもとに，文字が3つの場合の不等式を考えることはできますか？

生徒：あ，これならどうでしょうか？

$a>0$，$b>0$，$c>0$ のとき

$$\frac{a^3+b^3+c^3}{3} \geqq abc \quad \cdots\cdots ②$$

先生：これは成り立ちます。証明してみてください。証明には次の等式が利用できると思いますよ。

$$a^3+b^3+c^3-3abc=(a+b+c)(a^2+b^2+c^2-ab-bc-ca)$$

生徒：わかりました。証明してみます。文字が 4 つの場合の次の不等式も証明できますか？

$a>0$，$b>0$，$c>0$，$d>0$ のとき

$$\frac{a^4+b^4+c^4+d^4}{4} \geqq abcd \quad \cdots\cdots ③$$

先生：これも成り立ちますよ。証明してみてください。

生徒：でも，因数分解が大変そうな気がします。

先生：① を何回か使うと証明できますよ。試してみましょう。

(1) $\boxed{\text{ア}}$，$\boxed{\text{イ}}$ に当てはまる値を答えよ。

(2) 不等式 ② が成り立つことを証明せよ。また，等号が成り立つのはどのようなときか。

(3) 不等式 ③ が成り立つことを証明せよ。また，等号が成り立つのはどのようなときか。

4 下の会話文を読み，あとの問いに答えよ。

生徒：素因数分解がデータ通信に役立っているという話を聞いたことがあるのですが，どういうことでしょうか？

先生：例えば，Ａさんと B さんの 2 人がいるとして，次のような情報のやりとりをすることを考えましょう。

> ① 予め，Ａさんと B さんの 2 人だけが知っている素数 p を用意する。
> ② Ａさんは B さんにある数 a を伝えるとき，$b=a\times p$ を計算して b の値を B さんに伝える。
> ③ B さんは受け取った数を p で割ることで，Ａさんが伝えたい数 a を知ることができる。

具体例をあげましょう。例えば，$a=157$，$p=1361$ としましょう。このとき，Ａさんが送るデータは $b=213677$ です。B さんは受け取った数を p で割ることで，$213677\div1361=157$ となるので，Ａさんが伝えたい数が 157 だったことがわかります。

生徒：なぜ，こんなに面倒なことをするのですか？

先生：もし，Ａさんと B さんのやりとりの方法を知っている C さんが，Ａさんが送ったデータ 213677 を手に入れたとしましょう。このとき C さんが p の値を知っていれば割り算ができますが，p の値を知らなければ素因数分解をするしかありません。もちろん，この程度の数なら時間さえかければ計算は可能ですが，桁数が増えてくるとそれだけ時間がかかります。これを用いて他の人が解読するのに時間がかかるデータを送ることが可能になるのです。

(1) AさんとBさんが素数pを用いてやりとりを行った。Aさんが送った数が561の場合，pとして考えられる数をすべて求めよ。

(2) AさんとBさんが同じ素数pを用いてやりとりを2回行った。このとき，やりとりの方法を知っているCさんが「Aさんが送った2数が183653，200737であること」「pが4桁の整数であること」を知った。これをもとにCさんは素因数分解をせずにpの値を割り出すことができた。pの値を求めよ。

生徒：他に整数の性質が役立っている例はありますか？

先生：AさんとBさんの次のようなやりとりを考えてみましょう。

> ① Aさんは0から9までのいずれかの整数をBさんに伝えることを考える。
>
> ② Aさんは伝えたい数を3乗したあと，一の位の数bをBさんに伝える。
>
> ③ BさんはAさんから受け取った数bを3乗すると，一の位がAさんの伝えたい数になる。

この場合，Aさんの伝えたい数をaとしたとき，Bさんは$(a^3)^3=a^9$の一の位を求めていることになります。つまり，「a^9とaの一の位の数が同じ」という性質を用いています。

生徒：どうやったら証明できますか？

先生：実は「a^5とaの一の位の数が同じ」という性質があります。これを自分で証明した上で考えてみてください。

(3) 整数aについて，a^5-aが10の倍数であることを証明せよ。

(4) 整数aについて，a^9とaの一の位の数が同じであることを証明せよ。

答と略解

確認問題，演習問題A，演習問題Bの答である。[　] 内に，ヒントや略解を示した。

第1章

確認問題　(p. 30)

1 (1)　$\{4,\ 8,\ 12,\ 16,\ 20,\ 24,\ 28\}$

(2)　$\{-3,\ -2,\ -1,\ 0,\ 1\}$

(3)　$\{1,\ 4,\ 7,\ \cdots\cdots\}$

2 (1)　$A \subset B$

(2)　$A \supset B$

(3)　$A = B$

3 (1)　十分条件であるが必要条件ではない

(2)　必要十分条件である

(3)　必要条件であるが十分条件ではない

4 (1)　$3 < x \leqq 9$

(2)　n は，10 未満（9 以下）の整数であるか奇数である

5 (1)　$n(\overline{A}) = 66$

(2)　$n(A \cup B) = 71$

(3)　$n(\overline{A} \cap \overline{B}) = 29$

演習問題A　(p. 31)

1　$\varnothing$，$\{1\}$，$\{2\}$，$\{3\}$，$\{4\}$，$\{1,\ 2\}$，$\{1,\ 3\}$，$\{1,\ 4\}$，$\{2,\ 3\}$，$\{2,\ 4\}$，$\{3,\ 4\}$，$\{1,\ 2,\ 3\}$，$\{1,\ 2,\ 4\}$，$\{1,\ 3,\ 4\}$，$\{2,\ 3,\ 4\}$，$\{1,\ 2,\ 3,\ 4\}$

2 (1)　十分条件であるが必要条件ではない

(2)　必要条件であるが十分条件ではない

(3)　必要十分条件である

3　略

[$p \Longrightarrow q$，$q \Longrightarrow p$ がともに真であることを示す]

4 (1)　$x \neq 1$ または $y \neq 1$ または $z \neq 1$

(2)　$x \neq 2$ かつ $y \neq 2$

5　略

[$\sqrt{5}$ が有理数であると仮定して矛盾を導く]

6　48 個

演習問題 B (p. 32)

7 $x=1$, $\overline{A}\cap\overline{B}=\{1,\ 6,\ 8,\ 9\}$

8 (1) 十分条件であるが必要条件ではない

(2) 必要十分条件である

(3) 必要条件であるが十分条件ではない

9 略

[m, n が 1 以外に正の公約数をもつならば, k を 2 以上の整数として, $m=m'k$, $n=n'k$ とおける]

10 略

[$\sqrt{2}+\sqrt{3}=r$ (有理数) であると仮定して矛盾を導く]

11 (1) 最大値 39, 最小値 9

(2) 最大値 61, 最小値 31

第 2 章

確認問題 (p. 90)

1 (1) 9 通り (2) 18通り

2 (1) 100800 通り (2) 2880 通り

3 (1) 500 個 (2) 200 個

4 (1) 13860 通り

(2) 369600 通り

(3) 15400 通り

5 105

6 $\dfrac{117}{200}$

[まず, 3 の倍数または 8 の倍数の番号札を引く確率を求める]

7 $\dfrac{21}{128}$

[表が出る回数を x とすると $2x-(9-x)=0$]

8 $P_A(B)=\dfrac{2}{5}(=0.4)$,

$P_B(A)=\dfrac{1}{2}(=0.5)$

9 $\dfrac{35}{18}$

演習問題A (*p*. 91)

1 略

[異なる色の5個の玉の円順列の個数は $(5-1)!$ 通り
首輪を作る場合，裏返して同じになるものが2個ずつできる]

2 1260個

$\left[\dfrac{9!}{3!2!4!}\right]$

3 (1) 6000　(2) 36

4 (1) $\dfrac{1}{9}$　(2) $\dfrac{1}{3}$

5 (1) $\dfrac{125}{216}$　(2) $\dfrac{61}{216}$

[(2) (最大値が5以下である確率)−(最大値が4以下である確率)]

6 (1) $\dfrac{5}{9}$　(2) $\dfrac{40}{81}$　(3) $\dfrac{5}{9}$

7 $y=2x+30$

演習問題B (*p*. 92)

8 (1) 49番目　(2) 20341
(3) 75番目

[(1) $4!+4!+1$
(2) 初めて20000以上になる数は25番目の数]

9 (1) 14通り　(2) 7通り
(3) 360通り

[(3) 6つの座席に1，2，3，4，5，6と番号をつけ，4人がこれらの番号を1つずつ選び，選んだ番号の座席に着くと考える]

10 (1) 51975通り
(2) 138600通り

11 4本

12 3

表の出る回数	0	1	2	3	4	5	6
X	-6	-3	0	3	6	9	12

第 3 章

確認問題 (p. 114)

1 (1) 国語

(2) 英語

(3) $M>M'$

2 $a=9$,

分散は 12.8,

標準偏差は 3.6

3 (1) 図略

(2) 0.75

演習問題 (p. 115)

1 平均値は 39 点,

分散は 5.25

2 (1) 13 回

(2) 平均値は変化しない

分散は減少する

3 (1) ④　　(2) ①

第 4 章

確認問題 (p. 136)

1 (1) $a=4,\ b=-4,\ c=8$

(2) $a=2,\ b=3,\ c=12,\ d=9$

(3) $a=1,\ b=1,\ c=-2$

(4) $a=5,\ b=-2$

2 $a=10,\ b=-7$, 商は $3x+4$

3 略

[右辺を計算する]

4 略

[(1) $x+y=-z,\ y+z=-x$

(2) $a=xk,\ b=yk,\ c=zk$]

5 証明略

(2) $x=1$ かつ $y=-1$ のとき

(4) $a=\dfrac{1}{2}$ のとき

[(1) $3x+y-(xy+3)$

$=(x-1)(3-y)$

(2) $x^2+y^2-2(x-y-1)$

$=(x-1)^2+(y+1)^2$

(3) $(\sqrt{a}+2\sqrt{b})^2-(\sqrt{a+4b})^2$

$=4\sqrt{ab}$

(4) 左辺を展開する

$$8a+\frac{2}{a}\geqq 2\sqrt{8a\cdot\frac{2}{a}}$$]

演習問題A (p. 137)

1 $x=-1,\ y=-2$

2 略

[(1) 左辺を計算する

(2) 右辺を計算する]

3 略

[左辺を通分すると，分子は

$3+2(a+b+c)+(ab+bc+ca)$]

4 略

$\left[\dfrac{a}{b}<\dfrac{c}{d}\right.$ から $\left.bc-ad>0\right]$

5 証明略

(1) $ay=bx$ のとき

(2) $ay=bx,\ bz=cy,\ cx=az$ のとき

[(1) (左辺)−(右辺)$=(ay-bx)^2$

(2) (左辺)−(右辺)

$=(ay-bx)^2+(bz-cy)^2+(cx-az)^2$]

6 証明略，$a=b$ のとき

[$(\sqrt{ax+by}\sqrt{x+y})^2-(\sqrt{a}\,x+\sqrt{b}\,y)^2$

$=(\sqrt{a}-\sqrt{b})^2xy$]

7 証明略

(1) $ab=2$ のとき

(2) $ab=4$ のとき

[左辺を展開する]

演習問題B (p. 138)

8 $(a,\ b)=(20,\ 37),\ (-20,\ 13)$

9 略

[(条件式)$=k$ とおき，辺々を加える]

10 略

[$(a-1)^2+(b-1)^2+(c-1)^2=0$ を示す]

11 (1) $2ab,\ \dfrac{1}{2},\ a^2+b^2$

(2) $a^3+b^3,\ a^2+b^2$

12 証明略

(1) $x=y=\dfrac{1}{2}$ のとき

(2) $x=y=z=\dfrac{1}{3}$ のとき

$\left[(1)\ \ x^2+y^2-\dfrac{1}{2}=2\left(x-\dfrac{1}{2}\right)^2\right.$

(2) $x^2+y^2+z^2-\dfrac{1}{3}$

$\left.=2\left(x+\dfrac{y-1}{2}\right)^2+\dfrac{3}{2}\left(y-\dfrac{1}{3}\right)^2\right]$

13 略

[(1) $|ab|<1$ より $-1<ab<1$

(2) $(1+ab)^2-|a+b|^2>0$ を示す]

14 (1) $x=y=2\sqrt{3}$ のとき，最小値 $4\sqrt{3}$

(2) $x=y$ のとき，最小値 4

(3) $x=2$ のとき，最小値 5

第5章

確認問題 (p. 170)

1 5

2 (1) 10個　(2) 18個

(3) 24個

3 (1) 1　(2) 5

4 (1) 13　(2) 17

(3) 23

5 144

6 (1) 45　(2) 32

(3) 352

演習問題A (p. 171)

1 (1) $n=35$

(2) $n=1,\ 3,\ 10$

2 12個

3 $n=18$

4 略

[2の倍数かつ3の倍数となることを示す]

5 (1) $(x,\ y)=(2,\ 3),\ (13,\ 20)$

(2) $(x,\ y)=(4,\ 5),\ (9,\ 12),\ (14,\ 19),\ (19,\ 26)$

演習問題B (p. 172)

6 144, 324, 400, 784

7 略

[(1) 対偶を利用する

(2) ab が3の倍数であるから，(1)より a または b は3の倍数である

(3) $2ab=(a+b)^2-(a^2+b^2)$ から，$2ab$ は3の倍数である]

8 略

[明らかに $n\neq1$，$n\neq2$

$n\geqq4$ のとき，k を自然数として

$n=3k+1$，$n=3k+2$ で場合分け]

9 61

10 88

総合問題

1 (1) $\overline{Z}=\overline{z}+5$, $s_Z=s_z$

(2) $\overline{X}=1.2\overline{x}+10$, $s_X=1.2s_x$

(3) $s_{XY}=1.32s_{xy}$, $R=r$

[(3) $\overline{Y}=1.1\overline{y}$, $s_Y=1.1s_y$]

2 (ア) ${}_n\mathrm{C}_0a^n+{}_n\mathrm{C}_1a^{n-1}b+{}_n\mathrm{C}_2a^{n-2}b^2$
$+\cdots\cdots+{}_n\mathrm{C}_ra^{n-r}b^r$
$+\cdots\cdots+{}_n\mathrm{C}_{n-1}ab^{n-1}+{}_n\mathrm{C}_nb^n$

(イ) 1

(ウ) 1

(エ) 1

(オ) -1

(カ) ${}_{n-1}\mathrm{C}_{r+1}$

(キ) ${}_{n-1}\mathrm{C}_r$

(ク) ${}_{n-2}\mathrm{C}_{r+1}$

(ケ) ${}_{n-2}\mathrm{C}_r$

(コ) ${}_{r+2}\mathrm{C}_{r+1}$

(サ) ${}_{r+2}\mathrm{C}_r$

(シ) ${}_{r+1}\mathrm{C}_{r+1}$

(ス) ${}_{r+1}\mathrm{C}_r$

(セ) ${}_n\mathrm{C}_r+{}_{n-1}\mathrm{C}_r+{}_{n-2}\mathrm{C}_r$
$+\cdots\cdots+{}_{r+2}\mathrm{C}_r+{}_{r+1}\mathrm{C}_r$

(ソ) ${}_r\mathrm{C}_r$

3 (1) (ア) 2 (イ) $2\sqrt{2}$

(2) 証明略

$a=b=c$ のとき

(3) 証明略

$a=b=c=d$ のとき

[(3) $\dfrac{a^4+b^4+c^4+d^4}{4}$

$=\dfrac{1}{2}\left(\dfrac{a^4+b^4}{2}+\dfrac{c^4+d^4}{2}\right)$

$\dfrac{a^4+b^4}{2}$, $\dfrac{c^4+d^4}{2}$ に相加平均と相乗平均の大小関係を適用]

4 (1) $p=3$, 11, 17

(2) $p=4271$

(3) 略

(4) 略

[(3) 2 の倍数かつ 5 の倍数となることを示す

(4) $a^9-a=a(a^4+1)(a^4-1)$]

さくいん

た行

な行

は行

ま行

や行

ら行

わ行

記号

■編　者

岡部 恒治	埼玉大学名誉教授	北島 茂樹	明星大学教授

■編集協力者

石椛 康朗	本郷中学校・高等学校教諭	竪　勇也	高槻中学校・高等学校教諭
上ヶ谷 友佑	広島大学附属福山中学校教諭	田中　勉	田中教育研究所
宇治川 雅也	東京都立白鷗高等学校・附属中学校教諭	中路 隆行	ノートルダム清心中・高等学校教諭
大瀧 祐樹	東京都市大学付属中学校・高等学校教諭	中畑 弘次	安田女子中学高等学校教諭
大塚 重夫	浅野中学校・高等学校教諭	野末 訓章	南山高等学校・中学校男子部教諭
川端 清継	立命館小学校・中学校・高等学校教諭	林 三奈夫	海星中学校・海星高等学校教諭
官野 達博	横浜雙葉中学校・高等学校教諭	原澤 研二	立命館中学校・高等学校教諭
久保 光章	広島女学院中学高等学校主幹教諭	原田 泰典	大阪桐蔭中学校高等学校教諭
小松 道治	栄光学園中学高等学校教諭	本多 壮太郎	鷗友学園女子中学高等学校教諭
坂巻 主太	佐久長聖中学・高等学校教諭	前田 有嬉	南山高等学校・中学校女子部教諭
佐野 塁生	恵泉女学園中学・高等学校教諭	松岡 将秀	大阪桐蔭中学校高等学校教諭
鈴木 祥之	早稲田大学系属早稲田実業学校教諭	松尾 鉄也	立教女学院中学校・高等学校教諭
髙村　亮	大妻中野中学校・高等学校教諭	吉村　浩	本郷中学校・高等学校教諭

■編集協力校
同志社香里中学校・高等学校

■表紙デザイン　有限会社アーク・ビジュアル・ワークス
■本文デザイン　齋藤 直樹／山本 泰子(Concent, Inc.)
デザイン・プラス・プロフ株式会社
■イラスト　たなかきなこ
■写真協力　amanaimages

初版
第１刷　2003年９月１日　発行
新課程
第１刷　2021年４月１日　発行
第２刷　2025年２月１日　発行

ISBN978-4-410-21805-7

新課程
中高一貫教育をサポートする
体系数学３
論理・確率編
［高校１，２年生用］
論理, 確率と統計, 整数の性質

編　者　岡部 恒治　　北島 茂樹
発行者　星野 泰也
発行所　**数研出版株式会社**
〒101-0052 東京都千代田区神田小川町２丁目３番地３
〔振替〕00140-4-118431
〒604-0861 京都市中京区烏丸通竹屋町上る大倉町205番地
〔電話〕代表 (075)231-0161
ホームページ　https://www.chart.co.jp
印刷　創栄図書印刷株式会社

表計算ソフトの利用

本書の第 3 章「データの分析」では,

平均値, 中央値, 最頻値

といったデータの代表値や

分散, 標準偏差

といったデータの散らばりの度合いを表す値について学ぶ。

これらの値は, データの大きさが大きくなると, たくさんの計算を行う必要が生じるため, 求めるのに手間がかかる。

そこで, 表計算ソフトを用いて, コンピューターによっていろいろな値を求めてみよう。

表計算ソフトの画面

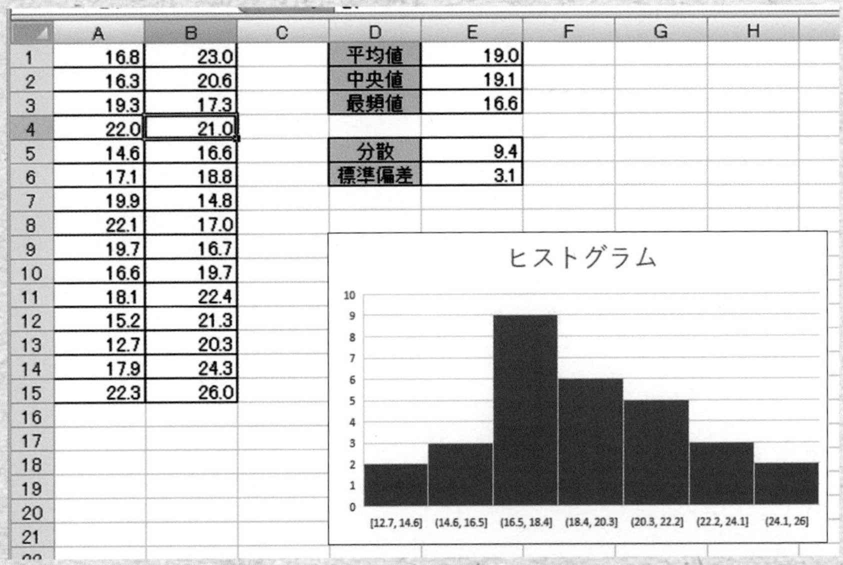

	A	B	C	D	E
1	16.8	23.0		平均値	19.0
2	16.3	20.6		中央値	19.1
3	19.3	17.3		最頻値	16.6
4	22.0	21.0			
5	14.6	16.6		分散	9.4
6	17.1	18.8		標準偏差	3.1
7	19.9	14.8			
8	22.1	17.0			
9	19.7	16.7			
10	16.6	19.7			
11	18.1	22.4			
12	15.2	21.3			
13	12.7	20.3			
14	17.9	24.3			
15	22.3	26.0			

新課程 中高一貫教育をサポートする

体系数学3

論理・確率編 [高校1，2年生用]

論理，確率と統計，整数の性質

解答編

数研出版

第1章　集合と命題

1　集合 (本冊 p.6～12)

練習1　(1)　$2\in Q$　　(2)　$\sqrt{3}\notin Q$

(3)　$-\dfrac{2}{3}\in Q$

練習2　(1)　$\{\mathbf{1,\ 2,\ 3,\ 4,\ 6,\ 8,\ 12,\ 24}\}$

(2)　$\{\mathbf{1,\ 3,\ 5,\ \cdots\cdots}\}$

(3)　$\{\mathbf{0,\ 1,\ 2,\ 3,\ 4,\ 5,\ 6,\ 7}\}$

練習3　$A=\{1,\ 2,\ 4,\ 5,\ 10,\ 20\}$, $B=\{2,\ 4\}$, $C=\{1,\ 2,\ 4,\ 5,\ 10,\ 20\}$ であるから

$\boldsymbol{B\subset A,\ B\subset C,\ A=C}$

練習4　(1)　$\boldsymbol{A\cap B=\{3,\ 5,\ 7,\ 11,\ 13\}}$

$\boldsymbol{A\cup B=\{1,\ 2,\ 3,\ 5,\ 7,\ 9,\ 11,\ 13,\ 15\}}$

(2)　$B=\{0,\ 2,\ 4,\ 6,\ 8,\ 10,\ 12\}$ であるから

$\boldsymbol{A\cap B=\{0,\ 6,\ 12\}}$

$\boldsymbol{A\cup B=\{0,\ 2,\ 3,\ 4,\ 6,\ 8,\ 9,\ 10,\ 12,\ 15\}}$

(3)　$\boldsymbol{A\cap B=\{x\,|\,-2<x\leqq 1\}}$

$\boldsymbol{A\cup B=\{x\,|\,-3\leqq x<3\}}$

練習5　(1)　$\boldsymbol{A\cap B\cap C=\{9\}}$

$\boldsymbol{A\cup B\cup C=\{1,\ 3,\ 4,\ 5,\ 6,\ 7,\ 9\}}$

(2)　$\boldsymbol{A\cap B\cap C=\{x\,|\,0\leqq x\leqq 2\}}$

$\boldsymbol{A\cup B\cup C=\{x\,|\,-2\leqq x\leqq 3\}}$

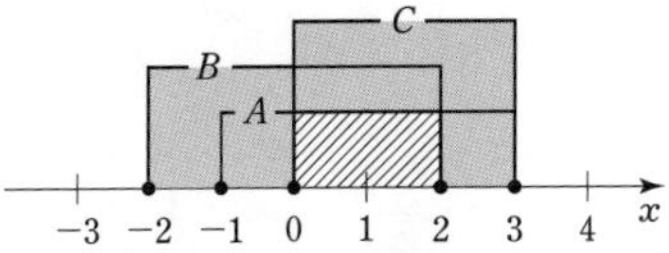

練習6

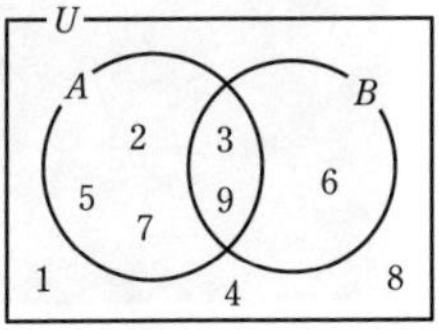

(1)　$\overline{A}=\{\mathbf{1,\ 4,\ 6,\ 8}\}$

(2)　$\overline{B}=\{\mathbf{1,\ 2,\ 4,\ 5,\ 7,\ 8}\}$

(3)　$\overline{A}\cap\overline{B}=\{\mathbf{1,\ 4,\ 8}\}$

(4)　$\overline{A}\cup\overline{B}=\{\mathbf{1,\ 2,\ 4,\ 5,\ 6,\ 7,\ 8}\}$

(5)　$\overline{A}\cap B=\{\mathbf{6}\}$

(6)　$A\cap\overline{B}=\{\mathbf{2,\ 5,\ 7}\}$

(7)　$\overline{A}\cup B=\{\mathbf{1,\ 3,\ 4,\ 6,\ 8,\ 9}\}$

(8)　$A\cup\overline{B}=\{\mathbf{1,\ 2,\ 3,\ 4,\ 5,\ 7,\ 8,\ 9}\}$

練習7　(1)　$\boldsymbol{\overline{A}=\{1,\ 2,\ 3,\ 5,\ 6,\ 7\}}$

$\boldsymbol{\overline{B}=\{1,\ 3,\ 5,\ 7\}}$

(2)　A と B の間の包含関係は　$\boldsymbol{A\subset B}$

$\overline{A}$ と $\overline{B}$ の間の包含関係は　$\boldsymbol{\overline{A}\supset\overline{B}}$

練習8　(1)　$A\cup B=\{2,\ 3,\ 5,\ 6,\ 7,\ 9\}$ であるから

$\overline{A\cup B}=\{1,\ 4,\ 8\}$

$\overline{A}=\{1,\ 4,\ 6,\ 8\}$

$\overline{B}=\{1,\ 2,\ 4,\ 5,\ 7,\ 8\}$ であるから

$\overline{A}\cap\overline{B}=\{1,\ 4,\ 8\}$

よって　$\overline{A\cup B}=\overline{A}\cap\overline{B}$

(2)　$A\cap B=\{3,\ 9\}$ であるから

$\overline{A\cap B}=\{1,\ 2,\ 4,\ 5,\ 6,\ 7,\ 8\}$

また　$\overline{A}\cup\overline{B}=\{1,\ 2,\ 4,\ 5,\ 6,\ 7,\ 8\}$

よって　$\overline{A\cap B}=\overline{A}\cup\overline{B}$

練習9　$\overline{A}\cap\overline{B}$ は右の図の斜線部分である。

よって，$\overline{A\cup B}$，$\overline{A}\cap\overline{B}$ を表す斜線部分は一致するから，等式

$\overline{A\cup B}=\overline{A}\cap\overline{B}$

が成り立つ。

$\overline{A}\cap\overline{B}$

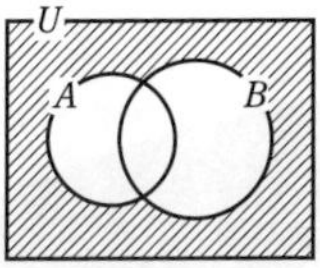

練習10　$\overline{A\cap B}$ は図1の斜線部分である。

$\overline{A}$ は図2の斜線部分，$\overline{B}$ は図3の斜線部分であり，$\overline{A}\cup\overline{B}$ は図4の斜線部分である。

よって，図1と図4の斜線部分は一致するから，等式 $\overline{A\cap B}=\overline{A}\cup\overline{B}$ が成り立つ。

図1　$\overline{A\cap B}$

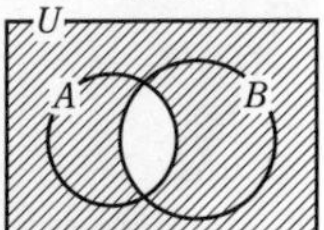

図2　$\overline{A}$

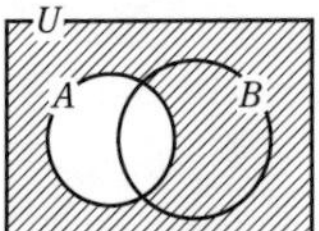

図3　$\overline{B}$

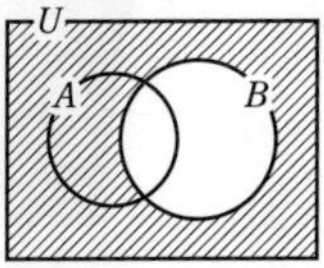

図4　$\overline{A}\cup\overline{B}$

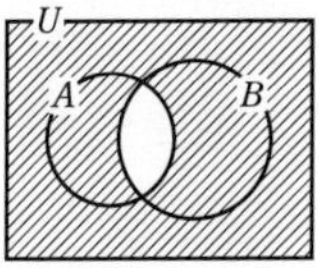

2　命題と条件 (本冊 p. 13～21)

練習11　(ア) は **偽** の命題である。
(イ) は **真** の命題である。
(ウ) は **真** の命題である。
((エ) は「よい近似値」の意味が不明確であるため，命題でない)

練習12　**m が奇数，n が偶数ならば，$m+n$ は奇数である。**

練習13　(1)　$P=\{x|1<x\}$，$Q=\{x|0<x\}$ とすると

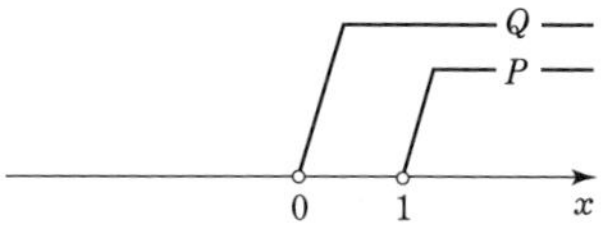

上の図から，$P\subset Q$ が成り立つから，命題「$1<x \Longrightarrow 0<x$」は **真** である。

(2)　$P=\{x|-1<x<1\}$，$Q=\{x|x\geqq -1\}$ とすると

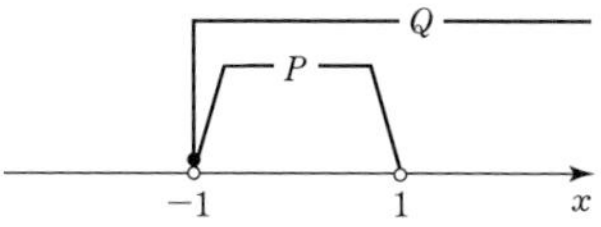

上の図から，$P\subset Q$ が成り立つから，命題「$-1<x<1 \Longrightarrow x\geqq -1$」は **真** である。

練習14　(1)　$n=2$ は素数であるが，偶数である。
よって，**命題は偽である。**
(2)　$a=1$，$b=2$，$c=0$ のとき
$ac=bc=0$ であるが，$a\neq b$ である。
よって，**命題は偽である。**

練習15　(1)　整数 n について
n は 3 の倍数 $\Longrightarrow$ n は 6 の倍数
は成り立たない ($n=3$ は 3 の倍数であるが 6 の倍数でない)。また
n は 6 の倍数 $\Longrightarrow$ n は 3 の倍数
は成り立つ。
よって，**必要条件であるが十分条件ではない。**

(2)　実数 x，y，z について
$x=y \Longrightarrow x+z=y+z$
は成り立つ。また
$x+z=y+z \Longrightarrow x=y$
も成り立つ。
よって，**必要十分条件である。**

(3)　△ABC と △DEF について
△ABC≡△DEF $\Longrightarrow$ △ABC＝△DEF
は成り立つ。
また，面積が等しくても合同とは限らないから
△ABC＝△DEF $\Longrightarrow$ △ABC≡△DEF
は成り立たない。
よって，**十分条件であるが必要条件ではない。**

練習16　(1)　**n は奇数である**
(2)　**$x\leqq 1$**
(3)　**$x\neq 2$**

練習17　不等式 $2x+3\leqq 5$ の解は　$x\leqq 1$
よって，**p かつ q は　$-2<x\leqq 1$**
p または q は　$x<2$

練習18　(1)　**$x\leqq 0$ かつ $y>0$**
(2)　「$-3\leqq x<5$」とは「$x\geqq -3$ かつ $5>x$」ということであるから，否定は
$x<-3$ または $5\leqq x$

練習19　$(x-1)(y+2)=0$ は，次のように表される。
$x-1=0$ または $y+2=0$
よって　**$x=1$ または $y=-2$**
否定は　$x\neq 1$　かつ　$y\neq -2$

練習20　(1)　$x=-1$ のとき　$x^3=-1$
よって，**もとの命題は偽である。**
また，**否定は真である。**
(2)　$x=-1$ のとき　$x+1=0$
よって，**もとの命題は真である。**
また，**否定は偽である。**

3　命題と証明 （本冊 p. 22～24）

練習21 (1)　**逆：$a \neq b \Longrightarrow a^2 \neq b^2$**
対偶：$a=b \Longrightarrow a^2=b^2$
裏：$a^2=b^2 \Longrightarrow a=b$
$a=1$，$b=-1$ のとき，$a^2=b^2$ であるから，**逆は偽，裏は偽** である。
また，**対偶は真** である。
(2)　**逆：「$a>0$ かつ $b>0$」$\Longrightarrow ab>0$**
対偶：「$a \leqq 0$ または $b \leqq 0$」$\Longrightarrow ab \leqq 0$
裏：$ab \leqq 0 \Longrightarrow$「$a \leqq 0$ または $b \leqq 0$」
逆は真，裏は真 である。
対偶について，$a=-1$，$b=-2$ のとき，$ab>0$ であるから，**対偶は偽** である。

練習22 (1)　対偶「n が偶数ならば，n^2 は偶数である」を証明する。
n が偶数のとき，n はある整数 k を用いて $n=2k$ と表される。このとき
$$n^2=(2k)^2=2(2k^2)$$
$2k^2$ は整数であるから，n^2 は偶数である。
よって，対偶は真であり，もとの命題も真である。
(2)　対偶「「$x \leqq 2$ かつ $y \leqq 2$」$\Longrightarrow x+y \leqq 4$」について，対偶は真であるから，もとの命題も真である。

練習23 (1)　$1+\sqrt{2}$ が無理数でないと仮定すると，$1+\sqrt{2}$ は有理数で，有理数 r を用いて
$$1+\sqrt{2}=r$$
と表される。
$1+\sqrt{2}=r$ から　　$r-1=\sqrt{2}$　…… ①
有理数の差は有理数であるから，① の左辺は有理数である。
このことは，① の右辺 $\sqrt{2}$ が無理数であることに矛盾する。
よって，$1+\sqrt{2}$ は無理数である。
(2)　$b \neq 0$ と仮定する。
このとき，$a+b\sqrt{2}=0$ から
$$\sqrt{2}=-\frac{a}{b}$$
$-\frac{a}{b}$ は有理数であるから，このことは $\sqrt{2}$ が無理数であることに矛盾する。
よって　　$b=0$
したがって，$a+0\cdot\sqrt{2}=0$ から　　$a=0$

4　集合の要素の個数 （本冊 p. 25～29）

練習24 $A=\{2,\ 4,\ 6,\ 8,\ 10,\ 12,\ 14,\ 16,\ 18\}$
であるから　　$\boldsymbol{n(A)=9}$
$B=\{2,\ 3,\ 5,\ 7,\ 11,\ 13,\ 17,\ 19\}$
であるから　　$\boldsymbol{n(B)=8}$

練習25 1 から 100 までの整数のうち，2 の倍数全体の集合を A，5 の倍数全体の集合を B とする。
(1)　$A=\{2\cdot1,\ 2\cdot2,\ 2\cdot3,\ \cdots\cdots,\ 2\cdot50\}$
よって，2 の倍数は　**50 個**
(2)　$B=\{5\cdot1,\ 5\cdot2,\ 5\cdot3,\ \cdots\cdots,\ 5\cdot20\}$
よって，5 の倍数は　**20 個**
(3)　2 の倍数かつ 5 の倍数全体の集合は，$A \cap B$ である。
$A \cap B$ は，2 と 5 の最小公倍数 10 の倍数全体の集合であるから
$$A \cap B=\{10\cdot1,\ 10\cdot2,\ \cdots\cdots,\ 10\cdot10\}$$
よって，2 の倍数かつ 5 の倍数は　**10 個**
(4)　2 の倍数または 5 の倍数全体の集合は，$A \cup B$ である。
$$n(A)=50,\ n(B)=20,\ n(A \cap B)=10$$
であるから
$$n(A \cup B)=n(A)+n(B)-n(A \cap B)$$
$$=50+20-10=60$$
よって，2 の倍数または 5 の倍数は　**60 個**

練習26 $n(A \cup B \cup C)=a+b+c+d+e+f+g$
$$n(A)+n(B)+n(C)$$
$$-n(A \cap B)-n(B \cap C)-n(C \cap A)$$
$$+n(A \cap B \cap C)$$
$$=(a+d+f+g)+(b+d+e+g)$$
$$+(c+e+f+g)-(d+g)-(e+g)$$
$$-(f+g)+g$$
$$=a+b+c+d+e+f+g$$
よって，
$$n(A \cup B \cup C)$$
$$=n(A)+n(B)+n(C)$$
$$-n(A \cap B)-n(B \cap C)-n(C \cap A)$$
$$+n(A \cap B \cap C)$$
が成り立つ。

練習27　2 の倍数，3 の倍数，5 の倍数全体の集合をそれぞれ A，B，C とすると

$$n(A)=50,\ n(B)=33,\ n(C)=20$$

また，$A\cap B$，$B\cap C$，$C\cap A$，$A\cap B\cap C$ は，それぞれ 6 の倍数，15 の倍数，10 の倍数，30 の倍数全体の集合である。

$A\cap B=\{6\cdot1,\ 6\cdot2,\ \cdots\cdots,\ 6\cdot16\}$ から

$$n(A\cap B)=16$$

$B\cap C=\{15\cdot1,\ 15\cdot2,\ \cdots\cdots,\ 15\cdot6\}$ から

$$n(B\cap C)=6$$

$C\cap A=\{10\cdot1,\ 10\cdot2,\ \cdots\cdots,\ 10\cdot10\}$ から

$$n(C\cap A)=10$$

$A\cap B\cap C=\{30\cdot1,\ 30\cdot2,\ 30\cdot3\}$ から

$$n(A\cap B\cap C)=3$$

2，3，5 の少なくとも 1 つで割り切れる数全体の集合は，$A\cup B\cup C$ であるから

$$n(A\cup B\cup C)=50+33+20-16-6-10+3$$
$$=74$$

したがって　**74 個**

練習28　100 から 200 までの整数全体の集合を全体集合 U とすると

$$n(U)=200-100+1=101$$

7 で割り切れる数全体の集合を A とする。

$A=\{7\cdot15,\ 7\cdot16,\ 7\cdot17,\ \cdots\cdots,\ 7\cdot28\}$ から

$$n(A)=28-15+1=14$$

7 で割り切れない数全体の集合は $\overline{A}$ であるから

$$n(\overline{A})=101-14=87$$

よって　**87 個**

練習29　1 から 100 までの整数全体の集合を全体集合 U とすると

$$n(U)=100$$

3 の倍数，5 の倍数全体の集合をそれぞれ A，B とすると

$$n(A)=33,\ n(B)=20$$

(1)　5 の倍数でない数全体の集合は $\overline{B}$ であるから　$n(\overline{B})=100-20=80$

よって　**80 個**

(2)　3 の倍数であるが，5 の倍数でない数全体の集合は $A\cap\overline{B}$ である。

$A\cap B$ は 15 の倍数全体の集合であるから

$$n(A\cap B)=6$$

このとき　$n(A\cap\overline{B})=n(A)-n(A\cap B)$
$=33-6=27$

よって　**27 個**

練習30　60 人の生徒の集合を全体集合 U，自転車を利用する生徒の集合を A，電車を利用する生徒の集合を B とする。このとき

$$n(U)=60,\ n(A)=28,\ n(B)=22$$

(1)　自転車も電車も利用する生徒の集合は $A\cap B$ で表され

$$n(A\cap B)=8$$

自転車か電車の少なくとも一方を利用する生徒の集合は $A\cup B$ で表される。

$$n(A\cup B)=n(A)+n(B)-n(A\cap B)$$
$$=28+22-8=42$$

自転車も電車も利用しない生徒の集合は $\overline{A}\cap\overline{B}$，すなわち $\overline{A\cup B}$ で表される。

$$n(\overline{A\cup B})=n(U)-n(A\cup B)$$
$$=60-42=18$$

よって　**18 人**

(2)　自転車を利用するが，電車は利用しない生徒の集合は $A\cap\overline{B}$ で表される。

$$n(A\cap\overline{B})=n(A)-n(A\cap B)$$
$$=28-8=20$$

よって　**20 人**

確認問題 (本冊 $p.30$)

問題1 (1) $\{4, 8, 12, 16, 20, 24, 28\}$

(2) $\{-3, -2, -1, 0, 1\}$

(3) $\{1, 4, 7, \cdots\cdots\}$

問題2 (1) $A=\{5, 10\}$, $B=\{5, 10, 15\}$
であるから $\boldsymbol{A \subset B}$

(2) $A=\{1, 3, 5, 7, 9\}$, $B=\{1, 3, 9\}$
であるから $\boldsymbol{A \supset B}$

(3) $A=\{3, 5, 7\}$, $B=\{3, 5, 7\}$
であるから $\boldsymbol{A=B}$

問題3 (1) $x=1 \Longrightarrow x^2+2x-3=0$
は成り立つ。
また, $x^2+2x-3=0$ を解くと, $x=-3, 1$ であるから,
$x^2+2x-3=0 \Longrightarrow x=1$
は成り立たない。
よって, **十分条件であるが必要条件ではない。**

(2) $x=y=-2 \Longrightarrow 2x-y=2y-x=-2$
は成り立つ。また
$2x-y=2y-x=-2 \Longrightarrow x=y=-2$
も成り立つ。
よって, **必要十分条件である。**

(3) △ABC において,
∠A=60°, ∠B=40°, ∠C=80° のとき,
△ABC は正三角形ではないから,
∠A=60° ⟹ △ABC は正三角形
は成り立たない。また
△ABC は正三角形 ⟹ ∠A=60°
は成り立つ。
よって, **必要条件であるが十分条件ではない。**

問題4 (1) $x \leqq 9$ かつ $x>3$
すなわち $\boldsymbol{3<x\leqq 9}$

(2) **n は, 10 未満 (9 以下) の整数であるか奇数である**

問題5 (1) $\boldsymbol{n(\overline{A})}=n(U)-n(A)$
$=100-34=\boldsymbol{66}$

(2) $\boldsymbol{n(A\cup B)}=n(A)+n(B)-n(A\cap B)$
$=34+58-21=\boldsymbol{71}$

(3) $n(\overline{A}\cap\overline{B})=n(\overline{A\cup B})$
$=n(U)-n(A\cup B)$
$n(A\cup B)=71$ であるから
$\boldsymbol{n(\overline{A}\cap\overline{B})}=100-71=\boldsymbol{29}$

演習問題A (本冊 $p.31$)

問題1 $\varnothing$, $\{1\}$, $\{2\}$, $\{3\}$, $\{4\}$, $\{1, 2\}$, $\{1, 3\}$, $\{1, 4\}$, $\{2, 3\}$, $\{2, 4\}$, $\{3, 4\}$, $\{1, 2, 3\}$, $\{1, 2, 4\}$, $\{1, 3, 4\}$, $\{2, 3, 4\}$, $\{1, 2, 3, 4\}$

問題2 (1) 実数 x について
$x>0 \Longrightarrow x^2>0$
は成り立つ。
また, $x=-1$ は, $x^2>0$ を満たすが $x>0$ は満たさないから
$x^2>0 \Longrightarrow x>0$
は成り立たない。
よって, p は q であるための **十分条件であるが必要条件ではない。**

(2) $x=3$, $y=0$ は, $x+y>2$ を満たすが「$x>1$ かつ $y>1$」は満たさないから
$x+y>2 \Longrightarrow$「$x>1$ かつ $y>1$」
は成り立たない。
また, 実数 x, y について
「$x>1$ かつ $y>1$」$\Longrightarrow x+y>2$
は成り立つ。
よって, p は q であるための **必要条件であるが十分条件ではない。**

(3) 実数 x, y について
$y=0 \Longrightarrow (x^2+1)y=0$
は成り立つ。
また, x^2 は常に 0 以上の値をとるから, x^2+1 は常に 1 以上の値をとる。
よって
$(x^2+1)y=0 \Longrightarrow y=0$
も成り立つ。
したがって, p は q であるための **必要十分条件である。**

問題 3　[1]　2 つの正の数の和と積はともに正の数であるから

$a>0$ かつ $b>0 \Longrightarrow a+b>0$ かつ $ab>0$

は成り立つ。

[2]　$a+b>0$ かつ $ab>0$ とすると，$ab>0$ から「$a>0$ かつ $b>0$」または「$a<0$ かつ $b<0$」

ここで，$a<0$ かつ $b<0$ とすると

$a+b<0$ となり，$a+b>0$ は成り立たない。

よって

「$a+b>0$ かつ $ab>0$」$\Longrightarrow$「$a>0$ かつ $b>0$」

が成り立つ。

[1]，[2] から

「$a>0$ かつ $b>0$」$\Longleftrightarrow$「$a+b>0$ かつ $ab>0$」

が成り立つから，p，q は同値である。

問題 4　(1)「$x=y=z=1$」とは「$x=1$ かつ $y=1$ かつ $z=1$」ということであるから，否定は

$x \neq 1$ または $y \neq 1$ または $z \neq 1$

(2)「x，y の少なくとも一方は 2 である」とは「$x=2$ または $y=2$」ということであるから，否定は

$x \neq 2$ かつ $y \neq 2$

参考　「x，y ともに 2 でない」と答えてもよい。

問題 5　$\sqrt{5}$ が無理数でないと仮定すると，$\sqrt{5}$ は有理数である。

よって，2 つの自然数 m，n を用いて

$$\sqrt{5}=\frac{m}{n}$$

と表される。ただし，m，n は 1 以外に正の公約数をもたない。

このとき，$m=\sqrt{5}\,n$ から　　$m^2=5n^2$　…… ①

したがって，m^2 は 5 の倍数であり，m も 5 の倍数である。

そこで，k を自然数として，$m=5k$ とおくと，① より

$(5k)^2=5n^2$　　すなわち　　$5k^2=n^2$

よって，n^2 は 5 の倍数であり，n も 5 の倍数である。

m と n がともに 5 の倍数であることは，m，n が 1 以外に正の公約数をもたないことに矛盾する。

したがって，$\sqrt{5}$ は無理数である。

問題 6　200 から 300 までの整数のうち，3 で割り切れる数全体の集合を A，5 で割り切れる数全体の集合を B とすると，3 と 5 の少なくとも一方で割り切れる数全体の集合は $A \cup B$ である。

$A=\{3\cdot 67,\ 3\cdot 68,\ \cdots\cdots,\ 3\cdot 100\}$ から

$n(A)=100-67+1=34$

$B=\{5\cdot 40,\ 5\cdot 41,\ \cdots\cdots,\ 5\cdot 60\}$ から

$n(B)=60-40+1=21$

$A \cap B$ は，15 で割り切れる数全体の集合であるから

$A \cap B=\{15\cdot 14,\ 15\cdot 15,\ \cdots\cdots,\ 15\cdot 20\}$

このとき　$n(A \cap B)=20-14+1=7$

よって　　$n(A \cup B)=34+21-7=48$

したがって　　**48 個**

演習問題B　(本冊 p. 32)

問題 7　$A\cap B=\{5,\ 7\}$ であるから　$5\in A$

よって　　$x^2+2x+2=5$

$(x+3)(x-1)=0$

したがって　　$x=-3,\ 1$

[1]　$x=-3$ のとき

$x+4=1,\ x^2+3x+3=3,$

$x^3+3x^2-2x+2=8$

となるから　$B=\{2,\ 1,\ 3,\ 8\}$

このとき，$A\cap B=\{5,\ 7\}$ とならないから，$x=-3$ は適さない。

[2]　$x=1$ のとき

$x+4=5,\ x^2+3x+3=7,$

$x^3+3x^2-2x+2=4$

となるから　$B=\{2,\ 5,\ 7,\ 4\}$

このとき，$A\cap B=\{5,\ 7\}$ となる。

よって　$\boldsymbol{x=1}$

また，$A=\{3,\ 5,\ 7\}$，$B=\{2,\ 4,\ 5,\ 7\}$ から

$A\cup B=\{2,\ 3,\ 4,\ 5,\ 7\}$

したがって　$\overline{\boldsymbol{A}}\cap\overline{\boldsymbol{B}}=\overline{A\cup B}=\boldsymbol{\{1,\ 6,\ 8,\ 9\}}$

問題 8　(1)　$a+b<3$ のとき，$(a,\ b)=(1,\ 1)$ となるから

$a+b<3 \Longrightarrow a^2+b^2<6$

は成り立つ。

また，$a^2+b^2<6$ のとき，

$(a,\ b)=(1,\ 1),\ (1,\ 2),\ (2,\ 1)$

となるから

$a^2+b^2<6 \Longrightarrow a+b<3$

は成り立たない。

よって，**十分条件であるが必要条件ではない。**

(2)　$ab-(a+b)+1>0$ から

$(a-1)(b-1)>0$

$(a-1)(b-1)>0$ のとき，

$a>1$ かつ $b>1$　すなわち　$a\geqq 2$ かつ $b\geqq 2$

となるから

$ab-(a+b)+1>0 \Longrightarrow$「$a\geqq 2$ かつ $b\geqq 2$」

は成り立つ。

また，$a\geqq 2$ かつ $b\geqq 2$ のとき，$a>1$ かつ $b>1$ となるから　$(a-1)(b-1)>0$

よって

「$a\geqq 2$ かつ $b\geqq 2$」$\Longrightarrow ab-(a+b)+1>0$

も成り立つ。

したがって，**必要十分条件である。**

(3)　$ab-(a+b)<0$ から

$(a-1)(b-1)<1$

$(a-1)(b-1)<1$ のとき，

$a=1$ または $b=1$ となるから

$ab-(a+b)<0 \Longrightarrow a+b<4$

は成り立たない。

また，$a+b<4$ のとき，

$(a,\ b)=(1,\ 1),\ (1,\ 2),\ (2,\ 1)$

となるから

$a+b<4 \Longrightarrow ab-(a+b)<0$

は成り立つ。

よって，**必要条件であるが十分条件ではない。**

問題 9　与えられた命題の対偶

「m，n が 1 以外に正の公約数をもつならば，$m+n$ と $m-n$ は 1 以外に正の公約数をもつ。」

を証明する。

m，n は 1 以外の共通な因数をもつから，k を 2 以上の整数として

$m=m'k,\ n=n'k$　$(m'>n'>0)$

と表される。

このとき，

$m+n=m'k+n'k=(m'+n')k$

$m-n=m'k-n'k=(m'-n')k$

であるから，$m+n$ と $m-n$ は共通な因数 k をもつ。

よって，対偶は真である。

したがって，もとの命題も真である。

問題10　$\sqrt{2}+\sqrt{3}$ が無理数でないと仮定すると，$\sqrt{2}+\sqrt{3}$ は有理数である。

よって，有理数 $r(\neq 0)$ を用いて

$\sqrt{2}+\sqrt{3}=r$

と表される。

$\sqrt{3}=r-\sqrt{2}$ の両辺を 2 乗して

$3=r^2-2\sqrt{2}\,r+2$

$2\sqrt{2}\,r=r^2-1$

$r\neq 0$ であるから

$$\sqrt{2}=\frac{r^2-1}{2r}\quad\cdots\cdots ①$$

r^2-1, $2r$ は有理数であるから，① の右辺は有理数となり，$\sqrt{2}$ が無理数であることに矛盾する。

したがって，$\sqrt{2}+\sqrt{3}$ は無理数である。

問題11　(1)　$n(A\cap B)=n(A)+n(B)-n(A\cup B)$

であるから，$n(A\cap B)$ は

$n(A\cup B)$ が最小のとき最大,

$n(A\cup B)$ が最大のとき最小

となる。

まず，$n(A\cap B)$ の最大値を考える。

$n(A\cap B)$ は，$n(A)>n(B)$ であるから，

$A\supset B$ のとき最大になり

$n(A\cap B)=n(B)=39$

よって，**最大値は　39**

次に，$n(A\cap B)$ の最小値を考える。

$n(A\cap B)$ は，$A\cup B=U$ のとき最小になり

$$\begin{aligned} n(A\cap B)&=n(A)+n(B)-n(U) \\ &=70+39-100 \\ &=9 \end{aligned}$$

よって，**最小値は　9**

(2)　$n(A\cap\overline{B})=n(A)-n(A\cap B)$ であるから,

$n(A\cap\overline{B})$ は

$n(A\cap B)$ が最小のとき最大,

$n(A\cap B)$ が最大のとき最小

となる。

(1) の結果から,

最大値は　$70-9=$**61**

最小値は　$70-39=$**31**

第2章　場合の数と確率

1　場合の数　(本冊 $p.$ 34～36)

練習1　(1)　大　中　小

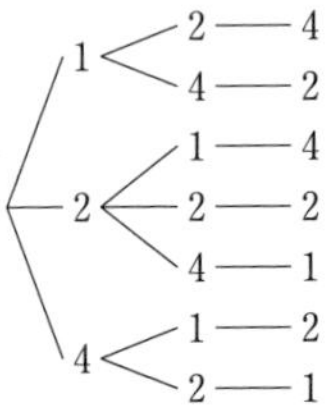

答　**7通り**

(2)　作ることのできる文字列は

aab, aac, aba, abc, aca, acb, baa, bac, bca, caa, cab, cba

答　**12通り**

練習2　(1)　2個のさいころの目を (1, 2) のように表すこととする。

目の和が10になるのは

(4, 6), (5, 5), (6, 4) の3通り。

目の和が11になるのは

(5, 6), (6, 5) の2通り。

目の和が12になるのは

(6, 6) の1通り。

したがって，求める場合の数は，和の法則により

$3+2+1=6$　すなわち　**6通り**

(2)　3個のさいころの目を (1, 2, 3) のように表すこととする。

目の和が5になるのは

(1, 1, 3), (1, 2, 2), (1, 3, 1),
(2, 1, 2), (2, 2, 1), (3, 1, 1)
の6通り。

目の和が4になるのは

(1, 1, 2), (1, 2, 1), (2, 1, 1)
の3通り。

目の和が3になるのは

(1, 1, 1) の1通り。

したがって，求める場合の数は，和の法則により

$6+3+1=10$　すなわち　**10通り**

練習3　さいころAの目が3以上となるのは4通り。

さいころBの目が奇数となるのは3通り。

したがって，積の法則により

$4\times3=12$　すなわち　**12通り**

練習4　(1)　さいころ1個につき，目の出方は6通りずつある。

したがって，積の法則により

$6\times6\times6=\mathbf{216}$

(2)　a, b のどちらか1つ

p, q のどちらか1つ

x, y, z のいずれか1つ

を選び掛け合わせたものが，項となる。

よって，項の個数は，選び方の総数と等しい。

ゆえに，項の個数は積の法則により

$2\times2\times3=12$　すなわち　**12個**

2　順列　(本冊 $p.$ 37～45)

練習5　(1)　${}_5P_2=5\cdot4=\mathbf{20}$

(2)　${}_6P_3=6\cdot5\cdot4=\mathbf{120}$

(3)　${}_8P_1=\mathbf{8}$

(4)　${}_7P_4=7\cdot6\cdot5\cdot4=\mathbf{840}$

練習6　(1)　${}_8P_4=8\cdot7\cdot6\cdot5=\mathbf{1680}$

(2)　${}_5P_3=5\cdot4\cdot3=\mathbf{60}$

練習7　(1)　$7!=7\cdot6\cdot5\cdot4\cdot3\cdot2\cdot1=\mathbf{5040}$

(2)　$6!=6\cdot5\cdot4\cdot3\cdot2\cdot1=\mathbf{720}$

練習8　(1)　両端の女子2人の並び方は，${}_4P_2$ 通りある。

そのおのおのの並び方に対して，間に並ぶ残り5人の並び方は $5!$ 通りある。

よって，求める並び方は，積の法則により

${}_4P_2\times5!=4\cdot3\times5\cdot4\cdot3\cdot2\cdot1=1440$

すなわち　**1440通り**

(2)　男子3人をまとめて1組にする。

この1組と女子4人の並び方は，$5!$ 通りある。

そのおのおのの並び方に対して，1組にした男子3人の並び方は $3!$ 通りある。

よって，求める並び方は，積の法則により

$5!\times3!=5\cdot4\cdot3\cdot2\cdot1\times3\cdot2\cdot1=720$

すなわち　**720通り**

練習 9 (1) 千の位は 0 以外の数字 1, 2, 3, 4, 5 のどれかであるから，その選び方は

5 通り

百，十，一の位には，0 を含めた残り 5 個の数字から 3 個取って並べるから，その並べ方は ${}_5P_3$ 通りある。

したがって，求める整数の個数は

$$5\times{}_5P_3=5\times5\cdot4\cdot3=300$$

すなわち　**300 個**

(2) 一の位は数字 1, 3, 5 のどれかであるから，その選び方は　3 通り

千の位は，0 を除いた残り 4 個の数字のどれかであるから，その選び方は

4 通り

百，十の位は，0 を含めた残り 4 個の数字から 2 個取って並べるから，その並べ方は ${}_4P_2$ 通りある。

したがって，求める整数の個数は

$$3\times4\times{}_4P_2=3\times4\times4\cdot3=144$$

すなわち　**144 個**

(3) 一の位は数字 0, 2, 4 のどれかである。

[1] 一の位の数字が 0 のとき

千，百，十の位には，残り 5 個の数字から 3 個取って並べるから，その並べ方は ${}_5P_3$ 通りある。

[2] 一の位の数字が 2 のとき

千の位は，0 と 2 以外の 4 個の数字のどれかであるから，その選び方は

4 通り

百，十の位には，0 を含めた残り 4 個の数字から 2 個取って並べるから，その並べ方は ${}_4P_2$ 通りある。

よって，一の位が 2 となる偶数の個数は

$4\times{}_4P_2$ 個

[3] 一の位の数字が 4 のとき

[2] と同様で $4\times{}_4P_2$ 個ある。

したがって，求める整数の個数は

$${}_5P_3+4\times{}_4P_2+4\times{}_4P_2=156$$

すなわち　**156 個**

別解　偶数の個数は，4 桁の整数の個数から奇数の個数を引いて

$300-144=$ **156 (個)**

練習10 (1) $(6-1)!=5!=5\cdot4\cdot3\cdot2\cdot1=\mathbf{120}$

(2) $(7-1)!=6!=6\cdot5\cdot4\cdot3\cdot2\cdot1=\mathbf{720}$

練習11 (1) 8 つの場所を用意し，そこに 1 人ずつ入ると考える。

A の位置を決めると，B の位置は 1 通りに定まる。

残りの 6 人は，A，B 以外の 6 つの場所に入ると考えられる。

よって，求める並び方は

$6!=720$　　すなわち　**720 通り**

(2) まず，A と B をまとめて 1 組と考える。

この 1 組と 6 人が円形に並ぶ方法は

$$(7-1)!=6!=720$$

このおのおのの並び方に対して，A と B の並び方は 2! 通りある。

よって，求める並び方は

$$720\times2!=1440$$

すなわち　**1440 通り**

練習12 男子 5 人の円順列の総数は $(5-1)!$ 通りある。

そのおのおのに対して，女子 5 人が男子の間に 1 人ずつ並ぶ方法は 5! 通りある。

よって，求める並び方は

$$(5-1)!\times5!=2880$$

すなわち　**2880 通り**

練習13 (1) $5^3=\mathbf{125}$

(2) $2^{10}=\mathbf{1024}$

練習14 (1) 7 人を，P，Q の 2 つの組のどちらかに分ける方法は 2^7 通りある。

このうち，全員が P 組になる場合，全員が Q 組になる場合の 2 通りを除けばよいから

$$2^7-2=128-2=126$$

すなわち　**126 通り**

(2) (1)の組の区別をなくせばよいから

$\dfrac{126}{2!}=63$　　すなわち　**63 通り**

練習15 U の要素のうち，部分集合に含まれるものには ○，含まれないものには × をつけると考える。

U の 4 つの要素に対する ○，× のつけ方は

$2^4=16$ (通り)

したがって，求める部分集合の個数は

16 個

注意　4 つの要素すべてに × をつけたときは，空集合となる。空集合も，また U 自身も U の部分集合である。

3　組合せ　(本冊 $p.46$〜55)

練習16　(1)　${}_7C_3=\dfrac{7\cdot6\cdot5}{3\cdot2\cdot1}=\mathbf{35}$

(2)　${}_6C_4=\dfrac{6\cdot5\cdot4\cdot3}{4\cdot3\cdot2\cdot1}=\mathbf{15}$

(3)　${}_5C_1=\dfrac{5}{1}=\mathbf{5}$

(4)　${}_4C_4=\dfrac{4\cdot3\cdot2\cdot1}{4\cdot3\cdot2\cdot1}=\mathbf{1}$

練習17　(1)　${}_9C_2=\dfrac{9\cdot8}{2\cdot1}=\mathbf{36}$

(2)　${}_{26}C_3=\dfrac{26\cdot25\cdot24}{3\cdot2\cdot1}=\mathbf{2600}$

練習18　[2] の式より ${}_nC_r=\dfrac{n!}{r!(n-r)!}$ である。

一方　${}_nC_{n-r}=\dfrac{n!}{(n-r)!\{n-(n-r)\}!}$

$=\dfrac{n!}{(n-r)!r!}$

$=\dfrac{n!}{r!(n-r)!}$

したがって，${}_nC_r={}_nC_{n-r}$ が成り立つ。

練習19　(1)　${}_7C_6={}_7C_{7-6}={}_7C_1=\dfrac{7}{1}=\mathbf{7}$

(2)　${}_8C_6={}_8C_{8-6}={}_8C_2=\dfrac{8\cdot7}{2\cdot1}=\mathbf{28}$

(3)　${}_{10}C_7={}_{10}C_{10-7}={}_{10}C_3=\dfrac{10\cdot9\cdot8}{3\cdot2\cdot1}$

$=\mathbf{120}$

(4)　${}_{30}C_{28}={}_{30}C_{30-28}={}_{30}C_2=\dfrac{30\cdot29}{2\cdot1}$

$=\mathbf{435}$

練習20　(1)　${}_{15}C_{12}={}_{15}C_{15-12}={}_{15}C_3=\dfrac{15\cdot14\cdot13}{3\cdot2\cdot1}$

$=\mathbf{455}$

(2)　${}_{12}C_8={}_{12}C_{12-8}={}_{12}C_4=\dfrac{12\cdot11\cdot10\cdot9}{4\cdot3\cdot2\cdot1}$

$=\mathbf{495}$

練習21　${}_{n-1}C_{r-1}=\dfrac{(n-1)!}{(r-1)!\{(n-1)-(r-1)\}!}$

$=\dfrac{(n-1)!}{(r-1)!(n-r)!}$

${}_{n-1}C_r=\dfrac{(n-1)!}{r!\{(n-1)-r\}!}=\dfrac{(n-1)!}{r!(n-r-1)!}$

よって

${}_{n-1}C_{r-1}+{}_{n-1}C_r$

$=\dfrac{(n-1)!}{(r-1)!(n-r)!}+\dfrac{(n-1)!}{r!(n-r-1)!}$

$=\dfrac{(n-1)!\times r}{(r-1)!(n-r)!\times r}$

$+\dfrac{(n-1)!\times(n-r)}{r!(n-r-1)!\times(n-r)}$

$=\dfrac{(n-1)!\times r}{r!(n-r)!}+\dfrac{(n-1)!\times(n-r)}{r!(n-r)!}$

$=\dfrac{(n-1)!}{r!(n-r)!}\times\{r+(n-r)\}$

$=\dfrac{(n-1)!}{r!(n-r)!}\times n=\dfrac{n!}{r!(n-r)!}$

$={}_nC_r$

したがって，${}_nC_r={}_{n-1}C_{r-1}+{}_{n-1}C_r$ が成り立つ。

練習22　6 本の平行線の組の中から 2 本，7 本の平行線の組の中から 2 本選ぶことにより，平行四辺形が 1 つ決まる。

6 本の平行線から選ぶ方法は　${}_6C_2$ 通り

7 本の平行線から選ぶ方法は　${}_7C_2$ 通り

よって，平行四辺形の個数は，積の法則により

${}_6C_2\times{}_7C_2=\dfrac{6\cdot5}{2\cdot1}\times\dfrac{7\cdot6}{2\cdot1}=315$

すなわち　**315 個**

練習23　(1)　A，B を除く 18 人から，A，B 以外の 2 人を選べばよいから

${}_{18}C_2=\dfrac{18\cdot17}{2\cdot1}=\mathbf{153}$

(2)　A，B を除く 18 人から，4 人を選べばよいから

${}_{18}C_4=\dfrac{18\cdot17\cdot16\cdot15}{4\cdot3\cdot2\cdot1}=\mathbf{3060}$

(3)　A，B を除く 18 人から，A 以外の 3 人を選べばよいから

${}_{18}C_3=\dfrac{18\cdot17\cdot16}{3\cdot2\cdot1}=\mathbf{816}$

練習24 (1) 男子6人から3人を選ぶ方法は

$_6C_3$ 通り

そのおのおのに対して，女子8人から2人を選ぶ方法は $_8C_2$ 通り

よって，求める選び方は，積の法則により

$$_6C_3\times{}_8C_2=\frac{6\cdot5\cdot4}{3\cdot2\cdot1}\times\frac{8\cdot7}{2\cdot1}=560$$

すなわち **560 通り**

(2) 男女合わせた14人から5人を選ぶ方法は

$_{14}C_5$ 通り

このうち，5人とも男子となる選び方は

$_6C_5$ 通り

よって，求める選び方は

$$_{14}C_5-{}_6C_5={}_{14}C_5-{}_6C_1$$
$$=\frac{14\cdot13\cdot12\cdot11\cdot10}{5\cdot4\cdot3\cdot2\cdot1}-6$$
$$=2002-6=1996$$

すなわち **1996 通り**

練習25 (1) 9冊の中からAに与える3冊を選ぶ方法は $_9C_3$ 通り

残りの6冊の中からBに与える3冊を選ぶ方法は $_6C_3$ 通り

残りの3冊はCに与える本とする。

よって，求める分け方は

$$_9C_3\times{}_6C_3\times1=1680$$

すなわち **1680 通り**

(2) (1)でA，B，Cの区別をなくすと，3! 通りの重複が生じるから，求める分け方は

$$\frac{1680}{3!}=280$$

すなわち **280 通り**

練習26 まず，3人のA組，B組，C組と，1人のD組に分けるものとして考える。

A組に入る3人を選ぶ方法は $_{10}C_3$ 通り

B組に入る3人を選ぶ方法は $_7C_3$ 通り

C組に入る3人を選ぶ方法は $_4C_3$ 通り

残りの1人はD組に入る。

よって，A組，B組，C組，D組に分ける方法の総数は $_{10}C_3\times{}_7C_3\times{}_4C_3\times1=16800$

実際には，A組，B組，C組の区別は行わないから，3! 通りの重複が生じている。

したがって，求める方法は

$$\frac{16800}{3!}=2800$$

すなわち **2800 通り**

練習27 aが3個，bが3個，cが2個であるから，求める順列の総数は

$$\frac{8!}{3!3!2!}=\frac{8\cdot7\cdot6\cdot5\cdot4\cdot3\cdot2\cdot1}{3\cdot2\cdot1\times3\cdot2\cdot1\times2\cdot1}$$
$$=\mathbf{560}$$

練習28 (1) 北に1区画進むことを↑，東に1区画進むことを→で表す。

このとき，PからQまで最短距離で行く道順の総数は，5個の↑と7個の→を1列に並べる順列の総数に等しい。

したがって，求める道順は

$$\frac{12!}{5!7!}=\frac{12\cdot11\cdot10\cdot9\cdot8}{5\cdot4\cdot3\cdot2\cdot1}=\mathbf{792}\ \textbf{(通り)}$$

(2) PからRまで最短距離で行く道順は

$$\frac{6!}{3!3!}=\frac{6\cdot5\cdot4}{3\cdot2\cdot1}=\mathbf{20}\ \textbf{(通り)}$$

(3) RからQまで最短距離で行く道順は

$$\frac{6!}{2!4!}=\frac{6\cdot5}{2\cdot1}=15\ (通り)$$

(2)の結果と積の法則により，求める道順は

$20\times15=$**300 (通り)**

(4) PからRを通らないでQへ行くのは，PからQへ行くすべての場合から，PからRを通りQへ行く場合を除いたものであるから

$792-300=$**492 (通り)**

(発展の練習)

練習1 $_4H_7={}_{4+7-1}C_7={}_{10}C_7={}_{10}C_3$

$$=\frac{10\cdot9\cdot8}{3\cdot2\cdot1}=\mathbf{120}$$

練習2 (1) 4個の文字A，B，C，Dから重複を許して10個取り，その文字の個数だけ玉を箱に入れればよい。

よって，その入れ方は

$$_4H_{10}={}_{4+10-1}C_{10}={}_{13}C_{10}={}_{13}C_3$$
$$=\frac{13\cdot12\cdot11}{3\cdot2\cdot1}=286$$

すなわち **286 通り**

(2) 4つの箱に予め1個ずつ玉を入れておき，残りの6個を4つの箱に分けると考える。

4個の文字A，B，C，Dから重複を許して6個取り，その文字の個数だけ玉を箱に入れればよい。

よって，その入れ方は

$${}_4H_6={}_{4+6-1}C_6={}_9C_6={}_9C_3$$
$$=\frac{9\cdot8\cdot7}{3\cdot2\cdot1}=84$$

すなわち　**84 通り**

練習 3　(1)　3 個の文字 a，b，c から重複を許して，a を x 個，b を y 個，c を z 個取って合計 10 個にする方法の総数と同じである。

よって，求める組の個数は，異なる 3 個のものから重複を許して 10 個取る組合せの総数と等しいから

$${}_3H_{10}={}_{3+10-1}C_{10}={}_{12}C_{10}={}_{12}C_2$$
$$=\frac{12\cdot11}{2\cdot1}=66$$

すなわち　**66 個**

(2)　$X=x-1$，$Y=y-1$，$Z=z-1$ とおくと

$$X\geqq0,\ Y\geqq0,\ Z\geqq0$$

このとき，$x+y+z=10$ から

$$(X+1)+(Y+1)+(Z+1)=10$$
$$X+Y+Z=7$$

よって，求める組の個数は，異なる 3 個のものから重複を許して 7 個取る組合せの総数と等しいから

$${}_3H_7={}_{3+7-1}C_7={}_9C_7={}_9C_2$$
$$=\frac{9\cdot8}{2\cdot1}=36$$

すなわち　**36 個**

4　二項定理　(本冊 $p.56\sim60$)

練習29　(1)　$(a-b)^6$

$$={}_6C_0a^6+{}_6C_1a^5(-b)+{}_6C_2a^4(-b)^2+{}_6C_3a^3(-b)^3+{}_6C_4a^2(-b)^4+{}_6C_5a(-b)^5+{}_6C_6(-b)^6$$
$$=\boldsymbol{a^6-6a^5b+15a^4b^2-20a^3b^3+15a^2b^4-6ab^5+b^6}$$

(2)　$(x+2y)^5$

$$={}_5C_0x^5+{}_5C_1x^4(2y)+{}_5C_2x^3(2y)^2+{}_5C_3x^2(2y)^3+{}_5C_4x(2y)^4+{}_5C_5(2y)^5$$
$$=x^5+5x^4\cdot2y+10x^3\cdot4y^2+10x^2\cdot8y^3+5x\cdot16y^4+32y^5$$
$$=\boldsymbol{x^5+10x^4y+40x^3y^2+80x^2y^3+80xy^4+32y^5}$$

練習30　(1)　$(3x+2)^6$ の展開式の一般項は

$${}_6C_r(3x)^{6-r}2^r={}_6C_r3^{6-r}2^rx^{6-r}$$

$x^{6-r}=x^2$ となる r は　$r=4$

したがって，x^2 の項の係数は

$${}_6C_43^22^4=\boldsymbol{2160}$$

(2)　$(2x-5y)^5$ の展開式の一般項は

$${}_5C_r(2x)^{5-r}(-5y)^r={}_5C_r2^{5-r}(-5)^rx^{5-r}y^r$$

$x^{5-r}y^r=x^3y^2$ となる r は　$r=2$

したがって，x^3y^2 の項の係数は

$${}_5C_22^3(-5)^2=\boldsymbol{2000}$$

練習31　(1)　パスカルの三角形の 5 行目の数は

1，5，10，10，5，1

である。

よって

$$(a+b)^5=\boldsymbol{a^5+5a^4b+10a^3b^2+10a^2b^3+5ab^4+b^5}$$

(2)　パスカルの三角形の 7 行目の数は

1，7，21，35，35，21，7，1

である。

よって

$$(a-b)^7=a^7+7a^6(-b)+21a^5(-b)^2+35a^4(-b)^3+35a^3(-b)^4+21a^2(-b)^5+7a(-b)^6+(-b)^7$$
$$=\boldsymbol{a^7-7a^6b+21a^5b^2-35a^4b^3+35a^3b^4-21a^2b^5+7ab^6-b^7}$$

練習32 (1) 等式 ① において，$x=-1$ とすると

$$(1-1)^n={}_nC_0+{}_nC_1(-1)+{}_nC_2(-1)^2+\cdots\cdots+{}_nC_r(-1)^r+\cdots\cdots+{}_nC_n(-1)^n$$
$$={}_nC_0-{}_nC_1+{}_nC_2-\cdots\cdots+(-1)^r{}_nC_r+\cdots\cdots+(-1)^n{}_nC_n$$

したがって

$${}_nC_0-{}_nC_1+{}_nC_2-\cdots\cdots+(-1)^r{}_nC_r+\cdots\cdots+(-1)^n{}_nC_n=0$$

(2) 等式 ① において，$x=-2$ とすると

$$(1-2)^n={}_nC_0+{}_nC_1(-2)+{}_nC_2(-2)^2+\cdots\cdots+{}_nC_r(-2)^r+\cdots\cdots+{}_nC_n(-2)^n$$
$$={}_nC_0+(-2){}_nC_1+(-2)^2{}_nC_2+\cdots\cdots+(-2)^r{}_nC_r+\cdots\cdots+(-2)^n{}_nC_n$$

したがって

$${}_nC_0-2{}_nC_1+2^2{}_nC_2-\cdots\cdots+(-2)^r{}_nC_r+\cdots\cdots+(-2)^n{}_nC_n=(-1)^n$$

練習33 (1) $\{(a+b)+c\}^9$ の展開式において，c^2 を含む項は　${}_9C_2(a+b)^7c^2$

また，$(a+b)^7$ の展開式において，a^3b^4 の項の係数は　${}_7C_4$

よって，求める係数は

$${}_9C_2\times{}_7C_4=\frac{9\cdot8}{2\cdot1}\times\frac{7\cdot6\cdot5\cdot4}{4\cdot3\cdot2\cdot1}=\mathbf{1260}$$

(2) $\{(a+b)+c\}^9$ の展開式において，c^4 を含む項は　${}_9C_4(a+b)^5c^4$

また，$(a+b)^5$ の展開式において，ab^4 の項の係数は　${}_5C_4$

よって，求める係数は

$${}_9C_4\times{}_5C_4=\frac{9\cdot8\cdot7\cdot6}{4\cdot3\cdot2\cdot1}\times\frac{5\cdot4\cdot3\cdot2}{4\cdot3\cdot2\cdot1}=\mathbf{630}$$

(3) $\{(a+b)+c\}^9$ の展開式において，c^4 を含む項は　${}_9C_4(a+b)^5c^4$

また，$(a+b)^5$ の展開式において，a^5 の項の係数は　${}_5C_0$

よって，求める係数は

$${}_9C_4\times{}_5C_0=\frac{9\cdot8\cdot7\cdot6}{4\cdot3\cdot2\cdot1}\times1=\mathbf{126}$$

(発展の練習)

$$\frac{12!}{7!3!2!}=\frac{12\cdot11\cdot10\cdot9\cdot8}{3\cdot2\cdot1\cdot2\cdot1}=\mathbf{7920}$$

5　試行と事象 (本冊 p. 61～64)

練習34 (1) $\boldsymbol{A}$**＝{(裏，裏)}**

(2) $\boldsymbol{B}$**＝{(表，表)，(表，裏)，(裏，表)}**

練習35 事象 $A\cap B$ は，ハートの札かつ絵札が出る，すなわち，**ハートの絵札が出るという事象。**

事象 $A\cup B$ は，ハートの札または絵札が出るという事象。

練習36 (1) **排反である。** (2) **排反である。**

(3) **排反ではない。**

練習37 $\boldsymbol{A}$**と**$\boldsymbol{B}$**，**$\boldsymbol{C}$**と**$\boldsymbol{D}$

6　確率の基本性質 (本冊 p. 65～72)

練習38 全事象をUとすると

$$U=\{1,\ 2,\ 3,\ 4,\ 5,\ 6\}$$

(1) 3 の倍数の目が出るという事象をAとする。

Aを表す集合は

$$A=\{3,\ 6\}$$

よって　$P(A)=\dfrac{n(A)}{n(U)}=\dfrac{2}{6}=\boldsymbol{\dfrac{1}{3}}$

(2) 素数の目が出るという事象をBとする。

Bを表す集合は

$$B=\{2,\ 3,\ 5\}$$

よって　$P(B)=\dfrac{n(B)}{n(U)}=\dfrac{3}{6}=\boldsymbol{\dfrac{1}{2}}$

練習39 全事象をUとすると，Uの要素の個数は

$$n(U)=50$$

4 の倍数のカードは，全部で 12 枚ある。

よって，4 の倍数のカードが出るという事象をAとすると，Aを表す集合の要素の個数は

$$n(A)=12$$

したがって　$P(A)=\dfrac{n(A)}{n(U)}=\dfrac{12}{50}=\boldsymbol{\dfrac{6}{25}}$

練習40 表が出ることを○，裏が出ることを×で表すと，2 枚の硬貨の表裏の出方は，次のようになる。

○○，　○×，　×○，　××

表裏の出方は全部で 4 通りあり，そのうち表と裏が 1 枚ずつ出る場合は 2 通りある。

よって，求める確率は　$\dfrac{2}{4}=\boldsymbol{\dfrac{1}{2}}$

練習41　2個のさいころの目の出方は，全部で

$6\times6=36$（通り）

36通りの組合せに対する，2個の目の和は，次の表のようになる。

	1	2	3	4	5	6
1	2	3	4	5	6	7
2	3	4	5	6	7	8
3	4	5	6	7	8	9
4	5	6	7	8	9	10
5	6	7	8	9	10	11
6	7	8	9	10	11	12

この表から，和が7になる場合の組合せが最も多く，6組あることがわかる。

よって，**2個の目の和が7になる事象の確率が最も大きく**，その事象の確率は

$$\frac{6}{36}=\mathbf{\frac{1}{6}}$$

練習42　9本のくじの中から2本引く組合せは

${}_9C_2=36$（通り）

当たり3本から1本を引く組合せは　3通り

はずれ6本から1本を引く組合せは　6通り

よって，積の法則により，当たり1本，はずれ1本を引く組合せは

$3\times6=18$（通り）

したがって，求める確率は

$$\frac{18}{36}=\mathbf{\frac{1}{2}}$$

練習43　1枚の硬貨を3回投げるとき，表裏の出方は　　$2\times2\times2=8$（通り）

表が2回出るという事象をA，表が3回出るという事象をBとする。

2つの事象A，Bは互いに排反である。

事象Aを表す集合は

$A=\{$(表，表，裏)，(表，裏，表)，(裏，表，表)$\}$

であるから　$n(A)=3$

よって　　$P(A)=\frac{3}{8}$

事象Bを表す集合は

$B=\{$(表，表，表)$\}$

であるから　$n(B)=1$

よって　　$P(B)=\frac{1}{8}$

求める確率は $P(A\cup B)$ であるから，確率の加法定理により

$$P(A\cup B)=P(A)+P(B)$$

$$=\frac{3}{8}+\frac{1}{8}=\frac{4}{8}=\mathbf{\frac{1}{2}}$$

練習44　2個のさいころの目の出方は，全部で

$6\times6=36$（通り）

目の和が5になるという事象をA，目の和が10になるという事象をBとする。

2つの事象A，Bは互いに排反である。

事象Aを表す集合は

$A=\{(1,\ 4),\ (2,\ 3),\ (3,\ 2),\ (4,\ 1)\}$

であるから　$n(A)=4$

よって　　$P(A)=\frac{4}{36}$

事象Bを表す集合は

$B=\{(4,\ 6),\ (5,\ 5),\ (6,\ 4)\}$

であるから　$n(B)=3$

よって　　$P(B)=\frac{3}{36}$

求める確率は $P(A\cup B)$ であるから，確率の加法定理により

$$P(A\cup B)=P(A)+P(B)$$

$$=\frac{4}{36}+\frac{3}{36}=\mathbf{\frac{7}{36}}$$

練習45　2個のさいころの目の出方は，全部で

$6\times6=36$（通り）

目の積が12になるという事象をA，

目の積が24になるという事象をB，

目の積が36になるという事象をCとする。

目の積が12の倍数になるという事象は，3つの事象A，B，Cの和事象であり，この3つの事象は互いに排反である。

事象Aを表す集合は

$A=\{(2,\ 6),\ (3,\ 4),\ (4,\ 3),\ (6,\ 2)\}$

であるから　$n(A)=4$

よって　　$P(A)=\frac{4}{36}$

事象Bを表す集合は

$B=\{(4,\ 6),\ (6,\ 4)\}$

であるから　$n(B)=2$

よって　　$P(B)=\frac{2}{36}$

事象Cを表す集合は

$$C=\{(6,\ 6)\}$$

であるから　$n(C)=1$

よって　$P(C)=\frac{1}{36}$

求める確率は $P(A\cup B\cup C)$ であるから，確率の加法定理により

$$P(A\cup B\cup C)=P(A)+P(B)+P(C)$$

$$=\frac{4}{36}+\frac{2}{36}+\frac{1}{36}=\mathbf{\frac{7}{36}}$$

練習46　10 本のくじから 5 本引く方法の総数は

$${}_{10}C_5=252\ (\text{通り})$$

当たりくじの本数が 2 本となる事象をA，1 本となる事象をB，0 本となる事象をCとする。当たりくじの本数が 2 本以下という事象は，3 つの事象 A，B，C の和事象であり，この 3 つの事象は互いに排反である。

事象Aを表す集合の要素の個数は

$$n(A)={}_4C_2\times{}_6C_3=120$$

よって　$P(A)=\frac{120}{252}$

事象Bを表す集合の要素の個数は

$$n(B)={}_4C_1\times{}_6C_4=60$$

よって　$P(B)=\frac{60}{252}$

事象Cを表す集合の要素の個数は

$$n(C)={}_6C_5=6$$

よって　$P(C)=\frac{6}{252}$

求める確率は $P(A\cup B\cup C)$ であるから，確率の加法定理により

$$P(A\cup B\cup C)=P(A)+P(B)+P(C)$$

$$=\frac{120}{252}+\frac{60}{252}+\frac{6}{252}$$

$$=\frac{186}{252}=\mathbf{\frac{31}{42}}$$

練習47　引いたカードが 4 の倍数であるという事象をA，5 の倍数であるという事象をBとする。2 つの事象 A，B は，それぞれ次の集合で表される。

$$A=\{4\cdot1,\ 4\cdot2,\ 4\cdot3,\ \cdots\cdots,\ 4\cdot50\},$$
$$B=\{5\cdot1,\ 5\cdot2,\ 5\cdot3,\ \cdots\cdots,\ 5\cdot40\}$$

このとき

$$A\cap B=\{20\cdot1,\ 20\cdot2,\ 20\cdot3,\ \cdots\cdots,\ 20\cdot10\}$$

よって

$$n(A)=50,\ n(B)=40,\ n(A\cap B)=10$$

また，全事象をUとすると　$n(U)=200$

ゆえに　$P(A)=\frac{50}{200}$，$P(B)=\frac{40}{200}$，

$$P(A\cap B)=\frac{10}{200}$$

よって，引いたカードが 4 の倍数または 5 の倍数である確率 $P(A\cup B)$ は

$$P(A\cup B)=P(A)+P(B)-P(A\cap B)$$

$$=\frac{50}{200}+\frac{40}{200}-\frac{10}{200}=\frac{80}{200}=\mathbf{\frac{2}{5}}$$

練習48　(1)「2 個とも 3 以外の目が出る」という事象をAとすると，「少なくとも 1 個は 3 の目が出る」という事象は，余事象 $\overline{A}$ となる。

$$P(A)=\frac{5\times5}{6\times6}=\frac{25}{36}$$

であるから

$$P(\overline{A})=1-P(A)=1-\frac{25}{36}=\mathbf{\frac{11}{36}}$$

(2)「同じ目が出る」という事象をBとすると，「異なる目が出る」という事象は，余事象 $\overline{B}$ となる。

$$P(B)=\frac{6}{6\times6}=\frac{1}{6}$$

であるから

$$P(\overline{B})=1-P(B)=1-\frac{1}{6}=\mathbf{\frac{5}{6}}$$

7　独立な試行の確率 （本冊 $p.$ 73〜74）

練習49　(1)　1個のさいころを投げて，2の目が出る確率は　$\frac{1}{6}$

1枚の硬貨を投げて，表が出る確率は　$\frac{1}{2}$

この2つの試行は独立であるから，求める確率は　$\frac{1}{6}\times\frac{1}{2}=\mathbf{\frac{1}{12}}$

(2)　1個のさいころを投げて

5以上の目が出る確率は　$\frac{2}{6}=\frac{1}{3}$

奇数の目が出る確率は　$\frac{3}{6}=\frac{1}{2}$

1回目の試行と2回目の試行は独立であるから，求める確率は

$$\frac{1}{3}\times\frac{1}{2}=\mathbf{\frac{1}{6}}$$

練習50　袋Aから白玉を取り出す確率は　$\frac{5}{8}$

袋Bから白玉を取り出す確率は　$\frac{4}{10}=\frac{2}{5}$

この2つの試行は独立であるから，2個とも白玉である確率は　$\frac{5}{8}\times\frac{2}{5}=\frac{1}{4}$

また，袋Aから赤玉を取り出す確率は　$\frac{3}{8}$

袋Bから赤玉を取り出す確率は　$\frac{6}{10}=\frac{3}{5}$

この2つの試行は独立であるから，2個とも赤玉である確率は　$\frac{3}{8}\times\frac{3}{5}=\frac{9}{40}$

よって，2個の玉が同じ色である確率は，確率の加法定理により

$$\frac{1}{4}+\frac{9}{40}=\mathbf{\frac{19}{40}}$$

練習51　1個のさいころを投げて，6の約数の目が出る確率は　$\frac{4}{6}=\frac{2}{3}$

1枚の硬貨を投げて，表が出る確率は　$\frac{1}{2}$

1個のさいころを投げる試行と，硬貨を2枚投げる試行はそれぞれ独立であるから，求める確率は　$\frac{2}{3}\times\frac{1}{2}\times\frac{1}{2}=\mathbf{\frac{1}{6}}$

8　反復試行の確率 （本冊 $p.$ 75〜77）

練習52　(1)　${}_6C_2\left(\frac{1}{6}\right)^2\left(1-\frac{1}{6}\right)^{6-2}=15\times\frac{1}{6^2}\times\frac{5^4}{6^4}$

$$=\mathbf{\frac{3125}{15552}}$$

(2)　${}_6C_3\left(\frac{1}{2}\right)^3\left(1-\frac{1}{2}\right)^{6-3}=20\times\frac{1}{2^3}\times\frac{1}{2^3}=\mathbf{\frac{5}{16}}$

練習53　1回の試行で

白玉が出る確率は　$\frac{6}{8}=\frac{3}{4}$

赤玉が出る確率は　$\frac{2}{8}=\frac{1}{4}$

(1)　赤玉が3回以上出るのは，赤玉が3回または4回出る場合であるから，求める確率は

$${}_4C_3\left(\frac{1}{4}\right)^3\left(\frac{3}{4}\right)^{4-3}+\left(\frac{1}{4}\right)^4=\frac{12}{256}+\frac{1}{256}$$

$$=\mathbf{\frac{13}{256}}$$

(2)　3回目までに1回だけ白玉が出て，4回目に2度目の白玉が出ればよいから，求める確率は

$${}_3C_1\left(\frac{3}{4}\right)^1\left(\frac{1}{4}\right)^{3-1}\times\frac{3}{4}=\mathbf{\frac{27}{256}}$$

練習54　さいころを1回投げて，3以上の目が出るという事象をAとすると

$$P(A)=\frac{4}{6}=\frac{2}{3}$$

さいころを5回投げた後，点Pが数直線上の3の位置にあるとする。

このとき，事象Aが起こる回数をxとすると

$x-(5-x)=3$　　よって　$x=4$

ゆえに，さいころを5回投げた後，点Pが数直線上の3の位置にあるのは，事象Aがちょうど4回起こる場合である。

したがって，求める確率は

$${}_5C_4\left(\frac{2}{3}\right)^4\left(1-\frac{2}{3}\right)^{5-4}=5\times\frac{2^4}{3^4}\times\frac{1}{3}=\mathbf{\frac{80}{243}}$$

9　条件付き確率　(本冊 p. 78～83)

練習55　条件付き確率 $P_B(A)$ は
「**選び出した1人が本を借りていたときに，その人が男子である確率**」である。
本を借りていたのは75人，そのうち男子は25人である。
よって　$P_B(A)=\frac{25}{75}=\boldsymbol{\frac{1}{3}}$

練習56　選び出された乗客が日本人であるという事象を A，女性であるという事象を B とすると

$$P(A)=\frac{60}{100},\ P(A\cap B)=\frac{36}{100}$$

求める確率は，条件付き確率 $P_A(B)$ であるから

$$P_A(B)=\frac{P(A\cap B)}{P(A)}=\frac{36}{100}\div\frac{60}{100}=\boldsymbol{\frac{3}{5}}$$

練習57　最初に引いたカードが4の倍数であるという事象を A，2回目に引いたカードが4の倍数であるという事象を B とすると，求める確率は $P(A\cap B)$ である。
ここで　$P(A)=\frac{3}{13}$
最初に引いたカードが4の倍数であるとき，残りの12枚のカードの中に4の倍数のカードは2枚あるから

$$P_A(B)=\frac{2}{12}$$

よって，2枚とも4の倍数のカードである確率は

$$P(A\cap B)=P(A)P_A(B)=\frac{3}{13}\times\frac{2}{12}=\boldsymbol{\frac{1}{26}}$$

練習58　(1)　Aがはずれる確率は　$\frac{27}{30}$
Aがはずれたとき，Bもはずれる確率は　$\frac{26}{29}$
よって，AもBもはずれる確率は

$$\frac{27}{30}\times\frac{26}{29}=\boldsymbol{\frac{117}{145}}$$

(2)　少なくとも1人が当たるという事象は，(1)で確率を求めた事象の余事象であるから

$$1-\frac{117}{145}=\boldsymbol{\frac{28}{145}}$$

練習59　1本だけが当たりであるという事象は，次の2つの事象 A，B の和事象である。
A：1本目が当たり，2本目がはずれ
B：1本目がはずれ，2本目が当たり
2つの事象 A，B が起こる確率は，それぞれ次のようになる。

$$P(A)=\frac{4}{12}\times\frac{8}{11}=\frac{8}{33}$$

$$P(B)=\frac{8}{12}\times\frac{4}{11}=\frac{8}{33}$$

求める確率は $P(A\cup B)$ で，2つの事象 A，B は互いに排反であるから

$$P(A\cup B)=P(A)+P(B)=\frac{8}{33}+\frac{8}{33}=\boldsymbol{\frac{16}{33}}$$

練習60　袋Bから赤玉が取り出されるという事象を D とする。
袋Aから取り出された3個の玉は，互いに排反な4つの事象
E：白玉3個
F：白玉2個，赤玉1個
G：白玉1個，赤玉2個
H：赤玉3個
に分かれる。事象 D は互いに排反な4つの事象 $E\cap D$，$F\cap D$，$G\cap D$，$H\cap D$ の和事象である。
事象 E が起こる確率は　$\frac{{}_5C_3}{{}_8C_3}=\frac{10}{56}$
E が起こった後，袋Bには白玉7個と赤玉4個が入っている。
よって，E が起こった後，D が起こる確率は

$$\frac{4}{11}$$

ゆえに　$P(E\cap D)=\frac{10}{56}\times\frac{4}{11}=\frac{40}{616}$
同様に考えると

$$P(F\cap D)=\frac{{}_5C_2\times{}_3C_1}{{}_8C_3}\times\frac{5}{11}=\frac{150}{616}$$

$$P(G\cap D)=\frac{{}_5C_1\times{}_3C_2}{{}_8C_3}\times\frac{6}{11}=\frac{90}{616}$$

$$P(H\cap D)=\frac{{}_3C_3}{{}_8C_3}\times\frac{7}{11}=\frac{7}{616}$$

したがって，求める確率は

$$P(D)=\frac{40}{616}+\frac{150}{616}+\frac{90}{616}+\frac{7}{616}=\boldsymbol{\frac{41}{88}}$$

（発展の練習）

取り出した玉が袋Aの玉であるという事象をA，取り出した玉が袋Bの玉であるという事象をBとし，取り出した玉が赤玉である事象をRとする。

このとき　$P(A)=\frac{2}{6}$，$P(B)=\frac{4}{6}$，

$$P_A(R)=\frac{5}{12},\ P_B(R)=\frac{6}{8}$$

よって　$P(R)=P(A\cap R)+P(B\cap R)$

$$=P(A)P_A(R)+P(B)P_B(R)$$

$$=\frac{2}{6}\times\frac{5}{12}+\frac{4}{6}\times\frac{6}{8}=\frac{23}{36}$$

求める確率は，条件付き確率 $P_R(A)$ であるから

$$P_R(A)=\frac{P(R\cap A)}{P(R)}=\frac{5}{36}\div\frac{23}{36}=\boldsymbol{\frac{5}{23}}$$

10　期待値 （本冊 $p.84$～86）

練習61　2枚の硬貨の表裏の出方は，次の4通りである。

表表，　表裏，　裏表，　裏裏

表が出る枚数をXとすると，Xの各値と，Xがその値をとる確率Pは，次の表のようになる。

X	2	1	0	計
P	$\frac{1}{4}$	$\frac{2}{4}$	$\frac{1}{4}$	1

よって，求める期待値Eは

$$E=2\times\frac{1}{4}+1\times\frac{2}{4}+0\times\frac{1}{4}=\mathbf{1}\ \textbf{(枚)}$$

練習62　2個のさいころを投げるとき，出る目の和をXとする。

Xは2以上12以下の整数値をとり，Xがその値をとる確率Pは，次の表のようになる。

X	2	3	4	5	6	7	8	9	10	11	12	計
P	$\frac{1}{36}$	$\frac{2}{36}$	$\frac{3}{36}$	$\frac{4}{36}$	$\frac{5}{36}$	$\frac{6}{36}$	$\frac{5}{36}$	$\frac{4}{36}$	$\frac{3}{36}$	$\frac{2}{36}$	$\frac{1}{36}$	1

よって，求める期待値Eは

$$E=2\times\frac{1}{36}+3\times\frac{2}{36}+4\times\frac{3}{36}+5\times\frac{4}{36}+6\times\frac{5}{36}$$

$$+7\times\frac{6}{36}+8\times\frac{5}{36}+9\times\frac{4}{36}+10\times\frac{3}{36}$$

$$+11\times\frac{2}{36}+12\times\frac{1}{36}$$

$$=\frac{1}{36}(2+6+12+20+30+42$$

$$+40+36+30+22+12)$$

$$=\frac{1}{36}\times252=\mathbf{7}$$

練習63 (1) 3枚の硬貨の表裏の出方は，次の8通りである。

表表表,
表表裏，表裏表，裏表表,
表裏裏，裏表裏，裏裏表,
裏裏裏

受け取る金額をX円としたとき，Xは1500，1000，500，0のいずれかの値をとり，それぞれの値をとる確率Pは，次の表のようになる。

X	1500	1000	500	0	計
P	$\frac{1}{8}$	$\frac{3}{8}$	$\frac{3}{8}$	$\frac{1}{8}$	1

よって，求める期待値Eは

$$E=1500\times\frac{1}{8}+1000\times\frac{3}{8}+500\times\frac{3}{8}+0\times\frac{1}{8}$$
$$=\frac{1}{8}(1500+3000+1500+0)$$
$$=\frac{1}{8}\times6000=\mathbf{750}\ \textbf{(円)}$$

(2) 受け取る金額の期待値が，参加料より少ないから，この **ゲームに参加することは得とはいえない。**

11　事象の独立と従属 (本冊 p. 87～89)

練習64 $P(B)=\frac{10\times7}{10\times10}=\frac{7}{10}$

$P_A(B)=\frac{7}{10}$

よって，$P_A(B)=P(B)$ であるから，事象Bは事象Aに独立である。

練習65 $P(A)=\frac{3}{6}=\frac{1}{2}$

また，2個のさいころの目の出方は

$6\times6=36$ (通り)

このうち目の和が7となるものは,

(1, 6), (2, 5), (3, 4), (4, 3), (5, 2), (6, 1)

の6通りある。

よって　$P(B)=\frac{6}{36}=\frac{1}{6}$

目の和が7になる組合せのうち，さいころXの目が偶数となるものは3通りある。

よって　$P(A\cap B)=\frac{3}{36}=\frac{1}{12}$

ここで　$P(A)P(B)=\frac{1}{2}\times\frac{1}{6}=\frac{1}{12}$

ゆえに　$P(A\cap B)=P(A)P(B)$

したがって，事象AとBは **独立** である。

練習66 $P(A)=0.4$，$P(B)=0.7$ であるから

$P(\overline{A})=1-P(A)=1-0.4=0.6$

$P(\overline{B})=1-P(B)=1-0.7=0.3$

(1) 2つの事象AとBは独立であるから

$$P(A\cap B)=P(A)P(B)$$
$$=0.4\times0.7$$
$$=\mathbf{0.28}$$

(2) 2つの事象AとBは独立であるから，2つの事象A，$\overline{B}$ も独立である。

よって　$P(A\cap\overline{B})=P(A)P(\overline{B})$

$$=0.4\times0.3$$
$$=\mathbf{0.12}$$

(3) 2つの事象AとBは独立であるから，2つの事象$\overline{A}$，$\overline{B}$ も独立である。

よって　$P(\overline{A}\cap\overline{B})=P(\overline{A})P(\overline{B})$

$$=0.6\times0.3$$
$$=\mathbf{0.18}$$

確認問題（本冊 $p.90$）

問題 1　(1)　目の積が奇数になるのは，2 個のさいころの目がともに奇数になる場合である。
よって，求める場合の数は，積の法則により
$3\times3=\mathbf{9}$ **(通り)**

(2)　目の和が奇数になるのは，次の [1]，[2] のどれかの場合であり，この 2 つの場合は同時には起こらない。
[1]　大きい方のさいころの目が奇数，小さい方のさいころの目が偶数の場合
その場合の数は，積の法則により
$3\times3=9$
[2]　大きい方のさいころの目が偶数，小さい方のさいころの目が奇数の場合
その場合の数は，積の法則により
$3\times3=9$
よって，求める場合の数は，和の法則により
$9+9=\mathbf{18}$ **(通り)**

問題 2　(1)　両端の女子 2 人の並び方は ${}_5P_2$ 通りある。
そのおのおのの並び方に対して，間に並ぶ残り 7 人の並び方は $7!$ 通りある。
よって，求める並び方は，積の法則により
${}_5P_2\times7!=\mathbf{100800}$ **(通り)**

(2)　まず男子 4 人を並べておき，両端と，男子と男子の間に女子が 1 人ずつ入るようにすればよい。
この場合，男子の並び順と女子の並び順が決まれば，男女合わせた 9 人の並び方は決まる。
男子 4 人の並び方は　$4!$ 通り
女子 5 人の並び方は　$5!$ 通り
よって，求める並び方は，積の法則により
$4!\times5!=\mathbf{2880}$ **(通り)**

問題 3　(1)　千の位の数字の選び方は　4 通り
百，十，一の位の数字の選び方は，それぞれ　5 通り
よって，4 桁の整数の個数は
$4\times5^3=\mathbf{500}$ **(個)**

(2)　一の位の数字は 0 または 5 となる。
よって，一の位の数字の選び方は　2 通り
千の位の数字の決め方は　4 通り
百の位，十の位の数字の選び方は，それぞれ　5 通り
したがって，4 桁の整数で 5 の倍数の個数は
$4\times5^2\times2=\mathbf{200}$ **(個)**

問題 4　(1)　12 人から 6 人を選ぶ方法は
${}_{12}C_6$ 通り
残りの 6 人から 4 人を選ぶ方法は
${}_6C_4$ 通り
残りの 2 人は 1 つの組とする。
よって，求める方法は
${}_{12}C_6\times{}_6C_4\times1=\mathbf{13860}$ **(通り)**

(2)　A に入る 3 人の選び方は　${}_{12}C_3$ 通り
B に入る 3 人の選び方は　${}_9C_3$ 通り
C に入る 3 人の選び方は　${}_6C_3$ 通り
D に入る 3 人の選び方は　1 通り
よって，求める方法は
${}_{12}C_3\times{}_9C_3\times{}_6C_3\times1=\mathbf{369600}$ **(通り)**

(3)　(2) の A，B，C，D の区別をなくせばよい。
よって，求める方法は
$\dfrac{369600}{4!}=\mathbf{15400}$ **(通り)**

問題 5　$\{(a+b)+c\}^7$ の展開式において，c^2 を含む項は　${}_7C_2(a+b)^5c^2$
また，$(a+b)^5$ の展開式において，ab^4 の項の係数は　${}_5C_4$
よって，求める係数は
${}_7C_2\times{}_5C_4=21\times5=\mathbf{105}$
別解　本冊 $p.60$ の発展の考えを利用して
$\dfrac{7!}{1!4!2!}=\mathbf{105}$

問題 6　引いた番号札が 3 の倍数であるという事象を A，8 の倍数であるという事象を B とすると，求める確率は，$P(\overline{A}\cap\overline{B})$ すなわち $P(\overline{A\cup B})$ である。
よって，まず $P(A\cup B)$ を求める。
事象 A，B は，それぞれ次の集合で表される。
$A=\{3\cdot1,\ 3\cdot2,\ 3\cdot3,\ \cdots\cdots,\ 3\cdot66\}$
$B=\{8\cdot1,\ 8\cdot2,\ 8\cdot3,\ \cdots\cdots,\ 8\cdot25\}$
このとき，$A\cap B$ は 24 の倍数を引くという事象であり

$A\cap B=\{24\cdot 1,\ 24\cdot 2,\ 24\cdot 3,\ \cdots\cdots,\ 24\cdot 8\}$

よって　$n(A)=66$，$n(B)=25$，

$n(A\cap B)=8$

ゆえに　$P(A)=\dfrac{66}{200}$，$P(B)=\dfrac{25}{200}$，

$P(A\cap B)=\dfrac{8}{200}$

引いた番号札が 3 の倍数または 8 の倍数である確率 $P(A\cup B)$ は

$$\begin{aligned}P(A\cup B)&=P(A)+P(B)-P(A\cap B)\\&=\frac{66}{200}+\frac{25}{200}-\frac{8}{200}\\&=\frac{83}{200}\end{aligned}$$

したがって，求める確率は

$$\begin{aligned}P(\overline{A}\cap\overline{B})&=P(\overline{A\cup B})\\&=1-P(A\cup B)\\&=1-\frac{83}{200}\\&=\boldsymbol{\frac{117}{200}}\end{aligned}$$

問題 7　硬貨を 1 回投げて，表が出るという事象をAとすると　$P(A)=\dfrac{1}{2}$

硬貨を 9 回投げて，点Pがもとの位置に戻っているとする。

事象Aが起こる回数をxとすると

$$2x-(9-x)=0$$

これを解くと　$x=3$

よって，硬貨を 9 回投げるとき，点Pがもとの位置に戻っているのは，事象Aがちょうど 3 回起こる場合である。

したがって，求める確率は

$${}_9C_3\left(\frac{1}{2}\right)^3\left(\frac{1}{2}\right)^6=84\times\frac{1}{2^9}=\boldsymbol{\frac{21}{128}}$$

問題 8　$$\boldsymbol{P_A(B)}=\frac{P(A\cap B)}{P(A)}=\frac{0.2}{0.5}=\boldsymbol{\frac{2}{5}}\ (=0.4)$$

$$\begin{aligned}\boldsymbol{P_B(A)}&=\frac{P(B\cap A)}{P(B)}\\&=\frac{P(A\cap B)}{P(B)}\\&=\frac{0.2}{0.4}=\boldsymbol{\frac{1}{2}}\ (=0.5)\end{aligned}$$

問題 9　さいころを 2 回投げたときの出る目の差の絶対値は，次の表のようになる。

	1	2	3	4	5	6
1	0	1	2	3	4	5
2	1	0	1	2	3	4
3	2	1	0	1	2	3
4	3	2	1	0	1	2
5	4	3	2	1	0	1
6	5	4	3	2	1	0

出る目の差の絶対値をXとすると，Xの値と，Xがその値をとる確率Pは，次の表のようになる。

X	0	1	2	3	4	5	計
P	$\frac{6}{36}$	$\frac{10}{36}$	$\frac{8}{36}$	$\frac{6}{36}$	$\frac{4}{36}$	$\frac{2}{36}$	1

したがって，求める期待値Eは

$$\begin{aligned}E&=0\times\frac{6}{36}+1\times\frac{10}{36}+2\times\frac{8}{36}\\&\quad+3\times\frac{6}{36}+4\times\frac{4}{36}+5\times\frac{2}{36}\\&=\frac{1}{36}(0+10+16+18+16+10)\\&=\frac{1}{36}\times 70\\&=\boldsymbol{\frac{35}{18}}\end{aligned}$$

演習問題A (本冊 $p.91$)

問題1　異なる色の5個の玉を，机の上に円形に並べるとき，その並べ方は $(5-1)!$ 通りある。
首輪を作る場合，裏返して同じになるものが2個ずつできる。

よって，異なる首輪は $\dfrac{(5-1)!}{2}$ 種類できる。

問題2　1が3個，2が2個，3が4個であるから，求める整数の個数は

$$\frac{9!}{3!2!4!}=\mathbf{1260}\ (\text{個})$$

問題3　(1)　$(5x^2-2)^6$ を展開したときの一般項は

$$\begin{aligned}&{}_6C_r(5x^2)^{6-r}(-2)^r\\&={}_6C_r5^{6-r}(x^2)^{6-r}(-2)^r\\&={}_6C_r5^{6-r}(-2)^rx^{12-2r}\end{aligned}$$

$12-2r=4$ を解くと　$r=4$

したがって，x^4 の項の係数は

$${}_6C_45^2(-2)^4=15\times25\times16=\mathbf{6000}$$

(2)　$\left(x^2-\dfrac{1}{x}\right)^9$ を展開したときの一般項は

$$\begin{aligned}&{}_9C_r(x^2)^{9-r}\left(-\frac{1}{x}\right)^r\\&={}_9C_rx^{18-2r}(-1)^rx^{-r}\\&={}_9C_r(-1)^rx^{18-3r}\end{aligned}$$

$18-3r=12$ を解くと　$r=2$

したがって，x^{12} の項の係数は

$${}_9C_2(-1)^2=\mathbf{36}$$

問題4　3人の手の出し方は　$3^3=27$ (通り)

(1)　Aだけが勝つのは

(A, B, C)＝(グー，チョキ，チョキ)，
(チョキ，パー，パー)，
(パー，グー，グー)

の3通りである。

よって，求める確率は　$\dfrac{3}{27}=\mathbf{\dfrac{1}{9}}$

(2)　だれも勝たないのは

[1]　3人とも同じ手を出した場合
[2]　3人とも異なる手を出した場合

のどれかである。

[1] となる手の出し方は　3通り
[2] となる手の出し方は　$3!=6$ (通り)

よって，求める確率は　$\dfrac{3+6}{27}=\dfrac{9}{27}=\mathbf{\dfrac{1}{3}}$

問題5　3個のさいころの目の出方は，全部で

$$6^3=216\ (\text{通り})$$

(1)　3個とも5以下の目が出ればよいから，そのような目の出方は

$$5^3=125\ (\text{通り})$$

したがって，求める確率は　$\mathbf{\dfrac{125}{216}}$

(2)　出る目の最大値が4以下である確率は，(1)と同じように考えて

$$\frac{4^3}{216}=\frac{64}{216}$$

したがって，求める確率は，出る目の最大値が5以下である確率から出る目の最大値が4以下である確率を引いたものであるから

$$\frac{125}{216}-\frac{64}{216}=\mathbf{\frac{61}{216}}$$

問題6　(1)　$\dfrac{{}_5C_1\times{}_4C_1}{{}_9C_2}=\mathbf{\dfrac{5}{9}}$

(2)　2個の玉の色が異なるという事象は，次の排反な2つの事象の和事象である。

[1]　1個目が白玉，2個目が赤玉
[2]　1個目が赤玉，2個目が白玉

事象 [1] の起こる確率は

$$\frac{5}{9}\times\frac{4}{9}=\frac{20}{81}$$

事象 [2] の起こる確率は

$$\frac{4}{9}\times\frac{5}{9}=\frac{20}{81}$$

よって，求める確率は

$$\frac{20}{81}+\frac{20}{81}=\mathbf{\frac{40}{81}}$$

(3)　2個の玉の色が異なるという事象は，次の排反な2つの事象の和事象である。

[1]　1個目が白玉，2個目が赤玉
[2]　1個目が赤玉，2個目が白玉

事象 [1] の起こる確率は

$$\frac{5}{9}\times\frac{4}{8}=\frac{20}{72}$$

事象 [2] の起こる確率は

$$\frac{4}{9}\times\frac{5}{8}=\frac{20}{72}$$

よって，求める確率は

$$\frac{20}{72}+\frac{20}{72}=\frac{40}{72}=\mathbf{\frac{5}{9}}$$

問題 7　Aが得る金額をX円とする。
Xがとりうる値は x, 120 で，値 x, 120 をとる確率は，それぞれ $\frac{2}{6}$, $\frac{4}{6}$ である。
よって，Xの期待値は
$$x\times\frac{2}{6}+120\times\frac{4}{6}=\frac{1}{3}x+80$$
Bが得る金額をY円とする。
Yがとりうる値は y, 90 で，値 y, 90 をとる確率は，それぞれ $\frac{1}{6}$, $\frac{5}{6}$ である。
よって，Yの期待値は
$$y\times\frac{1}{6}+90\times\frac{5}{6}=\frac{1}{6}y+75$$
ゆえに　$\frac{1}{3}x+80=\frac{1}{6}y+75$
$$2x+480=y+450$$
したがって　$\boldsymbol{y=2x+30}$

演習問題B　（本冊 $p.$ 92）

問題 8　(1)　10000 以上 20000 未満の数の個数は
$$4!=24\ (\text{個})$$
20000 以上 30000 未満の数の個数は
$$4!=24\ (\text{個})$$
よって，初めて 30000 以上になるのは
$$24+24+1=\mathbf{49}\ (\textbf{番目})$$
(2)　(1)より，初めて 20000 以上になる数は，25 番目の数である。
その数は　20134
この後，小さい順に
20143, 20314, 20341
よって，28 番目の数は　**20341**
(3)　初めて 40000 以上になる数は 40123 であり，この数は(1)より，
$$24+24+24+1=73\ (\text{番目})$$
の数となることがわかる。この後，小さい順に
40132, 40213
よって，40213 は **75 番目** の数である。

問題 9　(1)　2 そうのボートを A，B とする。
2 そうのボートに乗る人数の分かれ方は，次のようになる。
[1]　Aに 1 人，Bに 3 人
[2]　Aに 2 人，Bに 2 人
[3]　Aに 3 人，Bに 1 人
[1] において，ボートAに乗る 1 人の選び方は
$${}_4C_1=4\ (\text{通り})$$
[2] において，ボートAに乗る 2 人の選び方は
$${}_4C_2=6\ (\text{通り})$$
[3] において，ボートAに乗る 3 人の選び方は
$${}_4C_3=4\ (\text{通り})$$
よって，求める方法は
$$4+6+4=\mathbf{14}\ (\textbf{通り})$$
(2)　(1)で A，B の区別をなくすと，2! 通りの重複が生じるから，求める方法は
$$\frac{14}{2!}=\mathbf{7}\ (\textbf{通り})$$
(3)　座席は全部で 6 つある。6 つの座席に 1，2，3，4，5，6 と番号をつける。
4 人がこれらの番号を 1 つずつ選び，選んだ番号の座席に着くと考える。番号の選び方は
$${}_6P_4=6\cdot5\cdot4\cdot3=360\ (\text{通り})$$
よって，求める方法は　**360 通り**

問題10 (1) まず，4人のA組，B組，2人のC組，D組に分けるものとして考える。

A組に入る4人を選ぶ方法は

${}_{12}C_4$ 通り

B組に入る4人を選ぶ方法は

${}_{8}C_4$ 通り

C組に入る2人を選ぶ方法は

${}_{4}C_2$ 通り

残りの2人はD組に入る。

よって，A組，B組，C組，D組に分ける方法は

$${}_{12}C_4\times{}_{8}C_4\times{}_{4}C_2\times1=207900\ (\text{通り})$$

実際には，A組とB組，C組とD組の区別は行わないから，$2!\times2!=4$ (通り) の重複が生じている。

したがって，求める分け方は

$$\frac{207900}{4}=\mathbf{51975}\ (\textbf{通り})$$

(2) まず，3人のA組，B組，2人のC組，D組，E組に分けるものとして考える。

A組に入る3人を選ぶ方法は

${}_{12}C_3$ 通り

B組に入る3人を選ぶ方法は

${}_{9}C_3$ 通り

C組に入る2人を選ぶ方法は

${}_{6}C_2$ 通り

D組に入る2人を選ぶ方法は

${}_{4}C_2$ 通り

残りの2人はE組に入る。

よって，A組，B組，C組，D組，E組に分ける方法は

$${}_{12}C_3\times{}_{9}C_3\times{}_{6}C_2\times{}_{4}C_2\times1$$
$$=1663200\ (\text{通り})$$

実際には，A組とB組，C組とD組とE組の区別は行わないから，$2!\times3!=12$ (通り) の重複が生じている。

したがって，求める分け方は

$$\frac{1663200}{12}=\mathbf{138600}\ (\textbf{通り})$$

問題11 当たりくじの本数を n とする。

ただし，n は整数で $1\leqq n\leqq14$

はずれくじの本数は $(16-n)$ 本である。

16本のくじの中から2本引く組合せは

${}_{16}C_2$ 通り

2本ともはずれくじを引く組合せは

${}_{16-n}C_2$ 通り

よって，条件から $\dfrac{{}_{16-n}C_2}{{}_{16}C_2}=\dfrac{11}{20}$

すなわち $\dfrac{(16-n)(15-n)}{16\cdot15}=\dfrac{11}{20}$

整理すると $n^2-31n+108=0$

$(n-4)(n-27)=0$

$1\leqq n\leqq14$ から $n=4$

したがって，当たりくじの本数は **4本**

問題12 硬貨を6回投げたときの表が出る回数と，6回投げた後の X の値の関係は，次の表のようになる。

表の出る回数	0	1	2	3	4	5	6
X	-6	-3	0	3	6	9	12

X の値と，その値をとる確率 P の関係は，次の表のようになる。

X	-6	-3	0	3	6	9	12	計
P	$\left(\frac{1}{2}\right)^6$	${}_6C_1\left(\frac{1}{2}\right)^1\left(\frac{1}{2}\right)^5$	${}_6C_2\left(\frac{1}{2}\right)^2\left(\frac{1}{2}\right)^4$	${}_6C_3\left(\frac{1}{2}\right)^3\left(\frac{1}{2}\right)^3$	${}_6C_4\left(\frac{1}{2}\right)^4\left(\frac{1}{2}\right)^2$	${}_6C_5\left(\frac{1}{2}\right)^5\left(\frac{1}{2}\right)^1$	$\left(\frac{1}{2}\right)^6$	1

したがって，求める期待値 E は

$$E=(-6)\times\left(\frac{1}{2}\right)^6+(-3)\times{}_6C_1\left(\frac{1}{2}\right)^6$$
$$+0\times{}_6C_2\left(\frac{1}{2}\right)^6+3\times{}_6C_3\left(\frac{1}{2}\right)^6$$
$$+6\times{}_6C_4\left(\frac{1}{2}\right)^6+9\times{}_6C_5\left(\frac{1}{2}\right)^6+12\times\left(\frac{1}{2}\right)^6$$
$$=\left(\frac{1}{2}\right)^6(-6-18+0+60+90+54+12)$$
$$=\frac{1}{64}\times192=\mathbf{3}$$

第3章　データの分析

1　データの代表値 (本冊 p. 94～95)

練習1　$\frac{1}{30}(16.8+16.3+\cdots\cdots+26.0)$

$=\frac{570.4}{30}=19.013\cdots\cdots\fallingdotseq\mathbf{19.0}$ **(℃)**

練習2　(1)　データを値の大きさの順に並べると

12, 13, 15, 18, 20, 21, 55

よって，中央値は　**18**

(2)　データを値の大きさの順に並べると

41, 49, 50, 54, 57, 61, 64, 150

よって，中央値は　$\frac{54+57}{2}=\mathbf{55.5}$

練習3　売り上げ本数の最頻値は　**500 (mL)**

2　データの散らばりと四分位範囲

(本冊 p. 96～99)

練習4　**Aさんの範囲は**　11−1=**10 (冊)**

Bさんの範囲は　8−3=**5 (冊)**

よって，Aさんの範囲の方がBさんの範囲より大きいから，**Aさんの方がデータの散らばりの度合いが大きい** と考えられる。

練習5　**データAについて**

第1四分位数は　$Q_1=\frac{34+38}{2}=36$

第3四分位数は　$Q_3=\frac{51+53}{2}=52$

よって，**四分位範囲は**　$Q_3-Q_1=52-36$

$=\mathbf{16}$

四分位偏差は　$\frac{Q_3-Q_1}{2}=\frac{16}{2}=\mathbf{8}$

データBについて

第1四分位数は　$Q_1=\frac{29+34}{2}=31.5$

第3四分位数は　$Q_3=\frac{51+58}{2}=54.5$

よって，**四分位範囲は**　$Q_3-Q_1=54.5-31.5$

$=\mathbf{23}$

四分位偏差は　$\frac{Q_3-Q_1}{2}=\frac{23}{2}=\mathbf{11.5}$

また，データBの四分位範囲の方が，データAの四分位範囲より大きいから，データの散らばりの度合いが大きいと考えられるのは

データB

練習6　仙台のデータを気温の低い順に並べると

2.4　3.7　5.4　7.0　10.0　10.2

16.9　17.4　19.0　22.4　22.4　26.2

中央値　$\frac{10.2+16.9}{2}=13.55\fallingdotseq13.6$ (℃)

$Q_1=\frac{5.4+7.0}{2}=6.2$ (℃)

$Q_3=\frac{19.0+22.4}{2}=20.7$ (℃)

横浜のデータを気温の低い順に並べると

6.6　7.9　9.4　11.0　13.9　14.0

19.8　19.9　21.9　24.3　25.3　28.4

中央値　$\frac{14.0+19.8}{2}=16.9$ (℃)

$Q_1=\frac{9.4+11.0}{2}=10.2$ (℃)

$Q_3=\frac{21.9+24.3}{2}=23.1$ (℃)

那覇のデータを気温の低い順に並べると

18.1　19.9　20.0　20.0　22.3　23.1

24.2　26.0　26.5　28.0　28.9　29.2

中央値　$\frac{23.1+24.2}{2}=23.65\fallingdotseq23.7$ (℃)

$Q_1=\frac{20.0+20.0}{2}=20.0$ (℃)

$Q_3=\frac{26.5+28.0}{2}=27.25\fallingdotseq27.3$ (℃)

よって，3つの都市のデータの箱ひげ図は，次のようになる。

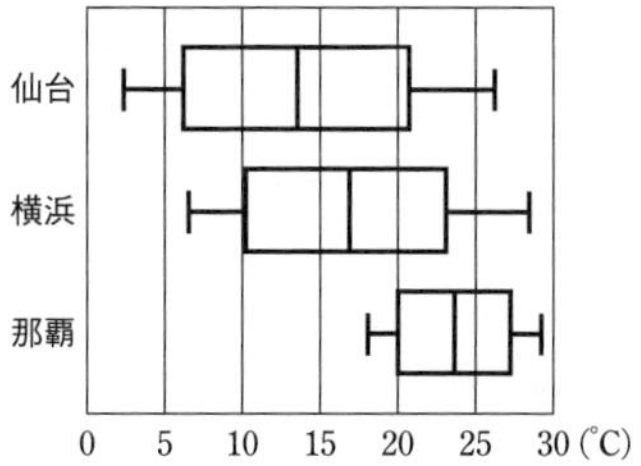

上の箱ひげ図から，**寒暖の差は那覇が最も小さく，仙台が最も大きい。**

3　分散と標準偏差 （本冊 p.100～105）

練習 7　平均値は　$\overline{x}=\frac{1}{5}(44+\cdots\cdots+40)=\frac{220}{5}$

$=44$ (cm)

分散は　$s^2=\frac{1}{5}\{(44-44)^2+\cdots\cdots+(40-44)^2\}$

$=\frac{104}{5}=\mathbf{20.8}$

標準偏差は　$s=\sqrt{20.8}\fallingdotseq\mathbf{4.6}$ **(cm)**

練習 8　$\overline{z}=\frac{1}{10}(8+\cdots\cdots+6)=\frac{60}{10}=6$ (点)

$\overline{z^2}=\frac{1}{10}(8^2+\cdots\cdots+6^2)=\frac{380}{10}=38$

よって　$s_z{}^2=\overline{z^2}-(\overline{z})^2=38-6^2=\mathbf{2}$

したがって　$s_z=\sqrt{2}\fallingdotseq\mathbf{1.4}$ **(点)**

参考　例題1のA組，B組と練習8のC組では，データの平均値は等しいが，$s_x>s_y>s_z$ となっているから，C組のデータが最も平均値の周りに集中していることがわかる。

(発展の練習)

練習 1　$y=\frac{1}{7}x-\frac{3}{7}$ で，変量 x の平均値 $\overline{x}=10$ であるから，変量 y の **平均値** $\overline{y}$ は

$\overline{y}=\frac{1}{7}\overline{x}-\frac{3}{7}=\frac{1}{7}\cdot10-\frac{3}{7}=\mathbf{1}$

変量 x の分散 $s_x{}^2=49$ であるから，変量 y の **分散** $s_y{}^2$ は

$s_y{}^2=\left(\frac{1}{7}\right)^2\cdot49=\mathbf{1}$

変量 y の **標準偏差** s_y は

$s_y=\left|\frac{1}{7}\right|\cdot\sqrt{49}=\mathbf{1}$

練習 2　$y=1.8x+32$ で，変量 x の平均値 $\overline{x}=25$ であるから，変量 y の **平均値** $\overline{y}$ は

$\overline{y}=1.8\overline{x}+32=1.8\cdot25+32=\mathbf{77}$ **(°F)**

変量 x の分散 $s_x{}^2=16$ であるから，変量 y の **分散** $s_y{}^2$ は

$s_y{}^2=(1.8)^2\cdot16=\mathbf{51.84}$

変量 y の **標準偏差** s_y は

$s_y=|1.8|\cdot\sqrt{16}=\mathbf{7.2}$ **(°F)**

練習 3　(1)　変量 u のデータは，次のようになる。

1，0，−2，3，1，0

このとき，変量 u の **平均値** $\overline{u}$ は

$\overline{u}=\frac{1}{6}(1+0-2+3+1+0)=\mathbf{0.5}$

$\overline{u^2}=\frac{1}{6}\{1^2+0^2+(-2)^2+3^2+1^2+0^2\}$

$=\frac{15}{6}=2.5$

よって，変量 u の **分散** $s_u{}^2$ は

$s_u{}^2=\overline{u^2}-(\overline{u})^2=2.5-0.5^2=\mathbf{2.25}$

したがって，**標準偏差** s_u は

$s_u=\sqrt{s_u{}^2}=\sqrt{2.25}=\mathbf{1.5}$

(2)　$x=x_0+cu$ より，$\overline{x}=x_0+c\overline{u}$，$s_x=|c|s_u$ であるから

$\overline{\boldsymbol{x}}=740+10\times0.5=\mathbf{745}$

$\boldsymbol{s_x}=10\times1.5=\mathbf{15}$

4　2 つの変量の間の関係

（本冊 $p.106$～111）

練習 9　身長 x (cm) が高い選手は，体重 y (kg) も重い傾向がある。
よって，x と y の間には，**正の相関関係がある** と考えられる。

練習10　(1)　**負の相関関係がある** と考えられる。
(2)　**正の相関関係がある** と考えられる。
(3)　**相関関係はない** と考えられる。

(1)
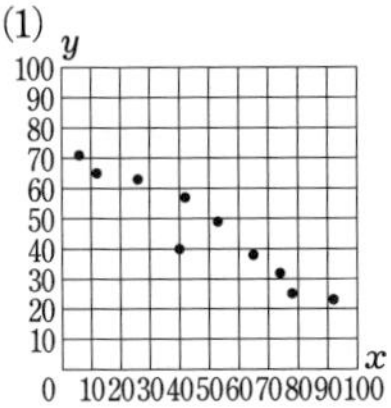

(2)
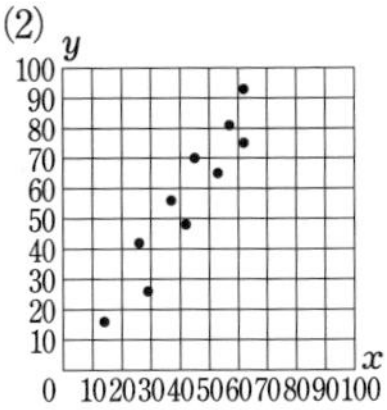

(3)
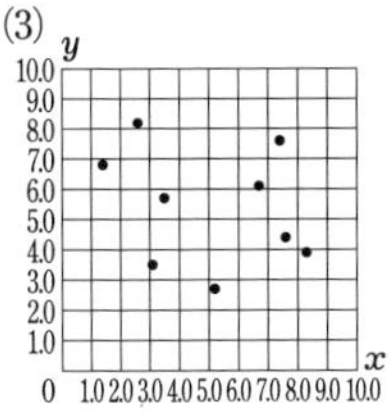

練習11　(1)　$\overline{x}=\dfrac{50}{10}=5,\quad \overline{y}=\dfrac{60}{10}=6$

番号	x	y	$x-\overline{x}$	$y-\overline{y}$	$(x-\overline{x})^2$	$(y-\overline{y})^2$	$(x-\overline{x})(y-\overline{y})$
1	3	9	-2	3	4	9	-6
2	6	4	1	-2	1	4	-2
3	4	5	-1	-1	1	1	1
4	9	2	4	-4	16	16	-16
5	3	9	-2	3	4	9	-6
6	7	4	2	-2	4	4	-4
7	2	10	-3	4	9	16	-12
8	4	7	-1	1	1	1	-1
9	8	2	3	-4	9	16	-12
10	4	8	-1	2	1	4	-2
計	50	60			50	80	-60

上の表から，相関係数 r は

$$r=\frac{-60}{\sqrt{50\times80}}=-0.948\cdots\cdots$$
$$\fallingdotseq \mathbf{-0.95}$$

(2)　x，y の相関係数 r は -1 に近い。
よって，2 つの変量 x，y には，**強い負の相関関係がある** と考えられる。

練習12　例 3 の表 1 において，居住地について集計すると，**右の表** のようになる。

	A	B	計
東日本	35	16	51
西日本	16	33	49
計	51	49	100

また，東日本，西日本のそれぞれで，A，B の割合を計算すると，**右の表** のようになる。

	A	B
東日本	69 %	31 %
西日本	33 %	67 %

5　仮説検定の考え方　（本冊 $p.112$～113）

練習13　このコインを 1 回投げて，表，裏のどちらも出る確率が $\dfrac{1}{2}$ であるという仮定が正しいとする。
このとき，このコインを 6 回投げて表が 5 回以上出る確率は

$${}_6C_5\left(\frac{1}{2}\right)^5\left(\frac{1}{2}\right)^{6-5}+\left(\frac{1}{2}\right)^6$$
$$=6\times\frac{1}{64}+\frac{1}{64}=\frac{7}{64}=0.109\cdots\cdots$$

となり，0.05 より大きいから，この仮定は否定できない。
よって，**表の方が出やすいとは判断できない。**

確認問題 （本冊 $p.$ 114）

問題 1　(1)　中央値について，国語は 60 点より大きく，数学と英語は 60 点より小さい。
よって，中央値が最も大きい教科は
　　国語

(2)　四分位範囲について，英語は 20 点より大きく，国語と数学は 20 点より小さい。
よって，四分位範囲が最も大きい教科は
　　英語

(3)　数学の外れ値は他のどの得点よりも大きいから，外れ値を除いた 29 人の平均値 M' は，30 人の平均値 M より小さい。
よって　　$\boldsymbol{M>M'}$

問題 2　5 個のデータの平均値が 6 であるから，5 個のデータの合計は

$$6\times5=30$$

よって　　$\boldsymbol{a}=30-(1+4+5+11)=\mathbf{9}$

分散は　　$\frac{1}{5}\{(1-6)^2+(4-6)^2+(5-6)^2+(9-6)^2+(11-6)^2\}$

$$=\frac{64}{5}=\mathbf{12.8}$$

標準偏差は　$\sqrt{12.8}\fallingdotseq\mathbf{3.6}$

別解　分散は次のように求めてもよい。
5 つのデータの 2 乗の平均値は

$$\frac{1}{5}(1^2+4^2+5^2+9^2+11^2)$$

$$=\frac{244}{5}=48.8$$

よって，分散は　$48.8-6^2=12.8$

問題 3　(1)　散布図は次のようになる。

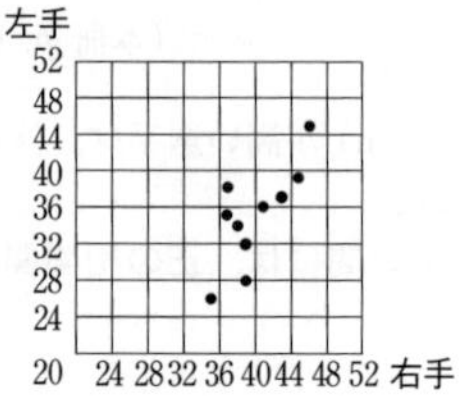

(2)　右手の握力を x (kg)，左手の握力を y (kg) とする。

$$\overline{x}=\frac{400}{10}=40,\qquad \overline{y}=\frac{350}{10}=35$$

$$(x_1-\overline{x})^2+\cdots\cdots+(x_{10}-\overline{x})^2$$
$$=3^2+\cdots\cdots+5^2=120$$
$$(y_1-\overline{y})^2+\cdots\cdots+(y_{10}-\overline{y})^2$$
$$=2^2+\cdots\cdots+4^2=270$$
$$(x_1-\overline{x})(y_1-\overline{y})+\cdots\cdots+(x_{10}-\overline{x})(y_{10}-\overline{y})$$
$$=3\cdot2+\cdots\cdots+5\cdot4=135$$

よって　$r=\frac{135}{\sqrt{120\times270}}=\mathbf{0.75}$

演習問題 (本冊 p. 115)

問題 1　変更前の得点を x (点), 変更後の得点を y (点) とすると

$$y=0.5x+25$$

x の平均値 $\overline{x}=28$, 分散 $s_x{}^2=21$ であるから, y の平均値 $\overline{y}$, 分散 $s_y{}^2$ は

$$\overline{y}=0.5\overline{x}+25=0.5\times28+25=39\text{ (点)}$$

$$s_y{}^2=0.5^2s_x{}^2=0.5^2\times21=5.25$$

よって, 求める得点の **平均値は 39 点,**

分散は 5.25

問題 2　(1) $\frac{1}{6}(14+11+10+18+16+9)=\frac{78}{6}$

$=$**13 (回)**

(2) 1 だけ減少したデータの値が 1 個, 1 だけ増加したデータの値が 1 個であるから, データの総和は変化しない。

よって, **平均値は変化しない。**

平均値が変化しないから, 修正した 2 つのデータについて, 偏差の 2 乗の和を調べると,

修正前は　$(18-13)^2+(9-13)^2=41$

修正後は　$(17-13)^2+(10-13)^2=25$

したがって, 偏差の 2 乗の総和は減少するから, **分散は** 修正前より **減少する。**

別解　データの最大値である値 18 と, データの最小値である値 9 が, ともに平均値 13 に近づくから, 分散は減少する。

問題 3　(1) x と y の散布図は右の図のようになる。

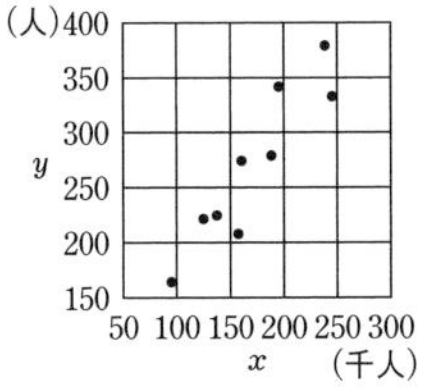

散布図から, 強い正の相関があることがわかる。

よって, r として適切なものは　④

(2) 散布図から, 年少人口が増加するとき, 小児科医師数が増加する傾向が認められる。

よって, 傾向として適切なものは　①

第4章　式と証明

1　恒等式 (本冊 p. 118～122)

練習1　(ア) 左辺を展開すると右辺になる。

(イ) 例えば，$a=1$，$b=1$ のとき，等号は成り立たない。

(ウ) 例えば，$x=1$ のとき，等号は成り立たない。

(エ) 左辺を通分すると右辺になる。

したがって，恒等式は　(ア)，(エ)

練習2　(1) 等式の右辺を x について整理すると

$$-4x+8=(a-3)x+(-2a-3b)$$

この等式が x についての恒等式となるのは，両辺の同じ次数の項の係数が等しいときである。よって

$$-4=a-3,\ 8=-2a-3b$$

これを解くと　$\boldsymbol{a=-1,\ b=-2}$

(2) 等式の右辺を x について整理すると

$$2x^2-x=ax^2+(-2a+b)x+(a-b+c)$$

この等式が x についての恒等式となるのは，両辺の同じ次数の項の係数が等しいときである。よって

$$2=a,\ -1=-2a+b,\ 0=a-b+c$$

これを解くと　$\boldsymbol{a=2,\ b=3,\ c=1}$

(3) 等式の右辺を x について整理すると

$$3x^3+ax^2-x-2$$
$$=3x^3+(b+3c)x^2+(bc-2)x-2c$$

この等式が x についての恒等式となるのは，両辺の同じ次数の項の係数が等しいときである。よって

$$a=b+3c,\ -1=bc-2,\ -2=-2c$$

これを解くと　$\boldsymbol{a=4,\ b=1,\ c=1}$

練習3　$x^2+3x+4=a(x+2)^2+b(x+2)+c$　…… ①

の両辺に，$x=-1,\ -2,\ -3$ を代入すると

$$2=a+b+c,\ 2=c,\ 4=a-b+c$$

これを解くと　$a=1,\ b=-1,\ c=2$

逆に，$a=1,\ b=-1,\ c=2$ のとき，① の右辺は

$$(x+2)^2-(x+2)+2=x^2+3x+4$$

となり，① は恒等式である。

よって　$\boldsymbol{a=1,\ b=-1,\ c=2}$

練習4　与えられた等式の両辺に，$x=-1,\ 1,\ 2$ を代入すると

$$30=6c,\ 4=-2b,\ 3=3a$$

これを解くと　$a=1,\ b=-2,\ c=5$

逆に，$a=1,\ b=-2,\ c=5$ のとき，等式の右辺は

$$(x+1)(x-1)-2(x+1)(x-2)+5(x-2)(x-1)$$
$$=4x^2-13x+13$$

となり，与えられた等式は恒等式である。

よって　$\boldsymbol{a=1,\ b=-2,\ c=5}$

練習5　与えられた等式の両辺に $(3x+2)(5x+3)$ を掛けると

$$11x+7=a(5x+3)+b(3x+2)$$

右辺を x について整理すると

$$11x+7=(5a+3b)x+3a+2b$$

両辺の同じ次数の項の係数が等しいから

$$11=5a+3b,\ 7=3a+2b$$

これを解くと　$\boldsymbol{a=1,\ b=2}$

練習6　商は1次式となるから $2x+k$ (k は定数) とおける。

このとき，次の等式は，x についての恒等式である。

$$2x^3+ax^2+bx-1$$
$$=(x^2-3x+1)(2x+k)+(3x+2)$$

等式の右辺を x について整理すると

$$2x^3+ax^2+bx-1$$
$$=2x^3+(k-6)x^2+(-3k+5)x+k+2$$

両辺の同じ次数の項の係数が等しいから

$a=k-6$　…… ①

$b=-3k+5$　…… ②

$-1=k+2$　…… ③

③ から　$k=-3$

これを ①，② に代入すると

$\boldsymbol{a}=-3-6\boldsymbol{=-9}$，$\boldsymbol{b}=9+5\boldsymbol{=14}$

また，求める **商は**　$\boldsymbol{2x-3}$

練習 7　等式の右辺を展開して整理すると

$3x^2+axy+y^2+2x-6y+b$

$=3x^2-4xy+y^2+(3c+d)x-(c+d)y+cd$

これが恒等式であるとき，両辺の同類項の係数を比較して

$a=-4$

$2=3c+d$　…… ①

$6=c+d$　…… ②

$b=cd$　…… ③

①，② から　$c=-2,\ d=8$

これを ③ に代入して　$b=-16$

よって　$\boldsymbol{a=-4,\ b=-16,\ c=-2,\ d=8}$

2　等式の証明（本冊 p.123～127）

練習 8　(1)　$(x+y)(x^2+y^2)+(x-y)(x^2-y^2)$

$=x^3+xy^2+x^2y+y^3+x^3-xy^2-x^2y+y^3$

$=2x^3+2y^3=2(x^3+y^3)$

よって

$(x+y)(x^2+y^2)+(x-y)(x^2-y^2)=2(x^3+y^3)$

(2)　(左辺)$=(a^2-b^2)(c^2-d^2)$

$=a^2c^2-a^2d^2-b^2c^2+b^2d^2$

(右辺)$=(ac+bd)^2-(ad+bc)^2$

$=a^2c^2+2acbd+b^2d^2-(a^2d^2+2adbc+b^2c^2)$

$=a^2c^2-a^2d^2-b^2c^2+b^2d^2$

よって

$(a^2-b^2)(c^2-d^2)=(ac+bd)^2-(ad+bc)^2$

練習 9　(1)　$x+y+z=0$ から　$z=-(x+y)$

よって

$(x+y)^2+zx=(x+y)^2-(x+y)x$

$=x^2+2xy+y^2-x^2-xy$

$=xy+y^2$

$(z+x)^2+xy=\{-(x+y)+x\}^2+xy$

$=(-y)^2+xy=xy+y^2$

したがって

$(x+y)^2+zx=(z+x)^2+xy$

(2)　$x+y+z=0$ から　$z=-(x+y)$

よって

$xy(x+y)+yz(y+z)+zx(z+x)+3xyz$

$=xy(x+y)-y(x+y)(-x)-(x+y)x(-y)$

$\quad -3xy(x+y)$

$=xy(x+y)+xy(x+y)+xy(x+y)$

$\quad -3xy(x+y)$

$=0$

別解　$x+y+z=0$ より

$x+y=-z,\ y+z=-x,\ z+x=-y$

であるから

$xy(x+y)+yz(y+z)+zx(z+x)+3xyz$

$=xy(-z)+yz(-x)+zx(-y)+3xyz$

$=-xyz-xyz-xyz+3xyz$

$=0$

練習10　(1)　$\begin{cases}2x+y-2z=0 & \cdots\cdots ①\\ x-2y+z=0 & \cdots\cdots ②\end{cases}$ とする。

①−②×2 から

$5y-4z=0$

$y=\dfrac{4}{5}z$

これを ② に代入して

$x-\dfrac{8}{5}z+z=0$

$x=\dfrac{3}{5}z$

よって　$\boldsymbol{x=\dfrac{3}{5}z,\ y=\dfrac{4}{5}z}$

(2)　(1) の結果から

$x^2+y^2=\left(\dfrac{3}{5}z\right)^2+\left(\dfrac{4}{5}z\right)^2$

$=\dfrac{9}{25}z^2+\dfrac{16}{25}z^2$

$=z^2$

練習11　$\dfrac{a}{b}=\dfrac{c}{d}=k$ とおくと　$a=bk,\ c=dk$

(1)　$\dfrac{3a-2c}{3b-2d}=\dfrac{3bk-2dk}{3b-2d}=\dfrac{k(3b-2d)}{3b-2d}=k$

$\dfrac{3a+2c}{3b+2d}=\dfrac{3bk+2dk}{3b+2d}=\dfrac{k(3b+2d)}{3b+2d}=k$

よって　$\dfrac{3a-2c}{3b-2d}=\dfrac{3a+2c}{3b+2d}$

(2)　$\dfrac{a^2}{b^2}=\dfrac{b^2k^2}{b^2}=k^2$

$\dfrac{a^2-ac+c^2}{b^2-bd+d^2}=\dfrac{b^2k^2-bdk^2+d^2k^2}{b^2-bd+d^2}$

$=\dfrac{k^2(b^2-bd+d^2)}{b^2-bd+d^2}=k^2$

よって　$\dfrac{a^2}{b^2}=\dfrac{a^2-ac+c^2}{b^2-bd+d^2}$

練習12 $\dfrac{a}{b}=\dfrac{c}{d}=k$ とおくと　$a=bk,\ c=dk$

$$\frac{ma+nc}{mb+nd}=\frac{mbk+ndk}{mb+nd}=\frac{k(mb+nd)}{mb+nd}=k$$

$$\frac{a}{b}=k$$

よって　$\dfrac{ma+nc}{mb+nd}=\dfrac{a}{b}$

練習13 $a:b:c=3:4:5$ であるから，k を定数として

$$a=3k,\ b=4k,\ c=5k$$

と表される。

$a+b+c=24$ より　$3k+4k+5k=24$

$12k=24$ から　$k=2$

したがって　$\boldsymbol{a=6,\ b=8,\ c=10}$

練習14 $\dfrac{x}{a}=\dfrac{y}{b}=\dfrac{z}{c}=k$ とおくと

$$x=ak,\ y=bk,\ z=ck$$

$$\frac{x+y+z}{a+b+c}=\frac{ak+bk+ck}{a+b+c}=\frac{k(a+b+c)}{a+b+c}=k$$

$$\frac{x}{a}=k$$

よって　$\dfrac{x+y+z}{a+b+c}=\dfrac{x}{a}$

練習15 $\dfrac{a+b}{3}=\dfrac{b+c}{4}=\dfrac{c+a}{5}=k$ とおくと

$a+b=3k$ ……①

$b+c=4k$ ……②

$c+a=5k$ ……③

①+②+③ から

$$2a+2b+2c=12k$$

$$2(a+b+c)=12k$$

$$a+b+c=6k \quad \text{……④}$$

④−② から　$a=2k$

④−③ から　$b=k$

④−① から　$c=3k$

したがって　$a:b:c=2k:k:3k$

$\boldsymbol{=2:1:3}$

練習16 (1) $(a+1)(b+1)(c+1)$

$=(ab+a+b+1)(c+1)$

$=(abc+ac+bc+c)+(ab+a+b+1)$

$=(a+b+c+1)+(ab+bc+ca+abc)$

$a+b+c+1=0,\ ab+bc+ca+abc=0$ であるから

$$(a+1)(b+1)(c+1)=0+0=0$$

よって

$a+1=0$ または $b+1=0$ または $c+1=0$

したがって，$a,\ b,\ c$ のうち少なくとも1つは -1 である。

(2) $(a-b)(b-c)(c-a)$

$=(ab-ac-b^2+bc)(c-a)$

$=(abc-ac^2-b^2c+bc^2)$

$\quad -(a^2b-a^2c-ab^2+abc)$

$=-(a^2b+b^2c+c^2a)+(ab^2+bc^2+ca^2)$

$a^2b+b^2c+c^2a=ab^2+bc^2+ca^2$ であるから

$$(a-b)(b-c)(c-a)=0$$

よって

$a-b=0$ または $b-c=0$ または $c-a=0$

したがって，$a,\ b,\ c$ のうち少なくとも2つは等しい。

練習17 $\dfrac{ax+by}{a+b}=\dfrac{x+y}{2}$ から

$$2(ax+by)=(a+b)(x+y)$$

$$2(ax+by)-(a+b)(x+y)=0$$

$$ax-ay-bx+by=0$$

$$a(x-y)-b(x-y)=0$$

$$(a-b)(x-y)=0$$

よって　$a-b=0$ または $x-y=0$

したがって　$a=b$ または $x=y$

3　不等式の証明 (本冊 $p.128$～135)

練習18　(1)　$a>b$ から　$a-d>b-d$

$c>d$ から　$-d>-c$

よって　$b-d>b-c$

したがって　$a-d>b-c$

(2)　$a>b$，$c>0$ から　$ac>bc$

$c>d$，$b>0$ から　$bc>bd$

したがって　$ac>bd$

練習19　$(4x-3y)-(2x-y)=2x-2y=2(x-y)$

$x>y$ より，$x-y>0$ であるから　$2(x-y)>0$

よって　$(4x-3y)-(2x-y)>0$

したがって　$4x-3y>2x-y$

練習20　$(xy+2)-(2x+y)=xy+2-2x-y$

$=x(y-2)-(y-2)$

$=(x-1)(y-2)$

$x>1$，$y>2$ より，$x-1>0$，$y-2>0$ であるから　$(x-1)(y-2)>0$

よって　$xy+2>2x+y$

練習21　(1)　$2(x^2+y^2)-(x+y)^2$

$=2x^2+2y^2-(x^2+2xy+y^2)$

$=x^2-2xy+y^2$

$=(x-y)^2$

$(x-y)^2\geqq 0$ であるから

$2(x^2+y^2)\geqq(x+y)^2$

等号が成り立つのは　$x-y=0$

すなわち，$\boldsymbol{x=y}$ のときである。

(2)　$x^2+y^2-(6x-9)=x^2+y^2-6x+9$

$=(x-3)^2+y^2$

$(x-3)^2\geqq 0$，$y^2\geqq 0$ であるから

$(x-3)^2+y^2\geqq 0$

よって　$x^2+y^2\geqq 6x-9$

等号が成り立つのは

$x-3=0$ かつ $y=0$

すなわち，$\boldsymbol{x=3}$ **かつ** $\boldsymbol{y=0}$ のときである。

練習22　$x^2+3xy+3y^2$

$=\left\{x^2+2x\cdot\frac{3}{2}y+\left(\frac{3}{2}y\right)^2\right\}-\left(\frac{3}{2}y\right)^2+3y^2$

$=\left(x+\frac{3}{2}y\right)^2+\frac{3}{4}y^2$

$\left(x+\frac{3}{2}y\right)^2\geqq 0$，$\frac{3}{4}y^2\geqq 0$ であるから

$\left(x+\frac{3}{2}y\right)^2+\frac{3}{4}y^2\geqq 0$

よって　$x^2+3xy+3y^2\geqq 0$

等号が成り立つのは

$x+\frac{3}{2}y=0$ かつ $y=0$

すなわち，$\boldsymbol{x=y=0}$ のときである。

練習23　(1)　$x^2+y^2+z^2+1-2(x+y+z-1)$

$=x^2+y^2+z^2-2x-2y-2z+3$

$=(x^2-2x+1)+(y^2-2y+1)+(z^2-2z+1)$

$=(x-1)^2+(y-1)^2+(z-1)^2\geqq 0$

よって　$x^2+y^2+z^2+1\geqq 2(x+y+z-1)$

等号が成り立つのは

$x-1=0$ かつ $y-1=0$ かつ $z-1=0$

すなわち，$\boldsymbol{x=y=z=1}$ のときである。

(2)　$3(a^2+b^2+c^2)-(a+b+c)^2$

$=3a^2+3b^2+3c^2$

$-(a^2+b^2+c^2+2ab+2bc+2ca)$

$=2a^2+2b^2+2c^2-2ab-2bc-2ca$

$=(a^2-2ab+b^2)+(b^2-2bc+c^2)$

$+(c^2-2ca+a^2)$

$=(a-b)^2+(b-c)^2+(c-a)^2\geqq 0$

よって　$3(a^2+b^2+c^2)\geqq(a+b+c)^2$

等号が成り立つのは

$a-b=0$ かつ $b-c=0$ かつ $c-a=0$

すなわち，$\boldsymbol{a=b=c}$ のときである。

練習24　$(\sqrt{a-b})^2-(\sqrt{a}-\sqrt{b})^2$

$=a-b-(a-2\sqrt{ab}+b)$

$=2\sqrt{ab}-2b$

$=2\sqrt{b}(\sqrt{a}-\sqrt{b})>0$

よって　$(\sqrt{a-b})^2>(\sqrt{a}-\sqrt{b})^2$

$a>b>0$ より

$\sqrt{a-b}>0$，$\sqrt{a}-\sqrt{b}>0$

であるから

$\sqrt{a-b}>\sqrt{a}-\sqrt{b}$

別解　$b>0$，$a-b>0$ であるから，例題 11 の不等式の a を $a-b$ でおき換えると

$\sqrt{a-b}+\sqrt{b}>\sqrt{(a-b)+b}$

よって　$\sqrt{a-b}>\sqrt{a}-\sqrt{b}$

練習25 $\left(1+\dfrac{a}{2}\right)^2-(\sqrt{1+a})^2$

$=1+a+\dfrac{a^2}{4}-(1+a)$

$=\dfrac{a^2}{4}>0$

よって　$(\sqrt{1+a})^2<\left(1+\dfrac{a}{2}\right)^2$

$a>0$ より

$$\sqrt{1+a}>0,\ 1+\frac{a}{2}>0$$

であるから

$$\boldsymbol{\sqrt{1+a}<1+\frac{a}{2}}$$

練習26 $\{\sqrt{2(a^2+b^2)}\}^2-(|a|+|b|)^2$

$=2(a^2+b^2)-(a^2+2|a||b|+b^2)$

$=a^2-2|a||b|+b^2$

$=(|a|-|b|)^2\geqq 0$　……①

よって　$\{\sqrt{2(a^2+b^2)}\}^2\geqq(|a|+|b|)^2$

$\sqrt{2(a^2+b^2)}\geqq 0$, $|a|+|b|\geqq 0$ であるから

$$\sqrt{2(a^2+b^2)}\geqq|a|+|b|$$

等号が成り立つのは，① より，$|\boldsymbol{a}|=|\boldsymbol{b}|$ のときである。

練習27 (1)　$4a>0$, $\dfrac{9}{a}>0$ であるから，相加平均と相乗平均の大小関係により

$$4a+\frac{9}{a}\geqq 2\sqrt{4a\cdot\frac{9}{a}}$$

$$4a+\frac{9}{a}\geqq 2\cdot 6$$

よって　$4a+\dfrac{9}{a}\geqq 12$

等号が成り立つのは　$a>0$ かつ $4a=\dfrac{9}{a}$

すなわち，$\boldsymbol{a=\dfrac{3}{2}}$ のときである。

(2)　$\dfrac{4b}{a}>0$, $\dfrac{a}{16b}>0$ であるから，相加平均と相乗平均の大小関係により

$$\frac{4b}{a}+\frac{a}{16b}\geqq 2\sqrt{\frac{4b}{a}\cdot\frac{a}{16b}}$$

$$\frac{4b}{a}+\frac{a}{16b}\geqq 2\cdot\frac{1}{2}$$

よって　$\dfrac{4b}{a}+\dfrac{a}{16b}\geqq 1$

等号が成り立つのは

$$a>0,\ b>0\ \text{かつ}\ \frac{4b}{a}=\frac{a}{16b}$$

すなわち，$\boldsymbol{a=8b}$ $(a>0,\ b>0)$ のときである。

練習28 $(a+1)\left(\dfrac{1}{a}+9\right)=1+9a+\dfrac{1}{a}+9$

$=9a+\dfrac{1}{a}+10$

ここで，$9a>0$, $\dfrac{1}{a}>0$ であるから，相加平均と相乗平均の大小関係により

$$9a+\frac{1}{a}\geqq 2\sqrt{9a\cdot\frac{1}{a}}$$

$$9a+\frac{1}{a}\geqq 2\cdot 3$$

よって　$9a+\dfrac{1}{a}\geqq 6$

したがって　$9a+\dfrac{1}{a}+10\geqq 16$

すなわち　$(a+1)\left(\dfrac{1}{a}+9\right)\geqq 16$

等号が成り立つのは　$a>0$ かつ $9a=\dfrac{1}{a}$

すなわち，$\boldsymbol{a=\dfrac{1}{3}}$ のときである。

確認問題 (本冊 p. 136)

問題 1 (1) 両辺の同類項の係数を比較して

$a-1=3,\ -4=b,\ 5=c-3$

よって　$\boldsymbol{a=4,\ b=-4,\ c=8}$

(2) 等式の左辺を x について整理すると

$ax^3+(2a+b)x^2+(3a+2b)x+3b$
$=2x^3+7x^2+cx+d$

両辺の同類項の係数を比較して

$a=2,\ 2a+b=7,\ 3a+2b=c,\ 3b=d$

これを解くと

$\boldsymbol{a=2,\ b=3,\ c=12,\ d=9}$

(3) 等式の両辺に，$x=1,\ -3,\ 2$ を代入すると

$-4c=8,\ 20b=20,\ 5a=5$

これを解くと　$a=1,\ b=1,\ c=-2$

逆に，$a=1,\ b=1,\ c=-2$ のとき，等式の左辺は

$(x-1)(x+3)+(x-2)(x-1)-2(x-2)(x+3)$
$=-3x+11$

となり，与えられた等式は恒等式である。

よって　$\boldsymbol{a=1,\ b=1,\ c=-2}$

別解 左辺を展開して整理し，係数を比較することにより，$a,\ b,\ c$ の値を求めてもよい。

(4) 等式の右辺を変形すると

$$\frac{a}{x+1}+\frac{b}{x+3}=\frac{3x+13}{(x+1)(x+3)}$$

両辺に $(x+1)(x+3)$ を掛けると

$a(x+3)+b(x+1)=3x+13$
$(a+b)x+3a+b=3x+13$

両辺の同類項の係数を比較して

$a+b=3,\ 3a+b=13$

これを解くと　$\boldsymbol{a=5,\ b=-2}$

問題 2 商は 1 次式となるから $3x+k$（k は定数）とおける。

このとき，次の等式は，x についての恒等式である。

$3x^3+ax^2+7x+b$
$=(x^2+2x-1)(3x+k)+(2x-3)$

等式の右辺を x について整理すると

$3x^3+ax^2+7x+b$
$=3x^3+(k+6)x^2+(2k-1)x-k-3$

両辺の同じ次数の項の係数が等しいから

$a=k+6$ …… ①
$7=2k-1$ …… ②
$b=-k-3$ …… ③

② から　$k=4$

これを ①，③ に代入すると

$\boldsymbol{a=4+6=10,\ b=-4-3=-7}$

また，求める**商は**　$\boldsymbol{3x+4}$

問題 3 $\left(a-\dfrac{b+c}{2}\right)^2+\dfrac{3}{4}(b-c)^2$

$$=a^2-a(b+c)+\frac{(b+c)^2}{4}+\frac{3}{4}(b-c)^2$$
$$=a^2-ab-ac+\frac{b^2+2bc+c^2+3b^2-6bc+3c^2}{4}$$
$$=a^2-ab-ac+\frac{4b^2-4bc+4c^2}{4}$$
$$=a^2+b^2+c^2-ab-bc-ca$$

よって

$$a^2+b^2+c^2-ab-bc-ca=\left(a-\frac{b+c}{2}\right)^2+\frac{3}{4}(b-c)^2$$

参考 このように変形することで，本冊 131 ページの応用例題 4 を別の方法で証明することができる。

問題 4 (1) $x+y+z=0$ から

$x+y=-z,\ y+z=-x$

よって　$(x+y)(y+z)=(-z)(-x)$
$=zx$

(2) $a:b:c=x:y:z$ から

$a=xk,\ b=yk,\ c=zk$

とおける。

$(a+b)z=(xk+yk)z=(x+y)kz$
$=(x+y)c$

問題 5 (1) $3x+y-(xy+3)$

$=3x+y-xy-3$

$=3(x-1)-y(x-1)$

$=(x-1)(3-y)$

$x>1$, $y<3$ より, $x-1>0$, $3-y>0$ であるから $(x-1)(3-y)>0$

よって $3x+y>xy+3$

(2) $x^2+y^2-2(x-y-1)$

$=x^2+y^2-2x+2y+2$

$=(x^2-2x+1)+(y^2+2y+1)$

$=(x-1)^2+(y+1)^2 \geqq 0$

よって $x^2+y^2 \geqq 2(x-y-1)$

等号が成り立つのは

$x-1=0$ かつ $y+1=0$

すなわち, $\boldsymbol{x=1}$ **かつ** $\boldsymbol{y=-1}$ のときである。

(3) $(\sqrt{a}+2\sqrt{b})^2-(\sqrt{a+4b})^2$

$=a+4\sqrt{ab}+4b-(a+4b)$

$=4\sqrt{ab}>0$

よって $(\sqrt{a+4b})^2<(\sqrt{a}+2\sqrt{b})^2$

$\sqrt{a+4b}>0$, $\sqrt{a}+2\sqrt{b}>0$ であるから

$\sqrt{a+4b}<\sqrt{a}+2\sqrt{b}$

(4) $(a+2)\left(\dfrac{1}{a}+8\right)=1+8a+\dfrac{2}{a}+16$

$=8a+\dfrac{2}{a}+17$

ここで, $8a>0$, $\dfrac{2}{a}>0$ であるから, 相加平均と相乗平均の大小関係により

$8a+\dfrac{2}{a} \geqq 2\sqrt{8a\cdot\dfrac{2}{a}}$

$8a+\dfrac{2}{a} \geqq 2\cdot4$

よって $8a+\dfrac{2}{a} \geqq 8$

したがって $8a+\dfrac{2}{a}+17 \geqq 25$

すなわち $(a+2)\left(\dfrac{1}{a}+8\right) \geqq 25$

等号が成り立つのは

$a>0$ かつ $8a=\dfrac{2}{a}$

すなわち $\boldsymbol{a=\dfrac{1}{2}}$ のときである。

演習問題A (本冊 p. 137)

問題 1 等式を k について整理すると

$(x-2y-3)k+x-3y-5=0$

この等式は, k についての恒等式であるから

$x-2y-3=0$, $x-3y-5=0$

これを解くと $\boldsymbol{x=-1}$, $\boldsymbol{y=-2}$

問題 2 (1) $(a-b)^3-(a+b)^3$

$=a^3-3a^2b+3ab^2-b^3-(a^3+3a^2b+3ab^2+b^3)$

$=-6a^2b-2b^3$

$=-2b(3a^2+b^2)$

よって

$(a-b)^3-(a+b)^3=-2b(3a^2+b^2)$

(2) $(x-y)(x^4+x^3y+x^2y^2+xy^3+y^4)$

$=x^5+x^4y+x^3y^2+x^2y^3+xy^4$

$\quad -x^4y-x^3y^2-x^2y^3-xy^4-y^5$

$=x^5-y^5$

よって

$x^5-y^5=(x-y)(x^4+x^3y+x^2y^2+xy^3+y^4)$

参考 一般に, 次の等式が成り立つ。

x^n-y^n

$=(x-y)(x^{n-1}+x^{n-2}y+\cdots\cdots+xy^{n-2}+y^{n-1})$

問題 3 $\dfrac{1}{1+a}+\dfrac{1}{1+b}+\dfrac{1}{1+c}$

$=\dfrac{(1+b)(1+c)+(1+a)(1+c)+(1+a)(1+b)}{(1+a)(1+b)(1+c)}$

ここで, 分子について

$(1+b)(1+c)+(1+a)(1+c)+(1+a)(1+b)$

$=1+b+c+bc+1+a+c+ac+1+a+b+ab$

$=3+2(a+b+c)+(ab+bc+ca)$

$=3+2(-1)+(-1)=0$

よって $\dfrac{1}{1+a}+\dfrac{1}{1+b}+\dfrac{1}{1+c}=0$

問題 4　$bd>0$ であるから，$\dfrac{a}{b}<\dfrac{c}{d}$ の両辺に bd を掛けると

$ad<bc$　すなわち　$bc-ad>0$

このとき

$$\frac{a+c}{b+d}-\frac{a}{b}=\frac{(a+c)b-a(b+d)}{(b+d)b}$$
$$=\frac{bc-ad}{(b+d)b}>0$$

よって　$\dfrac{a}{b}<\dfrac{a+c}{b+d}$

また　$$\frac{c}{d}-\frac{a+c}{b+d}=\frac{c(b+d)-(a+c)d}{d(b+d)}$$
$$=\frac{bc-ad}{d(b+d)}>0$$

よって　$\dfrac{a+c}{b+d}<\dfrac{c}{d}$

したがって　$\dfrac{a}{b}<\dfrac{a+c}{b+d}<\dfrac{c}{d}$

問題 5　(1)　$(a^2+b^2)(x^2+y^2)-(ax+by)^2$

$=a^2x^2+a^2y^2+b^2x^2+b^2y^2$
$\quad-(a^2x^2+2abxy+b^2y^2)$

$=a^2y^2-2abxy+b^2x^2$

$=(ay-bx)^2\geqq 0$

よって　$(a^2+b^2)(x^2+y^2)\geqq(ax+by)^2$

等号が成り立つのは　$ay-bx=0$

すなわち，$\boldsymbol{ay=bx}$ のときである。

(2)　$(a^2+b^2+c^2)(x^2+y^2+z^2)-(ax+by+cz)^2$

$=a^2x^2+a^2y^2+a^2z^2+b^2x^2+b^2y^2+b^2z^2$
$\quad+c^2x^2+c^2y^2+c^2z^2-(a^2x^2+b^2y^2$
$\quad+c^2z^2+2abxy+2bcyz+2cazx)$

$=a^2y^2+a^2z^2+b^2x^2+b^2z^2+c^2x^2+c^2y^2$
$\quad-2abxy-2bcyz-2cazx$

$=(a^2y^2-2abxy+b^2x^2)+(b^2z^2-2bcyz+c^2y^2)$
$\quad+(c^2x^2-2cazx+a^2z^2)$

$=(ay-bx)^2+(bz-cy)^2+(cx-az)^2\geqq 0$

よって

$(a^2+b^2+c^2)(x^2+y^2+z^2)\geqq(ax+by+cz)^2$

等号が成り立つのは

$ay-bx=0$，$bz-cy=0$，$cx-az=0$

すなわち，$\boldsymbol{ay=bx}$，$\boldsymbol{bz=cy}$，$\boldsymbol{cx=az}$ のときである。

参考　(1)，(2) の不等式を「コーシー・シュワルツの不等式」という。

問題 6　$(\sqrt{ax+by}\sqrt{x+y})^2-(\sqrt{a}\,x+\sqrt{b}\,y)^2$

$=(ax+by)(x+y)-(\sqrt{a}\,x+\sqrt{b}\,y)^2$

$=ax^2+axy+bxy+by^2-(ax^2+2\sqrt{ab}\,xy+by^2)$

$=axy-2\sqrt{ab}\,xy+bxy$

$=(a-2\sqrt{ab}+b)xy=(\sqrt{a}-\sqrt{b})^2xy\geqq 0$

よって　$(\sqrt{ax+by}\sqrt{x+y})^2\geqq(\sqrt{a}\,x+\sqrt{b}\,y)^2$

$\sqrt{ax+by}\sqrt{x+y}>0$，$\sqrt{a}\,x+\sqrt{b}\,y>0$ であるから

$$\sqrt{ax+by}\sqrt{x+y}\geqq\sqrt{a}\,x+\sqrt{b}\,y$$

等号が成り立つのは，$x>0$，$y>0$ より

$$\sqrt{a}-\sqrt{b}=0$$

すなわち，$\boldsymbol{a=b}$ のときである。

問題 7　(1)　$\left(a+\dfrac{1}{b}\right)\left(b+\dfrac{4}{a}\right)=ab+4+1+\dfrac{4}{ab}$

$$=ab+\frac{4}{ab}+5$$

ここで，$ab>0$，$\dfrac{4}{ab}>0$ であるから，相加平均と相乗平均の大小関係により

$$ab+\frac{4}{ab}\geqq 2\sqrt{ab\cdot\frac{4}{ab}}$$

よって　$ab+\dfrac{4}{ab}\geqq 4$

したがって　$ab+\dfrac{4}{ab}+5\geqq 9$

すなわち　$\left(a+\dfrac{1}{b}\right)\left(b+\dfrac{4}{a}\right)\geqq 9$

等号が成り立つのは　$ab>0$ かつ $ab=\dfrac{4}{ab}$

すなわち，$\boldsymbol{ab=2}$ のときである。

(2)　$\left(a+\dfrac{2}{b}\right)\left(b+\dfrac{8}{a}\right)=ab+8+2+\dfrac{16}{ab}$

$$=ab+\frac{16}{ab}+10$$

ここで，$ab>0$，$\dfrac{16}{ab}>0$ であるから，相加平均と相乗平均の大小関係により

$$ab+\frac{16}{ab}\geqq 2\sqrt{ab\cdot\frac{16}{ab}}$$

よって　$ab+\dfrac{16}{ab}\geqq 8$

したがって　$ab+\dfrac{16}{ab}+10\geqq 18$

すなわち　$\left(a+\dfrac{2}{b}\right)\left(b+\dfrac{8}{a}\right)\geqq 18$

等号が成り立つのは　$ab>0$ かつ $ab=\dfrac{16}{ab}$

すなわち，$\boldsymbol{ab=4}$ のときである。

演習問題B (本冊 p. 138)

問題 8 $4x^4-ax^3+bx^2-30x+9$ が
(x の 2 次式)^2 の形になるとき，p，q を定数として

$$4x^4-ax^3+bx^2-30x+9=(2x^2+px+q)^2$$

とおける。
等式は，右辺を展開して整理すると

$$4x^4-ax^3+bx^2-30x+9$$
$$=4x^4+4px^3+(p^2+4q)x^2+2pqx+q^2$$

この等式は，x についての恒等式であるから

$-a=4p$ …… ①，$b=p^2+4q$ …… ②，
$-30=2pq$ …… ③，$9=q^2$

$9=q^2$ から $q=\pm 3$
$q=3$ のとき
③ から $p=-5$
これを ①，② に代入して $a=20$，$b=37$
$q=-3$ のとき
③ から $p=5$
これを ①，② に代入して $a=-20$，$b=13$
したがって **$(a,\ b)=(20,\ 37),\ (-20,\ 13)$**

問題 9 $\dfrac{y+z}{b-c}=\dfrac{z+x}{c-a}=\dfrac{x+y}{a-b}=k$ とおくと

$$y+z=k(b-c)$$
$$z+x=k(c-a)$$
$$x+y=k(a-b)$$

辺々を加えると

$$2(x+y+z)=k(b-c+c-a+a-b)$$
$$2(x+y+z)=0$$

したがって $x+y+z=0$

問題10 $(a-1)^2+(b-1)^2+(c-1)^2$
$=a^2-2a+1+b^2-2b+1+c^2-2c+1$
$=a^2+b^2+c^2-2(a+b+c)+3$
ここで，

$$a^2+b^2+c^2=(a+b+c)^2-2(ab+bc+ca)$$
$$=3^2-2\cdot 3=3$$

であるから

$(a-1)^2+(b-1)^2+(c-1)^2$
$=a^2+b^2+c^2-2(a+b+c)+3$
$=3-2\cdot 3+3=0$

よって $a-1=0$ かつ $b-1=0$ かつ $c-1=0$
したがって，a，b，c はすべて 1 である。

問題11 (1) $a+b=1$ であるから $b=1-a$
また，$a>b>0$ であるから

$$a>1-a>0$$

したがって $\dfrac{1}{2}<a<1$

$$\frac{1}{2}-2ab=\frac{1}{2}-2a(1-a)$$
$$=2a^2-2a+\frac{1}{2}$$
$$=2\left(a-\frac{1}{2}\right)^2>0$$

よって $\dfrac{1}{2}>2ab$

$$a^2+b^2-\frac{1}{2}=a^2+(1-a)^2-\frac{1}{2}$$
$$=2a^2-2a+\frac{1}{2}$$
$$=2\left(a-\frac{1}{2}\right)^2>0$$

よって $a^2+b^2>\dfrac{1}{2}$

以上から **$2ab$，$\dfrac{1}{2}$，a^2+b^2**

(2) $a^2+b^2-(a^3+b^3)=a^2(1-a)+b^2(1-b)$
$=a^2b+b^2a>0$

よって **a^3+b^3，a^2+b^2**

問題12 (1) $x+y=1$ から $y=1-x$

よって $x^2+y^2-\dfrac{1}{2}=x^2+(1-x)^2-\dfrac{1}{2}$

$$=2x^2-2x+\frac{1}{2}$$
$$=2\left(x-\frac{1}{2}\right)^2\geqq 0$$

したがって $x^2+y^2\geqq\dfrac{1}{2}$
等号が成り立つのは

$$y=1-x \text{ かつ } x-\frac{1}{2}=0$$

すなわち，**$x=y=\dfrac{1}{2}$** のときである。

(2) $x+y+z=1$ から　$z=1-(x+y)$

よって

$$x^2+y^2+z^2-\frac{1}{3}$$
$$=x^2+y^2+\{1-(x+y)\}^2-\frac{1}{3}$$
$$=x^2+y^2+\{1-2(x+y)+(x+y)^2\}-\frac{1}{3}$$
$$=2x^2+2xy-2x+2y^2-2y+\frac{2}{3}$$
$$=2\{x^2+(y-1)x\}+2y^2-2y+\frac{2}{3}$$
$$=2\left(x+\frac{y-1}{2}\right)^2-2\left(\frac{y-1}{2}\right)^2+2y^2-2y+\frac{2}{3}$$
$$=2\left(x+\frac{y-1}{2}\right)^2+\frac{3}{2}y^2-y+\frac{1}{6}$$
$$=2\left(x+\frac{y-1}{2}\right)^2+\frac{3}{2}\left(y^2-\frac{2}{3}y+\frac{1}{9}\right)$$
$$=2\left(x+\frac{y-1}{2}\right)^2+\frac{3}{2}\left(y-\frac{1}{3}\right)^2\geqq 0$$

したがって　$x^2+y^2+z^2\geqq\dfrac{1}{3}$

等号が成り立つのは

$z=1-(x+y)$ かつ

$x+\dfrac{y-1}{2}=0$ かつ $y-\dfrac{1}{3}=0$

すなわち，$\boldsymbol{x=y=z=\dfrac{1}{3}}$ **のときである。**

別解　演習問題Aの問題5（本冊 $p.137$）の不等式を利用することができる。

(1) 演習問題Aの問題5(1)に $a=b=1$ を代入すると

$$(1^2+1^2)(x^2+y^2)\geqq(x+y)^2$$
$$2(x^2+y^2)\geqq 1$$
$$x^2+y^2\geqq\frac{1}{2}$$

(2) 演習問題Aの問題5(2)に $a=b=c=1$ を代入すると

$$(1^2+1^2+1^2)(x^2+y^2+z^2)\geqq(x+y+z)^2$$
$$3(x^2+y^2+z^2)\geqq 1$$
$$x^2+y^2+z^2\geqq\frac{1}{3}$$

問題13 (1) $|a|<1,\ |b|<1$ から

$|a||b|<1$　すなわち　$|ab|<1$

ゆえに　$-1<ab<1$

よって　$1+ab>0$

注意　「$a>b>0,\ c>d>0 \Longrightarrow ac>bd$」が成り立つことを利用している（本冊 $p.128$ 練習18 (2)）

(2) $(1+ab)^2-|a+b|^2$

$=(1+2ab+a^2b^2)-(a^2+2ab+b^2)$

$=(1-a^2)(1-b^2)$

ここで，$|a|<1,\ |b|<1$ であるから

$1-a^2>0,\ 1-b^2>0$

よって　$(1+ab)^2-|a+b|^2>0$

すなわち　$|a+b|^2<(1+ab)^2$

$|a+b|\geqq 0,\ 1+ab>0$ であるから

$|a+b|<1+ab$

問題14 (1) $x>0,\ y>0$ であるから，相加平均と相乗平均の大小関係により

$x+y\geqq 2\sqrt{xy}$

$xy=12$ であるから

$x+y\geqq 2\sqrt{12}$

$x+y\geqq 4\sqrt{3}$

ここで，等号が成り立つのは，$x=y$ のときである。

$xy=12,\ x>0,\ y>0$ より　$x=y=2\sqrt{3}$

したがって，$x+y$ は，

$\boldsymbol{x=y=2\sqrt{3}}$ **のとき，最小値** $\boldsymbol{4\sqrt{3}}$

をとる。

(2) $(x+y)\left(\dfrac{1}{x}+\dfrac{1}{y}\right)=1+\dfrac{x}{y}+\dfrac{y}{x}+1$

$=\dfrac{x}{y}+\dfrac{y}{x}+2$

$\dfrac{x}{y}>0,\ \dfrac{y}{x}>0$ であるから，相加平均と相乗平均の大小関係により

$$\frac{x}{y}+\frac{y}{x}\geqq 2\sqrt{\frac{x}{y}\cdot\frac{y}{x}}$$
$$\frac{x}{y}+\frac{y}{x}\geqq 2$$

よって　$(x+y)\left(\dfrac{1}{x}+\dfrac{1}{y}\right)\geqq 4$

ここで，等号が成り立つのは，$\dfrac{x}{y}=\dfrac{y}{x}$ のときである。

$x^2=y^2$, $x>0$, $y>0$ より　$x=y$

したがって，$(x+y)\left(\dfrac{1}{x}+\dfrac{1}{y}\right)$ は，

$x=y$ のとき，最小値 4

をとる。

(3)　$x+2+\dfrac{1}{x-1}=x-1+\dfrac{1}{x-1}+3$

$x-1>0$, $\dfrac{1}{x-1}>0$ であるから，相加平均と相乗平均の大小関係により

$$x-1+\frac{1}{x-1}\geqq 2\sqrt{(x-1)\cdot\frac{1}{x-1}}$$

$$x-1+\frac{1}{x-1}\geqq 2$$

よって　$x+2+\dfrac{1}{x-1}\geqq 5$

ここで，等号が成り立つのは，$x-1=\dfrac{1}{x-1}$ のときである。

$x-1=\dfrac{1}{x-1}$　すなわち　$(x-1)^2=1$

$x>1$ より　$x=2$

したがって，$x+2+\dfrac{1}{x-1}$ は，

$x=2$ のとき，最小値 5

をとる。

第 5 章　整数の性質

1　約数と倍数　(本冊 $p.$ 140～142)

練習 1　(1)　**±1，±2，±3，±4，±6，±12**

(2)　**9，18，27，36**

練習 2　(1)　a，b はともに 7 の倍数であるから，整数 k，l を用いて

$$a=7k,\ b=7l$$

と表される。

よって　$a+b=7k+7l=7(k+l)$

$k+l$ は整数であるから，$a+b$ は 7 の倍数である。

(2)　a，b はともに 5 の倍数であるから，整数 k，l を用いて

$$a=5k,\ b=5l$$

と表される。

よって　$a^2+ab=(5k)^2+5k\cdot 5l$
$=25(k^2+kl)$

k^2+kl は整数であるから，a^2+ab は 25 の倍数である。

練習 3　4 桁の自然数 N は，千の位を a，百の位を b，十の位を c，一の位を d とすると

$$N=1000a+100b+10c+d$$

で表される。このとき

$$N=8\cdot 125a+100b+10c+d$$

より，$8\cdot 125a$ は 8 の倍数であるから，N が 8 の倍数になるのは $100b+10c+d$ すなわち下 3 桁が 8 の倍数のときである。

練習 4　百の位以外の各位の数の和は

$$1+2+2+4=9$$

よって，12□24 が 9 の倍数となるのは，□ が 0 または 9 のときである。

よって　**0，9**

練習 5　5 桁の自然数 1492□ について

奇数桁の数の和は　1+9+□=10+□

偶数桁の数の和は　4+2=6

1492□ が 11 の倍数になるのは

10+□−6=4+□

が 11 の倍数になるときである。

□ は 1 桁の数であるから　**7**

2　素数と素因数分解　(本冊 $p.$ 143～144)

練習 6　(1)　**素数である。**

(2)　**合成数である。**

375 を素因数分解すると

$$375=\mathbf{3\cdot 5^3}$$

(3)　**合成数である。**

693 を素因数分解すると

$$693=\mathbf{3^2\cdot 7\cdot 11}$$

練習 7　(1)　98 を素因数分解すると　$98=2\cdot 7^2$

98 の正の約数は

$2^0\cdot 7^0=1$，$2^0\cdot 7^1=7$，$2^0\cdot 7^2=49$，
$2^1\cdot 7^0=2$，$2^1\cdot 7^1=14$，$2^1\cdot 7^2=98$

すなわち　**1，2，7，14，49，98**

(2)　108 を素因数分解すると　$108=2^2\cdot 3^3$

108 の正の約数は

$2^0\cdot 3^0=1$，$2^0\cdot 3^1=3$，$2^0\cdot 3^2=9$，$2^0\cdot 3^3=27$，
$2^1\cdot 3^0=2$，$2^1\cdot 3^1=6$，$2^1\cdot 3^2=18$，$2^1\cdot 3^3=54$，
$2^2\cdot 3^0=4$，$2^2\cdot 3^1=12$，$2^2\cdot 3^2=36$，$2^2\cdot 3^3=108$

すなわち　**1，2，3，4，6，9，12，18，27，36，54，108**

(3)　150 を素因数分解すると　$150=2\cdot 3\cdot 5^2$

150 の正の約数は

$2^0\cdot 3^0\cdot 5^0=1$，$2^0\cdot 3^0\cdot 5^1=5$，$2^0\cdot 3^0\cdot 5^2=25$，
$2^0\cdot 3^1\cdot 5^0=3$，$2^0\cdot 3^1\cdot 5^1=15$，$2^0\cdot 3^1\cdot 5^2=75$，
$2^1\cdot 3^0\cdot 5^0=2$，$2^1\cdot 3^0\cdot 5^1=10$，$2^1\cdot 3^0\cdot 5^2=50$，
$2^1\cdot 3^1\cdot 5^0=6$，$2^1\cdot 3^1\cdot 5^1=30$，$2^1\cdot 3^1\cdot 5^2=150$

すなわち　**1，2，3，5，6，10，15，25，30，50，75，150**

練習 8　(1)　56 を素因数分解すると　$56=2^3\cdot 7$

よって，56 の正の約数の個数は

$(3+1)(1+1)=$**8 (個)**

(2)　324 を素因数分解すると　$324=2^2\cdot 3^4$

よって，324 の正の約数の個数は

$(2+1)(4+1)=$**15 (個)**

(3)　360 を素因数分解すると

$$360=2^3\cdot 3^2\cdot 5$$

よって，360 の正の約数の個数は

$(3+1)(2+1)(1+1)=$**24 (個)**

3　最大公約数，最小公倍数

（本冊 $p.$ 145～148）

練習 9　(1)　8，12，20 をそれぞれ素因数分解すると

$$8=2^3$$
$$12=2^2\cdot 3$$
$$20=2^2\cdot 5$$

よって，最大公約数は　$2^2=\mathbf{4}$

最小公倍数は　$2^3\cdot 3\cdot 5=\mathbf{120}$

(2)　18，84，120 をそれぞれ素因数分解すると

$$18=2\cdot 3^2$$
$$84=2^2\cdot 3\cdot 7$$
$$120=2^3\cdot 3\cdot 5$$

よって，最大公約数は　$2\cdot 3=\mathbf{6}$

最小公倍数は　$2^3\cdot 3^2\cdot 5\cdot 7=\mathbf{2520}$

練習10　18，252 をそれぞれ素因数分解すると

$$18=2\cdot 3^2$$
$$252=2^2\cdot 3^2\cdot 7$$

よって，18 との最小公倍数が 252 である正の整数は

$$2^2\cdot 3^a\cdot 7 \qquad \text{ただし，} a=0,\ 1,\ 2$$

と表される。

したがって，求める正の整数 n は

$$n=2^2\cdot 3^0\cdot 7,\ 2^2\cdot 3^1\cdot 7,\ 2^2\cdot 3^2\cdot 7$$

すなわち　$\boldsymbol{n=28,\ 84,\ 252}$

練習11　$a+1$，$a+6$ は自然数 m，n を用いて

$$a+1=4m,\ a+6=7n$$

と表される。

$$a+13=(a+1)+12=4m+12=4(m+3)$$
$$a+13=(a+6)+7=7n+7=7(n+1)$$

よって，$a+13$ は 4 の倍数であり，7 の倍数でもある。

4 と 7 は互いに素であるから，$a+13$ は $4\cdot 7$ の倍数，すなわち 28 の倍数である。

（発展の練習）

練習　最大公約数が 18 であるから，a，b は

$$a=18a',\ b=18b'$$

と表される。

ただし，a'，b' は互いに素で $a'<b'$ である。

このとき，a，b の最小公倍数は $18a'b'$ と表されるから

$$18a'b'=216 \quad \text{すなわち} \quad a'b'=12$$

したがって，a'，b' の組は

$$(a',\ b')=(1,\ 12),\ (3,\ 4)$$

よって　$\boldsymbol{(a,\ b)=(18,\ 216),\ (54,\ 72)}$

4　整数の割り算　（本冊 $p.$ 149～154）

練習12　(1)　$29=8\cdot 3+5$ であるから，29 を 8 で割ったときの

商は 3，余りは 5

(2)　$-36=7\cdot(-6)+6$ であるから，-36 を 7 で割ったときの

商は -6，余りは 6

練習13　a，b は整数 k，l を用いて，次のように表される。

$$a=5k+2,\ b=5l+4$$

(1)　$a+b=(5k+2)+(5l+4)$

$$=5(k+l)+2+4$$
$$=5(k+l+1)+1$$

よって，余りは　**1**

(2)　$a-b=(5k+2)-(5l+4)$

$$=5(k-l)+2-4$$
$$=5(k-l-1)+3$$

よって，余りは　**3**

(3)　$ab=(5k+2)(5l+4)$

$$=5^2kl+5k\cdot 4+2\cdot 5l+2\cdot 4$$
$$=5^2kl+5k\cdot 4+2\cdot 5l+8$$
$$=5(5kl+4k+2l+1)+3$$

よって，余りは　**3**

(4)　$a^2+b^2=(5k+2)^2+(5l+4)^2$

$$=(5^2k^2+2\cdot 5k\cdot 2+2^2)+(5^2l^2+2\cdot 5l\cdot 4+4^2)$$
$$=5^2k^2+2\cdot 5k\cdot 2+5^2l^2+2\cdot 5l\cdot 4+2^2+4^2$$
$$=5(5k^2+4k+5l^2+8l+4)$$

よって，余りは　**0**

（発展の練習）

練習　(1)　100 を 11 で割った余りは 1 である。

よって，100^{100} を 11 で割った余りは，1^{100} を 11 で割った余りに等しい。

したがって，100^{100} を 11 で割った余りは　**1**

(2) $2^{400}=(2^4)^{100}=16^{100}$ であり，16 を 15 で割った余りは 1 である。
よって，16^{100} を 15 で割った余りは，1^{100} を 15 で割った余りに等しい。
したがって，16^{100} を 15 で割った余りは　1
すなわち，2^{400} を 15 で割った余りは　**1**

練習14　整数を 4 で割ると余りは 0 か 1 か 2 か 3 である。
よって，すべての整数は
$$\boldsymbol{4k,\ 4k+1,\ 4k+2,\ 4k+3}\quad \text{(}\boldsymbol{k}\text{ は整数)}$$
のいずれかの形で表される。

練習15　整数を n とすると，整数の 2 乗から 1 を引いた数と，もとの数の積は　$(n^2-1)n$
$$(n^2-1)n=(n+1)(n-1)n$$
$$=(n-1)n(n+1)$$
連続する 3 つの整数の積は 6 の倍数であるから，整数の 2 乗から 1 を引いた数と，もとの数の積は 6 の倍数である。

練習16　すべての整数 n は，整数 k を用いて
$$4k,\ 4k+1,\ 4k+2,\ 4k+3$$
のいずれかの形で表される。
[1]　$n=4k$ のとき
$n^2=(4k)^2=16k^2=4\cdot4k^2$
[2]　$n=4k+1$ のとき
$n^2=(4k+1)^2=16k^2+8k+1$
$=4(4k^2+2k)+1$
[3]　$n=4k+2$ のとき
$n^2=(4k+2)^2=16k^2+16k+4$
$=4(4k^2+4k+1)$
[4]　$n=4k+3$ のとき
$n^2=(4k+3)^2=16k^2+24k+9$
$=4(4k^2+6k+2)+1$
よって，n^2 を 4 で割った余りは，0 または 1 である。

5　ユークリッドの互除法

(本冊 p. 155～161)

練習17　(1)　$238=68\cdot3+34$
$68=34\cdot2+0$
よって，238 と 68 の最大公約数は　**34**
(2)　$713=161\cdot4+69$
$161=69\cdot2+23$
$69=23\cdot3+0$
よって，713 と 161 の最大公約数は　**23**
(3)　$371=133\cdot2+105$
$133=105\cdot1+28$
$105=28\cdot3+21$
$28=21\cdot1+7$
$21=7\cdot3+0$
よって，371 と 133 の最大公約数は　**7**

練習18　(1)　42 と 11 に互除法の計算を行う。
$42=11\cdot3+9$　　移項すると　$9=42-11\cdot3$
$11=9\cdot1+2$　　移項すると　$2=11-9\cdot1$
$9=2\cdot4+1$　　移項すると　$1=9-2\cdot4$
よって　$1=9-2\cdot4$
$=9-(11-9\cdot1)\cdot4$
$=9\cdot5+11\cdot(-4)$
$=(42-11\cdot3)\cdot5+11\cdot(-4)$
$=42\cdot5+11\cdot(-19)$
すなわち　$42\cdot5+11\cdot(-19)=1$　…… ①
したがって，求める整数 x，y の組の 1 つは
$\boldsymbol{x=5,\ y=-19}$
(2)　① の両辺に 3 を掛けると
$42\cdot5\cdot3+11\cdot(-19)\cdot3=1\cdot3$
すなわち　$42\cdot15+11\cdot(-57)=3$
よって，求める整数 x，y の組の 1 つは
$\boldsymbol{x=15,\ y=-57}$
(3)　67 と 52 に互除法の計算を行う。
$67=52\cdot1+15$　　移項すると　$15=67-52\cdot1$
$52=15\cdot3+7$　　移項すると　$7=52-15\cdot3$
$15=7\cdot2+1$　　移項すると　$1=15-7\cdot2$
よって　$1=15-7\cdot2$
$=15-(52-15\cdot3)\cdot2$
$=15\cdot7+52\cdot(-2)$
$=(67-52\cdot1)\cdot7+52\cdot(-2)$
$=67\cdot7+52\cdot(-9)$
すなわち　$67\cdot7-52\cdot9=1$
したがって，求める整数 x，y の組の 1 つは
$\boldsymbol{x=7,\ y=9}$

6　1次不定方程式（本冊 p. 162～166）

練習19　(1)　$7x+3y=1$　……①

$x=1,\ y=-2$ は，①の整数解の1つである。

よって　$7\cdot1+3\cdot(-2)=1$　……②

①−②から　$7(x-1)+3(y+2)=0$

すなわち　$7(x-1)=-3(y+2)$　……③

7と3は互いに素であるから，③のすべての整数解は

$x-1=3k,\ y+2=-7k$（k は整数）

したがって，①のすべての整数解は

$\boldsymbol{x=3k+1,\ y=-7k-2}$ **（$\boldsymbol{k}$ は整数）**

(2)　$4x-5y=2$　……①

$x=3,\ y=2$ は，①の整数解の1つである。

よって　$4\cdot3-5\cdot2=2$　……②

①−②から　$4(x-3)-5(y-2)=0$

すなわち　$4(x-3)=5(y-2)$　……③

4と5は互いに素であるから，③のすべての整数解は

$x-3=5k,\ y-2=4k$（k は整数）

したがって，①のすべての整数解は

$\boldsymbol{x=5k+3,\ y=4k+2}$ **（$\boldsymbol{k}$ は整数）**

(3)　$2x-7y=-1$　……①

$x=3,\ y=1$ は，①の整数解の1つである。

よって　$2\cdot3-7\cdot1=-1$　……②

①−②から　$2(x-3)-7(y-1)=0$

すなわち　$2(x-3)=7(y-1)$　……③

2と7は互いに素であるから，③のすべての整数解は

$x-3=7k,\ y-1=2k$（k は整数）

したがって，①のすべての整数解は

$\boldsymbol{x=7k+3,\ y=2k+1}$ **（$\boldsymbol{k}$ は整数）**

練習20　(1)　$29x+9y=4$　……①

29と9に互除法の計算を行う。

$29=9\cdot3+2$　移項すると　$2=29-9\cdot3$

$9=2\cdot4+1$　移項すると　$1=9-2\cdot4$

よって　$1=9-2\cdot4$

$=9-(29-9\cdot3)\cdot4$

$=29\cdot(-4)+9\cdot13$

すなわち　$29\cdot(-4)+9\cdot13=1$

両辺に4を掛けて

$29\cdot(-4)\cdot4+9\cdot13\cdot4=1\cdot4$

$29\cdot(-16)+9\cdot52=4$　……②

①−②から　$29(x+16)+9(y-52)=0$

すなわち　$29(x+16)=-9(y-52)$　……③

29と9は互いに素であるから，③のすべての整数解は

$x+16=9k,\ y-52=-29k$（k は整数）

したがって，①のすべての整数解は

$\boldsymbol{x=9k-16,\ y=-29k+52}$ **（$\boldsymbol{k}$ は整数）**

(2)　$11x-37y=2$　……①

37と11に互除法の計算を行う。

$37=11\cdot3+4$　移項すると　$4=37-11\cdot3$

$11=4\cdot2+3$　移項すると　$3=11-4\cdot2$

$4=3\cdot1+1$　移項すると　$1=4-3\cdot1$

よって　$1=4-3\cdot1$

$=4-(11-4\cdot2)\cdot1$

$=11\cdot(-1)+4\cdot3$

$=11\cdot(-1)+(37-11\cdot3)\cdot3$

$=11\cdot(-10)+37\cdot3$

すなわち　$11\cdot(-10)-37\cdot(-3)=1$

両辺に2を掛けて

$11\cdot(-10)\cdot2-37\cdot(-3)\cdot2=1\cdot2$

$11\cdot(-20)-37\cdot(-6)=2$　……②

①−②から　$11(x+20)-37(y+6)=0$

すなわち　$11(x+20)=37(y+6)$　……③

11と37は互いに素であるから，③のすべての整数解は

$x+20=37k,\ y+6=11k$（k は整数）

したがって，①のすべての整数解は

$\boldsymbol{x=37k-20,\ y=11k-6}$ **（$\boldsymbol{k}$ は整数）**

練習21　求める自然数を n とすると，n は整数 x，y を用いて，次のように表される。

$n=9x+2,\ n=13y+5$

よって　$9x+2=13y+5$

すなわち　$9x-13y=3$　……①

①の右辺を1とした方程式 $9x-13y=1$ の整数解の1つは $x=3,\ y=2$ である。

よって　$9\cdot3-13\cdot2=1$

両辺に3を掛けて

$9\cdot3\cdot3-13\cdot2\cdot3=1\cdot3$

$9\cdot9-13\cdot6=3$　……②

①−②から　$9(x-9)-13(y-6)=0$

すなわち　$9(x-9)=13(y-6)$　……③

9と13は互いに素であるから，③を満たす整数 x は

$x-9=13k$（k は整数）

すなわち　$x=13k+9$（k は整数）
したがって　$n=9(13k+9)+2$
$=117k+83$
$117k+83$ が 4 桁で最小となるのは，$k=8$ のときである。
このとき　$n=117\cdot 8+83=\mathbf{1019}$

(発展の練習)

練習 1　x，y は整数であるから，$x+3$，$y-1$ も整数である。
よって　$(x+3,\ y-1)=(1,\ -5),\ (5,\ -1),\ (-1,\ 5),\ (-5,\ 1)$
ゆえに　$\boldsymbol{(x,\ y)=(-2,\ -4),\ (2,\ 0),\ (-4,\ 6),(-8,\ 2)}$

練習 2　(1)　$xy+3x-y=x(y+3)-(y+3)+3$
$=(x-1)(y+3)+3$
よって，方程式は　$(x-1)(y+3)+3=2$
すなわち　$(x-1)(y+3)=-1$
x，y は整数であるから，$x-1$，$y+3$ も整数である。
よって　$(x-1,\ y+3)=(1,\ -1),\ (-1,\ 1)$
ゆえに　$\boldsymbol{(x,\ y)=(2,\ -4),\ (0,\ -2)}$

(2)　$xy+x+y=x(y+1)+(y+1)-1$
$=(x+1)(y+1)-1$
よって，方程式は　$(x+1)(y+1)-1=0$
すなわち　$(x+1)(y+1)=1$
x，y は整数であるから，$x+1$，$y+1$ も整数である。
よって　$(x+1,\ y+1)=(1,\ 1),\ (-1,\ -1)$
ゆえに　$\boldsymbol{(x,\ y)=(0,\ 0),\ (-2,\ -2)}$

7　*n* 進法　（本冊 *p*. 167～169）

練習22　(1)　$1010_{(2)}=1\cdot 2^3+0\cdot 2^2+1\cdot 2^1+0\cdot 2^0$
$=\mathbf{10}$

(2)　$111000_{(2)}$
$=1\cdot 2^5+1\cdot 2^4+1\cdot 2^3+0\cdot 2^2+0\cdot 2^1+0\cdot 2^0$
$=\mathbf{56}$

(3)　$2102_{(3)}=2\cdot 3^3+1\cdot 3^2+0\cdot 3^1+2\cdot 3^0$
$=\mathbf{65}$

(4)　$4031_{(5)}=4\cdot 5^3+0\cdot 5^2+3\cdot 5^1+1\cdot 5^0$
$=\mathbf{516}$

練習23　(1)　102 を商が 0 になるまで 2 で割る割り算を繰り返したときの商と余りは，右のようになる。
余りを計算と逆の順に並べて
$\mathbf{1100110_{(2)}}$

2) 102
2) 51 … 0
2) 25 … 1
2) 12 … 1
2) 6 … 0
2) 3 … 0
2) 1 … 1
0 … 1

(2)　102 を商が 0 になるまで 3 で割る割り算を繰り返したときの商と余りは，右のようになる。
余りを計算と逆の順に並べて
$\mathbf{10210_{(3)}}$

3) 102
3) 34 … 0
3) 11 … 1
3) 3 … 2
3) 1 … 0
0 … 1

(3)　102 を商が 0 になるまで 5 で割る割り算を繰り返したときの商と余りは，右のようになる。
余りを計算と逆の順に並べて　$\mathbf{402_{(5)}}$

5) 102
5) 20 … 2
5) 4 … 0
0 … 4

(発展の練習)

練習 1　(1)　$0.1101_{(2)}=1\cdot\dfrac{1}{2^1}+1\cdot\dfrac{1}{2^2}+0\cdot\dfrac{1}{2^3}+1\cdot\dfrac{1}{2^4}$
$=\mathbf{0.8125}$

(2)　$0.4031_{(5)}=4\cdot\dfrac{1}{5^1}+0\cdot\dfrac{1}{5^2}+3\cdot\dfrac{1}{5^3}+1\cdot\dfrac{1}{5^4}$
$=\mathbf{0.8256}$

練習 2　0.712 に 5 を掛け，積の小数部分に 5 を掛けることを繰り返すと，右のようになる。
出てきた整数部分を順に並べて　$\mathbf{0.324_{(5)}}$

0 .712
× 5
3 .560
× 5
2 .80
× 5
4 .0

確認問題 (本冊 p. 170)

問題 1　4273□ は 5 の倍数であるから，□ に入る数は 0 または 5 である。
また，4273□ は 3 の倍数でもあるから，各位の数の和は 3 の倍数である。
一の位以外の各位の数の和は

$$4+2+7+3=16$$

よって，□ に入る数は　**5**

問題 2　(1)　162 を素因数分解すると

$$162=2\cdot 3^4$$

よって，162 の正の約数の個数は

$(1+1)(4+1)=\mathbf{10}$ **(個)**

(2)　450 を素因数分解すると

$$450=2\cdot 3^2\cdot 5^2$$

よって，450 の正の約数の個数は

$(1+1)(2+1)(2+1)=\mathbf{18}$ **(個)**

(3)　1050 を素因数分解すると

$$1050=2\cdot 3\cdot 5^2\cdot 7$$

よって，1050 の正の約数の個数は

$(1+1)(1+1)(2+1)(1+1)=\mathbf{24}$ **(個)**

問題 3　a，b は整数 k，l を用いて，次のように表される。

$$a=8k+7,\ b=8l+2$$

(1)　$3a+2b=3(8k+7)+2(8l+2)$
$=8(3k+2l)+21+4$
$=8(3k+2l+3)+1$

よって，余りは　**1**

(2)　a^2-b^2
$=(8k+7)^2-(8l+2)^2$
$=(8^2k^2+2\cdot 8k\cdot 7+7^2)-(8^2l^2+2\cdot 8l\cdot 2+2^2)$
$=8(8k^2+14k-8l^2-4l)+49-4$
$=8(8k^2+14k-8l^2-4l+5)+5$

よって，余りは　**5**

問題 4　(1)　$455=143\cdot 3+26$
$143=26\cdot 5+13$
$26=13\cdot 2+0$

よって，455 と 143 の最大公約数は　**13**

(2)　$952=289\cdot 3+85$
$289=85\cdot 3+34$
$85=34\cdot 2+17$
$34=17\cdot 2+0$

よって，952 と 289 の最大公約数は　**17**

(3)　$1541=851\cdot 1+690$
$851=690\cdot 1+161$
$690=161\cdot 4+46$
$161=46\cdot 3+23$
$46=23\cdot 2+0$

よって，1541 と 851 の最大公約数は　**23**

問題 5　求める自然数を n とすると，n は整数 x，y を用いて，次のように表される。

$$n=11x+1,\ n=5y+4$$

よって　$11x+1=5y+4$
すなわち　$11x-5y=3$　…… ①
$x=3$，$y=6$ は，① の整数解の 1 つであるから
$11\cdot 3-5\cdot 6=3$　…… ②
①−② から　$11(x-3)-5(y-6)=0$
すなわち　$11(x-3)=5(y-6)$　…… ③
11 と 5 は互いに素であるから，③ を満たす整数 x は　$x-3=5k$（k は整数）
すなわち　$x=5k+3$（k は整数）
したがって　$n=11(5k+3)+1$
$=55k+34$
$55k+34$ が 3 桁で最小となるのは，$k=2$ のときである。
このとき　$n=55\cdot 2+34=\mathbf{144}$

問題 6　(1)　$101101_{(2)}$
$=1\cdot 2^5+0\cdot 2^4+1\cdot 2^3+1\cdot 2^2+0\cdot 2^1+1\cdot 2^0$
$=\mathbf{45}$

(2)　$1012_{(3)}=1\cdot 3^3+0\cdot 3^2+1\cdot 3^1+2\cdot 3^0$
$=\mathbf{32}$

(3)　$2402_{(5)}=2\cdot 5^3+4\cdot 5^2+0\cdot 5^1+2\cdot 5^0$
$=\mathbf{352}$

演習問題A (本冊 $p.171$)

問題 1 (1) $\sqrt{140n}$ が自然数になるのは，$140n$ がある自然数の2乗になるとき，すなわち，$140n$ を素因数分解したときの指数がすべて偶数になるときである。

140を素因数分解すると $140=2^2\cdot5\cdot7$

よって，求める最小の自然数 n は

$$\boldsymbol{n=5\cdot7=35}$$

(2) 84を素因数分解すると $84=2^2\cdot3\cdot7$

$2n+1$ は奇数であるから，$\dfrac{84}{2n+1}$ が自然数となるのは

$$2n+1=3,\ 2n+1=7,\ 2n+1=3\cdot7$$

のときである。

よって $\boldsymbol{n=1,\ 3,\ 10}$

問題 2 素因数5は5の倍数だけがもつ。

5^2 の倍数は素因数5を2個もつが，5の倍数として1個数えているため，5^2 の倍数としても1個数えればよい。

1から50までの自然数のうち

5の倍数の個数は 10個

5^2 の倍数の個数は 2個

よって，Nを素因数分解したとき，素因数5の個数は $10+2=12$ (個)

同様に，素因数2の個数を求める。

1から50までの自然数のうち，2，2^2，2^3，2^4，2^5 の倍数の個数はそれぞれ25，12，6，3，1であるから，Nを素因数分解したとき，素因数2の個数は

$$25+12+6+3+1=47\ (個)$$

したがって，Nを素因数分解したとき，素因数5は12個，素因数2は47個ある。

10を掛け合わせた個数が，末尾に並ぶ0の個数であるから，Nを計算すると，末尾には0が連続して **12個** 並ぶ。

問題 3 ある自然数 n は，$191-11$ と $170-8$ を割り切ることができる，11より大きい数である。

すなわち，n は180と162の公約数で，11より大きい数である。

180，162をそれぞれ素因数分解すると

$$180=2^2\cdot3^2\cdot5$$
$$162=2\cdot\ 3^4$$

よって，180と162の最大公約数は $2\cdot3^2$

したがって，180と162の正の公約数は

1，2，3，6，9，18

n は11より大きい数であるから $\boldsymbol{n=18}$

問題 4 [1] $n(n+1)$ は連続する2つの整数の積であるから2の倍数である。

よって，$n(n+1)(2n+1)$ は2の倍数である。

[2] k は整数とする。

$n=3k$ のとき

n は3の倍数である。

$n=3k+1$ のとき

$$2n+1=2(3k+1)+1=3(2k+1)$$

より，$2n+1$ は3の倍数である。

$n=3k+2$ のとき

$$n+1=3k+2+1=3(k+1)$$

より，$n+1$ は3の倍数である。

よって，いずれの場合も $n(n+1)(2n+1)$ は3の倍数である。

[1]，[2] から，$n(n+1)(2n+1)$ は2の倍数かつ3の倍数であるから，6の倍数である。

別解 $n(n+1)(2n+1)$

$$=n(n+1)\{(n+2)+(n-1)\}$$
$$=n(n+1)(n+2)+(n-1)n(n+1)$$

$n(n+1)(n+2)$，$(n-1)n(n+1)$ はともに連続する3つの整数の積で，6の倍数であるから，$n(n+1)(2n+1)$ は6の倍数である。

問題 5　(1)　$17x-11y=1$　…… ①

$x=2$, $y=3$ は ① の整数解の 1 つである。

よって　$17\cdot2-11\cdot3=1$　…… ②

①−② から　$17(x-2)-11(y-3)=0$

すなわち　$17(x-2)=11(y-3)$　…… ③

17 と 11 は互いに素であるから，③ のすべての整数解は

$x-2=11k$, $y-3=17k$（k は整数）

すなわち，① のすべての整数解は

$x=11k+2$, $y=17k+3$（k は整数）

ここで，$0\leqq x\leqq30$, $0\leqq y\leqq30$ を満たすのは，$k=0$, 1 のときである。

したがって，$0\leqq x\leqq30$, $0\leqq y\leqq30$ の範囲で，① を満たす x, y の組は

$$(x,\ y)=(2,\ 3),\ (13,\ 20)$$

(2)　$7x-5y=3$　…… ①

$x=4$, $y=5$ は ① の整数解の 1 つである。

よって　$7\cdot4-5\cdot5=3$　…… ②

①−② から　$7(x-4)-5(y-5)=0$

すなわち　$7(x-4)=5(y-5)$　…… ③

7 と 5 は互いに素であるから，③ のすべての整数解は

$x-4=5k$, $y-5=7k$（k は整数）

すなわち，① のすべての整数解は

$x=5k+4$, $y=7k+5$（k は整数）

ここで，$0\leqq x\leqq30$, $0\leqq y\leqq30$ を満たすのは，$k=0$, 1, 2, 3 のときである。

したがって，$0\leqq x\leqq30$, $0\leqq y\leqq30$ の範囲で，① を満たす x, y の組は

$$(x,\ y)=(4,\ 5),\ (9,\ 12),\ (14,\ 19),\ (19,\ 26)$$

演習問題B　（本冊 $p.\,172$）

問題 6　正の約数の個数が 15 個である自然数は，異なる素数 p, q を用いて

$$p^{14},\ p^2q^4$$

のどちらかで表される。

[1]　p^{14} と表されるとき

$2^{14}>1000$ であるから，これを満たす素数 p はない。

[2]　p^2q^4 と表されるとき

$p=2$ とすると，$2^2\cdot3^4=324$, $2^2\cdot5^4>1000$ であるから，$p=2$, $q=3$ は条件を満たす。

$p=3$ とすると，$3^2\cdot2^4=144$, $3^2\cdot5^4>1000$ であるから，$p=3$, $q=2$ は条件を満たす。

$p=5$ とすると，$5^2\cdot2^4=400$, $5^2\cdot3^4>1000$ であるから，$p=5$, $q=2$ は条件を満たす。

$p=7$ とすると，$7^2\cdot2^4=784$, $7^2\cdot3^4>1000$ であるから，$p=7$, $q=2$ は条件を満たす。

$p=11$ とすると，$11^2\cdot2^4>1000$ であるから，条件を満たさない。

よって，1000 以下の自然数のうち，正の約数の個数が 15 個である数は　**144, 324, 400, 784**

問題 7　(1)　与えられた命題の対偶

「a と b がともに 3 の倍数でないならば，ab は 3 の倍数でない。」

を証明する。

k, l を 0 以上の整数とすると，a, b がともに 3 の倍数でないのは，次の [1]〜[4] のいずれかの場合である。

[1]　$a=3k+1$, $b=3l+1$ のとき

$ab=(3k+1)(3l+1)$
$=3(3kl+k+l)+1$

[2]　$a=3k+1$, $b=3l+2$ のとき

$ab=(3k+1)(3l+2)$
$=3(3kl+2k+l)+2$

[3]　$a=3k+2$, $b=3l+1$ のとき

$ab=(3k+2)(3l+1)$
$=3(3kl+k+2l)+2$

[4]　$a=3k+2$, $b=3l+2$ のとき

$ab=(3k+2)(3l+2)$
$=3(3kl+2k+2l+1)+1$

よって，[1]〜[4] のいずれの場合も ab は 3 の倍数でない。

したがって，対偶が真であるから，もとの命題も真である。

(2)　ab が 3 の倍数であるから，(1) より a または b は 3 の倍数である。

a が 3 の倍数のとき，$b=(a+b)-a$ より，b は 3 の倍数である。

b が 3 の倍数のとき，$a=(a+b)-b$ より，a は 3 の倍数である。

よって，$a+b$ と ab がともに 3 の倍数であるとき，a と b はともに 3 の倍数である。

(3)　$a^2+b^2=(a+b)^2-2ab$ から

$$2ab=(a+b)^2-(a^2+b^2)$$

$a+b$ と a^2+b^2 がともに 3 の倍数であるから，$2ab$ は 3 の倍数である。

2 と 3 は互いに素であるから，ab は 3 の倍数である。

よって，$a+b$ と ab がともに 3 の倍数であるから，(2) より，a と b はともに 3 の倍数である。

問題 8　明らかに，$n \neq 1$，$n \neq 2$ である。

$n=3$ のとき，$n+2=5$，$n+4=7$ であるから，n，$n+2$，$n+4$ はすべて素数である。

$n \geqq 4$ のとき，n が素数ならば，n は 3 の倍数でないから，k を自然数として

$$n=3k+1 \quad \text{または} \quad n=3k+2$$

と表される。

$n=3k+1$ のとき，$n+2=3(k+1)$ であるから，$n+2$ は素数でない。

$n=3k+2$ のとき，$n+4=3(k+2)$ であるから，$n+4$ は素数でない。

よって，n が 4 以上の自然数のとき，n，$n+2$，$n+4$ がすべて素数になることはない。

したがって，n，$n+2$，$n+4$ がすべて素数ならば，$n=3$ である。

問題 9　求める自然数を n とすると，n は整数 x，y，z を用いて，次のように表される。

$$n=7x+5,\ n=11y+6,\ n=13z+9$$

よって　$7x+5=11y+6=13z+9$

$7x+5=11y+6$ から　$7x-11y=1$　…… ①

$x=-3$，$y=-2$ は，① の整数解の 1 つであるから　$7\cdot(-3)-11\cdot(-2)=1$　…… ②

①−② から　$7(x+3)-11(y+2)=0$

すなわち　$7(x+3)=11(y+2)$　…… ③

7 と 11 は互いに素であるから，③ を満たす整数 x は　$x+3=11k$（k は整数）

すなわち　$x=11k-3$（k は整数）

したがって　$n=7(11k-3)+5$

$=77k-16$

$77k-16=13z+9$ から

$77k-13z=25$　…… ④

$k=1$，$z=4$ は，④ の整数解の 1 つであるから

$77\cdot1-13\cdot4=25$　…… ⑤

④−⑤ から　$77(k-1)-13(z-4)=0$

すなわち　$77(k-1)=13(z-4)$　…… ⑥

77 と 13 は互いに素であるから，⑥ を満たす整数 k は　$k-1=13l$（l は整数）

すなわち　$k=13l+1$（l は整数）

したがって　$n=77(13l+1)-16=1001l+61$

$1001l+61$ が自然数で最小となるのは，$l=0$ のときである。

このとき　$n=1001\cdot0+61=\mathbf{61}$

問題10　$abc_{(5)}=a\cdot5^2+b\cdot5^1+c\cdot5^0$

$cba_{(9)}=c\cdot9^2+b\cdot9^1+a\cdot9^0$

ただし，$1 \leqq a \leqq 4$，$0 \leqq b \leqq 4$，$1 \leqq c \leqq 4$ である。

条件から

$$3(a\cdot5^2+b\cdot5^1+c\cdot5^0)=c\cdot9^2+b\cdot9^1+a\cdot9^0$$

整理すると　$37a+3b-39c=0$

よって　$b=13c-\dfrac{37}{3}a$　…… ①

b，c は整数であり，$1 \leqq a \leqq 4$ から　$a=3$

① に $a=3$ を代入すると

$b=13c-37$

したがって　$c=\dfrac{b+37}{13}$　…… ②

c は整数であり，$0 \leqq b \leqq 4$ から　$b=2$

② に $b=2$ を代入すると

$$c=\frac{2+37}{13}=3$$

よって　$a=3$，$b=2$，$c=3$

したがって，求める整数は

$$3\cdot5^2+2\cdot5^1+3\cdot5^0=\mathbf{88}$$

総合問題

問題 1　(1)　受験者数を n 人とし，調整前のそれぞれの国語の得点を z_1，z_2，……，z_n とおく。

$$\bar{z}=\frac{z_1+z_2+\cdots\cdots+z_n}{n},$$

$$s_z{}^2=\frac{1}{n}\{(z_1-\bar{z})^2+(z_2-\bar{z})^2+\cdots\cdots+(z_n-\bar{z})^2\}$$

調整後のそれぞれの国語の得点は z_1+5，z_2+5，……，z_n+5 であるから

$$\boldsymbol{\bar{Z}}=\frac{(z_1+5)+(z_2+5)+\cdots\cdots+(z_n+5)}{n}$$
$$=\frac{z_1+z_2+\cdots\cdots+z_n+5n}{n}$$
$$=\frac{z_1+z_2+\cdots\cdots+z_n}{n}+5$$
$$\boldsymbol{=\bar{z}+5}$$

$$s_Z{}^2=\frac{1}{n}[\{(z_1+5)-\bar{Z}\}^2+\{(z_2+5)-\bar{Z}\}^2+\cdots\cdots+\{(z_n+5)-\bar{Z}\}^2]$$
$$=\frac{1}{n}[\{(z_1+5)-(\bar{z}+5)\}^2+\{(z_2+5)-(\bar{z}+5)\}^2+\cdots\cdots+\{(z_n+5)-(\bar{z}+5)\}^2]$$
$$=\frac{1}{n}\{(z_1-\bar{z})^2+(z_2-\bar{z})^2+\cdots\cdots+(z_n-\bar{z})^2\}$$
$$=s_z{}^2$$

よって　　$\boldsymbol{s_Z=s_z}$

(2)　調整前のそれぞれの数学の得点を x_1，x_2，……，x_n とおく。

$$\bar{x}=\frac{x_1+x_2+\cdots\cdots+x_n}{n},$$

$$s_x{}^2=\frac{1}{n}\{(x_1-\bar{x})^2+(x_2-\bar{x})^2+\cdots\cdots+(x_n-\bar{x})^2\}$$

調整後のそれぞれの数学の得点は $1.2x_1+10$，$1.2x_2+10$，……，$1.2x_n+10$ であるから

$$\boldsymbol{\bar{X}}=\frac{(1.2x_1+10)+(1.2x_2+10)+\cdots\cdots+(1.2x_n+10)}{n}$$
$$=1.2\cdot\frac{x_1+x_2+\cdots\cdots+x_n}{n}+10$$
$$\boldsymbol{=1.2\bar{x}+10}$$

$$s_X{}^2=\frac{1}{n}[\{(1.2x_1+10)-\bar{X}\}^2+\{(1.2x_2+10)-\bar{X}\}^2+\cdots\cdots+\{(1.2x_n+10)-\bar{X}\}^2]$$
$$=\frac{1}{n}[\{(1.2x_1+10)-(1.2\bar{x}+10)\}^2+\{(1.2x_2+10)-(1.2\bar{x}+10)\}^2+\cdots\cdots+\{(1.2x_n+10)-(1.2\bar{x}+10)\}^2]$$
$$=\frac{1}{n}[\{1.2(x_1-\bar{x})\}^2+\{1.2(x_2-\bar{x})\}^2+\cdots\cdots+\{1.2(x_n-\bar{x})\}^2]$$
$$=1.2^2\cdot\frac{1}{n}\{(x_1-\bar{x})^2+(x_2-\bar{x})^2+\cdots\cdots+(x_n-\bar{x})^2\}$$
$$=1.2^2s_x{}^2$$

よって　　$\boldsymbol{s_X=1.2s_x}$

(3)　調整前のそれぞれの英語の得点を y_1，y_2，……，y_n とおく。

(2) と同様にして　　$\bar{Y}=1.1\bar{y}$，$s_Y=1.1s_y$

調整前の共分散は

$$s_{xy}=\frac{1}{n}\{(x_1-\bar{x})(y_1-\bar{y})+(x_2-\bar{x})(y_2-\bar{y})+\cdots\cdots+(x_n-\bar{x})(y_n-\bar{y})\}$$

調整後の共分散は

$$\boldsymbol{s_{XY}}=\frac{1}{n}[\{(1.2x_1+10)-\bar{X}\}(1.1y_1-\bar{Y})+\{(1.2x_2+10)-\bar{X}\}(1.1y_2-\bar{Y})+\cdots\cdots+\{(1.2x_n+10)-\bar{X}\}(1.1y_n-\bar{Y})]$$
$$=\frac{1}{n}[\{(1.2x_1+10)-(1.2\bar{x}+10)\}(1.1y_1-1.1\bar{y})+\{(1.2x_2+10)-(1.2\bar{x}+10)\}(1.1y_2-1.1\bar{y})+\cdots\cdots+\{(1.2x_n+10)-(1.2\bar{x}+10)\}(1.1y_n-1.1\bar{y})]$$
$$=\frac{1}{n}\{1.2(x_1-\bar{x})\cdot1.1(y_1-\bar{y})+1.2(x_2-\bar{x})\cdot1.1(y_2-\bar{y})+\cdots\cdots+1.2(x_n-\bar{x})\cdot1.1(y_n-\bar{y})\}$$
$$=1.32\cdot\frac{1}{n}\{(x_1-\bar{x})(y_1-\bar{y})+(x_2-\bar{x})(y_2-\bar{y})+\cdots\cdots+(x_n-\bar{x})(y_n-\bar{y})\}$$
$$\boldsymbol{=1.32s_{xy}}$$

調整前の相関係数は　　$r=\dfrac{s_{xy}}{s_xs_y}$

調整後の相関係数は

$$\boldsymbol{R}=\frac{s_{XY}}{s_Xs_Y}=\frac{1.32s_{xy}}{1.2s_x\times1.1s_y}=\frac{s_{xy}}{s_xs_y}\boldsymbol{=r}$$

問題 2　二項定理の式は

$$(a+b)^n = {}^{ア}\boldsymbol{{}_nC_0a^n+{}_nC_1a^{n-1}b+{}_nC_2a^{n-2}b^2}$$
$$\boldsymbol{+\cdots\cdots+{}_nC_ra^{n-r}b^r}$$
$$\boldsymbol{+\cdots\cdots+{}_nC_{n-1}ab^{n-1}+{}_nC_nb^n} \cdots\cdots ②$$

② において，$a={}^{イ}\boldsymbol{1}$，$b={}^{ウ}\boldsymbol{1}$ を代入すると

$$(1+1)^n={}_nC_0\cdot 1^n+{}_nC_1\cdot 1^{n-1}\cdot 1+{}_nC_2 1^{n-2}\cdot 1^2$$
$$+\cdots\cdots+{}_nC_r\cdot 1^{n-r}\cdot 1^r$$
$$+\cdots\cdots+{}_nC_{n-1}\cdot 1\cdot 1^{n-1}+{}_nC_n\cdot 1^n$$

すなわち

$$2^n={}_nC_0+{}_nC_1+{}_nC_2+\cdots\cdots+{}_nC_r$$
$$+\cdots\cdots+{}_nC_{n-1}+{}_nC_n$$

が導かれる。

② において，$a={}^{エ}\boldsymbol{1}$，$b={}^{オ}\boldsymbol{-1}$ を代入すると

$$(1-1)^n={}_nC_0\cdot 1^n+{}_nC_1\cdot 1^{n-1}\cdot(-1)+{}_nC_2 1^{n-2}\cdot(-1)^2$$
$$+\cdots\cdots+{}_nC_r\cdot 1^{n-r}\cdot(-1)^r$$
$$+\cdots\cdots+{}_nC_{n-1}\cdot 1\cdot(-1)^{n-1}+{}_nC_n(-1)^n$$

すなわち

$$0={}_nC_0-{}_nC_1+{}_nC_2-\cdots\cdots+(-1)^r{}_nC_r$$
$$+\cdots\cdots+(-1)^{n-1}{}_nC_{n-1}+(-1)^n{}_nC_n$$

次に，等式 ${}_{n+1}C_{r+1}={}_nC_{r+1}+{}_nC_r$ より

$${}_{n+1}C_{r+1}-{}_nC_{r+1}={}_nC_r$$

n を 1 ずつ減らすと

$${}_nC_{r+1}-{}^{カ}\boldsymbol{{}_{n-1}C_{r+1}}={}^{キ}\boldsymbol{{}_{n-1}C_r}$$
$${}_{n-1}C_{r+1}-{}^{ク}\boldsymbol{{}_{n-2}C_{r+1}}={}^{ケ}\boldsymbol{{}_{n-2}C_r}$$
$$\vdots$$
$${}_{r+3}C_{r+1}-{}^{コ}\boldsymbol{{}_{r+2}C_{r+1}}={}^{サ}\boldsymbol{{}_{r+2}C_r}$$
$${}_{r+2}C_{r+1}-{}^{シ}\boldsymbol{{}_{r+1}C_{r+1}}={}^{ス}\boldsymbol{{}_{r+1}C_r}$$

となり，各式の辺々を加えると

$${}_{n+1}C_{r+1}-{}_{r+1}C_{r+1}={}^{セ}\boldsymbol{{}_nC_r+{}_{n-1}C_r+{}_{n-2}C_r}$$
$$\boldsymbol{+\cdots\cdots+{}_{r+2}C_r+{}_{r+1}C_r}$$

ここで，${}_{r+1}C_{r+1}$ を右辺に移項し，

$${}_{r+1}C_{r+1}={}^{ソ}\boldsymbol{{}_rC_r}\ (=1)$$

と書き直せば

$${}_{n+1}C_{r+1}={}_rC_r+{}_{r+1}C_r+{}_{r+2}C_r$$
$$+\cdots\cdots+{}_kC_r+\cdots\cdots+{}_{n-1}C_r+{}_nC_r$$
$$(k=r,\ r+1,\ r+2,\ \cdots\cdots,\ n)$$

が成り立つ。

問題 3　(1)　(左辺)$=\dfrac{2+2+2}{3}={}^{ア}\boldsymbol{2}$

(右辺)$=\sqrt{2\cdot 2\cdot 2}={}^{イ}\boldsymbol{2\sqrt{2}}$

(2)

$$\frac{a^3+b^3+c^3}{3}-abc=\frac{1}{3}(a^3+b^3+c^3-3abc)$$
$$=\frac{1}{3}(a+b+c)(a^2+b^2+c^2-ab-bc-ca)$$
$$=\frac{1}{6}(a+b+c)(2a^2+2b^2+2c^2-2ab-2bc-2ca)$$
$$=\frac{1}{6}(a+b+c)\{(a-b)^2+(b-c)^2+(c-a)^2\}$$
$$\geqq 0$$

等号が成り立つのは　$a-b=b-c=c-a=0$

すなわち，$\boldsymbol{a=b=c}$ **のとき** である。

(3)　$a>0$，$b>0$ であるから　　$a^4>0$，$b^4>0$

よって，相加平均と相乗平均の大小関係から

$$\frac{a^4+b^4}{2}\geqq\sqrt{a^4b^4}$$

すなわち　$\dfrac{a^4+b^4}{2}\geqq a^2b^2$ …… Ⓐ

等号が成り立つのは　$a^4=b^4$

すなわち，$a=b$ のときである。

$c>0$，$d>0$ であるから　　$c^4>0$，$d^4>0$

よって，相加平均と相乗平均の大小関係から

$$\frac{c^4+d^4}{2}\geqq\sqrt{c^4d^4}$$

すなわち　$\dfrac{c^4+d^4}{2}\geqq c^2d^2$ …… Ⓑ

等号が成り立つのは　$c^4=d^4$

すなわち，$c=d$ のときである。

$a^2b^2>0$，$c^2d^2>0$ であるから，相加平均と相乗平均の大小関係から

$$\frac{a^2b^2+c^2d^2}{2}\geqq\sqrt{a^2b^2c^2d^2}$$

すなわち　$\dfrac{a^2b^2+c^2d^2}{2}\geqq abcd$ …… Ⓒ

等号が成り立つのは　$a^2b^2=c^2d^2$

すなわち，$ab=cd$ のときである。

Ⓐ，Ⓑ，Ⓒ から

$$\frac{a^4+b^4+c^4+d^4}{4}=\frac{1}{2}\left(\frac{a^4+b^4}{2}+\frac{c^4+d^4}{2}\right)$$
$$\geqq\frac{1}{2}(a^2b^2+c^2d^2)$$
$$\geqq abcd$$

等号が成り立つのは

$a=b$ かつ $c=d$ かつ $ab=cd$

すなわち，$\boldsymbol{a=b=c=d}$ **のとき** である。

問題 4 (1) 右の計算より

$$561=3\times 11\times 17$$

$$\begin{array}{r|l} 3 & 561 \\ \hline 11 & 187 \\ \hline & 17 \end{array}$$

よって，素数 p として考えられる数は

$p=3,\ 11,\ 17$

(2) 183653，200737 はともに p の倍数である。

2 数の最大公約数をユークリッドの互除法を用いて求めると

$200737=183653\cdot 1+17084$

$183653=17084\cdot 10+12813$

$17084=12813\cdot 1+4271$

$12813=4271\cdot 3$

となり，最大公約数は　4271

4271 は 4 桁の素数であるから　**$p=4271$**

(3) $a^5-a=a(a^4-1)$

$=a(a^2+1)(a^2-1)$

$=a(a^2+1)(a+1)(a-1)$

[1]　$a(a+1)$ は連続する 2 つの整数の積であるから，2 の倍数である。

よって，a^5-a は 2 の倍数である。

[2]　k を整数とする。

(i) $a=5k$ のとき　a は 5 の倍数。

(ii) $a=5k+1$ のとき　$a-1=5k$ より，$a-1$ は 5 の倍数。

(iii) $a=5k+2$ のとき

$a^2+1=(5k+2)^2+1$

$=25k^2+20k+5$

$=5(5k^2+4k+1)$

よって，a^2+1 は 5 の倍数。

(iv) $a=5k+3$ のとき

$a^2+1=(5k+3)^2+1$

$=25k^2+30k+10$

$=5(5k^2+6k+2)$

よって，a^2+1 は 5 の倍数。

(v) $a=5k+4$ のとき

$a+1=5k+5=5(k+1)$

よって，$a+1$ は 5 の倍数。

(i)～(v) より，a^5-a は 5 の倍数である。

[1]，[2] より，a^5-a は 10 の倍数である。

(4) $a^9-a=a(a^8-1)=a(a^4+1)(a^4-1)$

ここで，$a(a^4-1)=a^5-a$ は 10 の倍数であるから a^9-a も 10 の倍数である。

よって，a^9 と a の一の位の数は同じである。

ISBN978-4-410-21805-7

新課程
体系数学 3　論理・確率(上) 解答編

21805 A

数研出版
https://www.chart.co.jp

21805 A　240702